Material Histories of Time

OBJECT STUDIES IN ART HISTORY

Vol. 3

Edited by
Philippe Cordez

MATERIAL HISTORIES OF TIME

Objects and Practices, 14th–19th Centuries

Edited by Gianenrico Bernasconi and Susanne Thürigen

DE GRUYTER

This publication was made possible by a grant from the Bavarian State Ministry of Science and the Arts (Elite Network of Bavaria) and Ludwig Maximilian University of Munich, with further support of the Faculty of Arts and Humanities, University of Neuchâtel.

Elite Network of Bavaria

LMU LUDWIG-MAXIMILIANS-UNIVERSITÄT MÜNCHEN

unine UNIVERSITÉ DE NEUCHÂTEL

ISBN 978-3-11-062213-3
e-ISBN (PDF) 978-3-11-062503-5

Library of Congress Control Number: 2020946863

Bibliographic information published by the Deutsche Nationalbibliothek
The Deutsche Nationalbibliothek lists this publication in the Deutsche Nationalbibliografie; detailed bibliographic data are available on the Internet at http://dnb.dnb.de.

Cover illustration: Urs Graf, Bildnis eines Mannes mit Taschensonnenuhr, 1505/08, Kunstmuseum Basel. Kunstmuseum Basel (Photo: Martin P. Bühler)
Layout and typesetting: hawemannundmosch, Berlin
Printing and binding: Beltz Grafische Betriebe GmbH, Bad Langensalza

www.degruyter.com

Contents

Gianenrico Bernasconi, Susanne Thürigen

Introduction

Urs Graf's Unknown Man, or: Representing Practices of Time

Who is this man (fig. 1)? What is he doing? The more the beholder attempts to grasp his character, the more he seems to withdraw. The drawing shows a middle-aged man with a youthful, clean-shaven face. Full, curly hair undulates under his beret, which is embellished with an agraffe in the shape of a cracked peapod. The man is completely absorbed in handling a small item with his fingertips. His contemplative state is underlined especially by his eyes, which in looking down at the object appear nearly closed.

The object that demands all his attention is an equinoctial sundial, which he has already set up. It is housed in a small box whose lid consists of yet another instrument: a nocturnal. Without clearer indications of light in the drawing, it remains an open question whether the man is shown actually capturing the rays of the sun to measure time, or whether he is just curiously manipulating the object without any precise purpose. Although different objects of time measurement had already been depicted, mostly in allegorical or technical contexts, in art of earlier centuries, this drawing appears to be one of the first instances in which a practical engagement with such an instrument was deemed worthy of representation in its own right.

Several details around the man's head point to the artist behind the drawing. The letters "V" and "G", flanking the figure, stand for Urs Graf (1485–1528; active 1503–1525), a goldsmith, book illustrator and draughtsman from Solothurn in Switzerland. The item at the upper right of the drawing is a box of borax, a requisite of the goldsmith's craft that serves also as part of Graf's signature.[1] The drawing is dated to between 1505 and 1508.[2] It belongs to the early years of Graf's career, when the artist moved

1 Zinner, Ernst: Deutsche und niederländische Instrumente des 11.–18. Jahrhunderts, Munich 1956; Franz, Erich (ed.): Meisterwerke aus dem Kupferstichkabinett Basel: „Zu Ende gezeichnet". Bildhafte Zeichnungen von der Zeit Dürers und Holbeins bis zur Gegenwart, exh.-cat. Münster, Westfälisches Landesmuseum für Kunst und Kulturgeschichte, Ostfildern 1995, no. 17; Müller, Christian: Urs Graf. Die Zeichnungen im Kupferstichkabinett Basel, Basel 2001, no. Z 1.

2 Müller 2001 (see footnote 1).

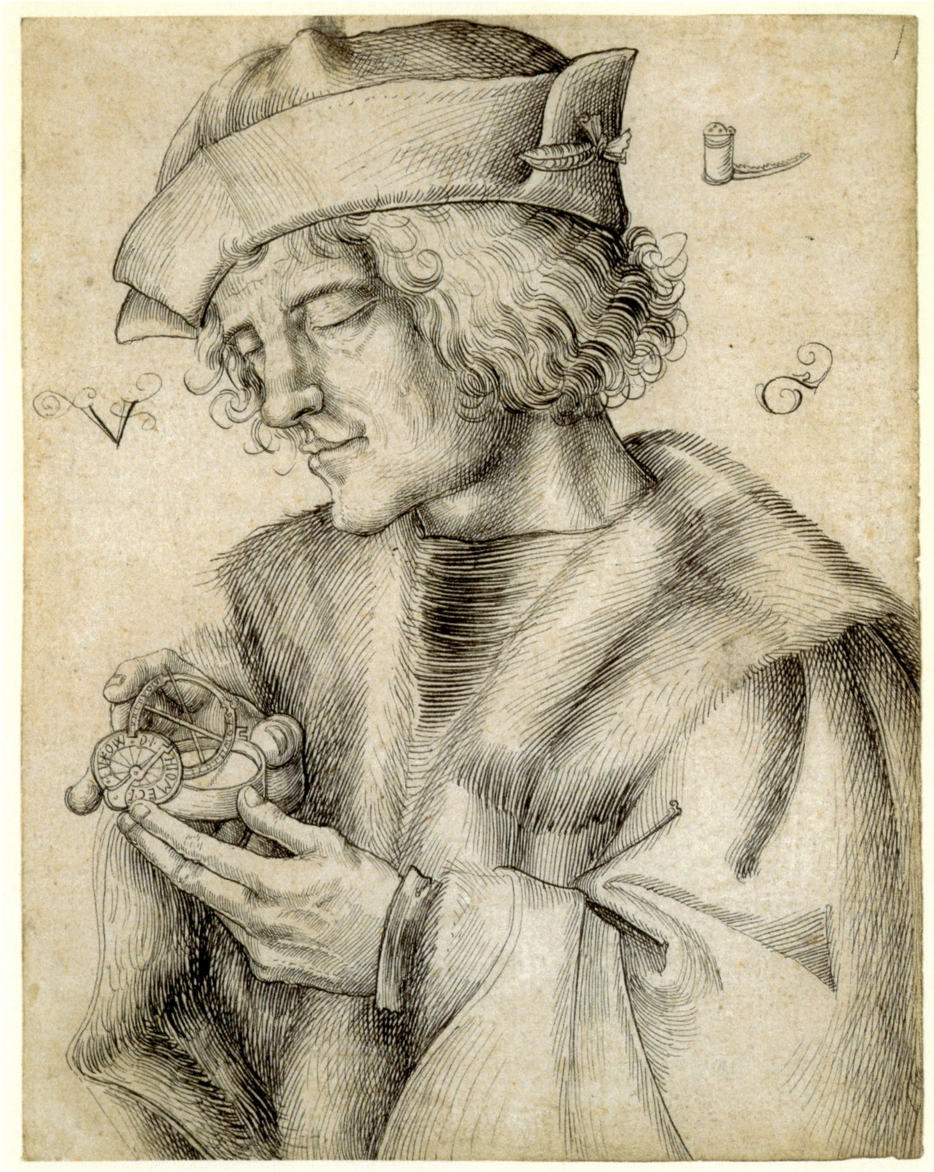

1 Urs Graf, Portrait of a Man with Pocket Sundial, ca. 1505/08, Basel, Kunstmuseum Basel, Kupferstichkabinett

back and forth between the Upper Rhenish cities of Strasbourg and Basel.[3] While the format of the drawing suggests that Graf used a page from a sketchbook,[4] in signing the sheet he elevated the drawing from a preparative medium to an autonomous work of art. It may have been a collectible in the humanist circles that Graf frequented at that time.[5] The elaborate dress of the unknown sitter suggests that of a wealthy patrician – a good candidate for these circles.

The man is handling a universal pocket instrument. Such a device usually consisted of a nocturnal on the outer side of its lid, an equinoctial sundial that rested underneath the lid on the lip of the box and a compass inside the box itself (figs. 2–3). Known in Antiquity, the equinoctial sundial reappeared in Western Europe in the first half of the 15th century.[6] These universal instruments enabled their users to measure time, whether at home or on the go, day or night.[7] Because of their small size and compactness, these three-part instruments were often used for travel. Though Graf obviously struggled with the depiction of the device, it is still possible to identify the nocturnal on the lid, which he represented in a partial form. We see a hand on a disk, indicating the month of the year and approximately the day within that month. But Graf missed a second disk that would have indicated the hours of the day. After setting the date, the user would have looked through a hole in the middle of the nocturnal to locate the Pole Star, before turning the hand to the position of the Plough to read the time of day on this second disk. In comparison, the unfolded equinoctial sundial was quite well observed by Graf – although he inscribed the dial with letters instead of numbers. It thus seems that here Graf quickly captured the very moment in which someone manipulated the little instrument: if he had carefully arranged the subject in his workshop, he could have taken the time to portray the device more accurately. However, with the addition of the cracked peapod on the man's beret, Graf altered the captured scene and offered to the viewer a further symbolic layer. While the universal pocket instrument reminds us of the passing of time, the peapod, as a symbol of fertility, signals the overcoming of death.[8]

3 Urs Graf was trained in Zurich. Scholarship has offered convincing arguments that Graf lived in Strasbourg when he executed this specific drawing, although we do not know much about his early years before he settled in Basel around 1510. See Müller 2001 (see footnote 1).

4 Falk, Tilman: Urs Graf. Bildnis eines Mannes mit Pelzkragen, in: Bericht über die Tätigkeit der Eidgenössischen Kommission der Gottfried-Keller-Stiftung 1973–1976, pp. 26–32, p. 30.

5 Müller 2001 (see footnote 1), p. 67.

6 Salzer, Ronald Kurt: Viel Neues unter der Sonne. Ein Zeitmessgerät des 15. Jahrhunderts von europäischer Tragweite, in: Eichert, Stefan et al. (ed.): Laufzeit/Zeitlauf. Zeitkonzepte – Datierung – Chronologie in der Mittelalter- und Neuzeitarchäologie (Beiträge zur Mittelalterarchäologie in Österreich 33), Vienna 2018, pp. 83–98.

7 Salzer 2018 (see footnote 6).

8 For a comparison, see the peapods in the book of hours of Catherine of Cleves, Utrecht, c. 1440 (New York, Pierpont Morgan Library, MS M. 917/945, fol. 11r). On hat jewels, see Hackenbroch, Yvonne: Enseignes. Renaissance Hat Jewels, Florence 1996.

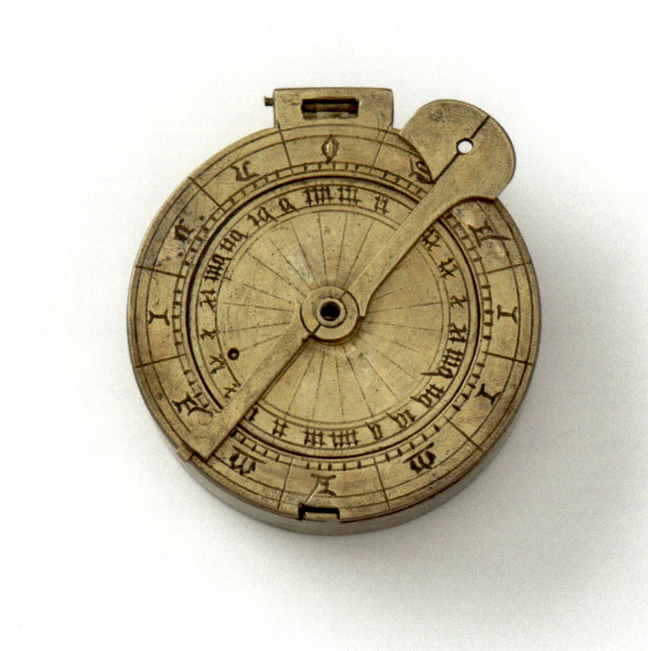

2 Pocket Sundial, closed state, with nocturnal on its lid, early 16th century, Stuttgart, Württembergisches Landesmuseum

Objects and Practices

Urs Graf represents the historical practice of setting an equinoctial sundial by touching it with one's fingertips in a gentle and meditative manner. The technical act of handling the device and the act of contemplating it are not separated in the drawing. Instead, the draughtsman yields a realistic image of the complex interaction between the user and his time-keeping device. Graf's drawing invites us to reflect on the object in its technical and symbolic dimensions, as well as on its manipulation and the contexts in which it would have been employed.

The relationship between objects and practices is the focus of the present volume *Material Histories of Time: Objects and Practices, 14th–19th Centuries*. The aim of the volume is to foster a dialogue between two different approaches to the history of horology and of time cultures. On the one hand is that of historians, curators and conservators who study the material history of time-keeping devices.[9] This approach hinges on

9 For an overview of the variety and vitality of these inquiries, see the contents of specialized journals such as Antiquarian Horology, Chronométrophilia, Jahresschrift der Deutschen Gesellschaft für Chronometrie, Watch & Clock Bulletin.

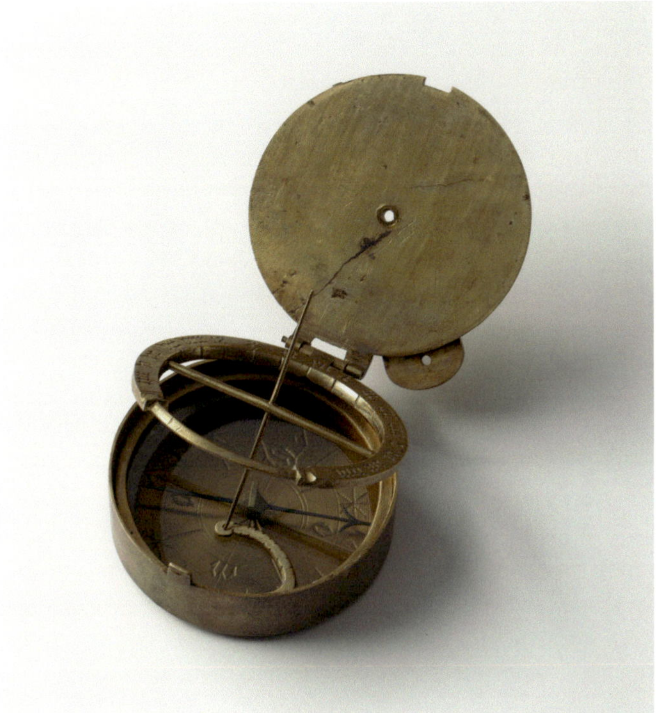

3 Cf. fig. 2, open state

an in-depth knowledge of the technical and scientific history of sundials, sandglasses, clocks, watches, etc. On the other hand is the approach of scholars who consider the cultural and social history of the temporal organization of societies.[10] This area of scholarship tends to investigate the diffusion of time measurement in society, raising questions that demand extensive archival research and a multifaceted reflection on the relationship between institutions and individuals, structures and practices, materials and representations, technical and cultural factors.

10 Verhoeven, Gerrit/Blondé, Bruno: Against the Clock. Time Awareness in Early Modern Antwerp, 1585–1789, in: Continuity and Change 28/2, 2013, pp. 213–244; Glennie, Paul/Thrift, Nigel: Shaping the Day. A History of Timekeeping in England and Wales, 1300–1800, Oxford 2009; Voth, Hans-Joachim: Time and Work in England (1750–1830), Oxford 2000; Dohrn-van Rossum, Gerhard: History of the Hour. Clocks and Modern Temporal Orders [1992], Chicago/London 1996; Landes, David: Revolution in Time. Clocks and the Making of the Modern World, Cambridge, Mass. 1983; Cipolla, Carlo M.: Clocks and Culture, 1300–1700, London 1967; Thompson, Edward P.: Time, Work Discipline and Industrial Capitalism, in: Past and Present 38, 1967, pp. 56–97; Le Goff, Jacques: Au Moyen Âge: temps de l'Église et temps du marchand, in: Annales. Économies, Sociétés, Civilisation 15/3, 1960, pp. 417–433.

In recent years, new methodological perspectives have emerged, as witnessed by the interest in materiality in studies of socio-cultural phenomena and in the history of knowledge,[11] as well as by the place granted to objects in art history.[12] An openness to social and cultural factors has also emerged in the formerly internalist history of technology. These interpretative perspectives can help strengthen the dialogue between the two historiographical approaches mentioned above. In particular, in praxeological social-historical studies of the individual and its behaviours,[13] the object has a central role in the investigation of practices seen as "reconstructable (everyday) patterns of past ways of doing and speaking".[14] When considered as the vestige of a practice, the object becomes a material document that can help the historian overcome the 'silence' of the archive concerning everyday gestures and ways of doing.[15] To 'materialize' the history of time, as the title of the present volume suggests, means therefore to turn a spotlight on time-keeping devices in an analysis of time in society. While urban history and the history of consumerism have contributed much in drawing attention to the diffusion of timepieces and time indication,[16] the usage of timepieces stands at the very centre of practices that speak to the changing relationship between time and society. The measuring of time can penetrate society in many possible ways – for example, in coordinating, synchronizing, measuring duration, sequencing gestures, quantifying mobility, defining a position, inculcating punctuality, recording and relating an experiment, modelling a theory or reproducing an observation, visualizing, materializing or even interpreting

11 Notable instances of the interest in materiality in historical studies include Richardson, Catherine/Hamling, Tara/Gaimster, David (eds.): The Routledge Handbook of Material Culture in Early Modern Europe, Abingdon 2017; Siebenhüner, Kim: Things That Matter. Zur Geschichte der materiellen Kultur in der Frühneuzeitforschung, in: Zeitschrift für Historische Forschung 42/3, 2015, pp. 373–409; Findlen, Paula (ed.): Early Modern Things. Objects and Their Histories, 1500–1800, Abingdon 2013; for the role of materiality within cultural theory, see Reckwitz, Andreas: The Status of the "Material" in Theories of Culture: From "Social Structure" to "Artefacts", in: Journal for the Theory of Social Behaviour 32/2, 2002, pp. 195–217. See also Pickering, Andrew: Material Culture and the Dance of Agency, in: Hicks, Dan/Beaudry, Mary C. (eds.): The Oxford Handbook of Material Culture Studies, Oxford 2010, pp. 191–208.

12 Cordez, Philippe: Object Studies in Art History: Research Perspectives, in: id. et al. (eds.): Object Fantasies. Experience & Creation, Munich 2018, pp. 19–30.

13 Chateauraynaud, Francis/Cohen, Yves: Histoires pragmatiques, Paris 2016; Haasis, Lucas/Rieske, Constantin (eds.): Historische Praxeologie, Paderborn 2015; Füssel, Marian: Praktiken historisieren. Geschichtswissenschaft und Praxistheorie im Dialog, in: Schäfer, Franka/Daniel, Anna/Hillebrandt, Frank (eds.): Methoden einer Soziologie der Praxis, Bielefeld 2015, pp. 267–288. On the praxeological turn in social theory and science studies, see Reckwitz, Andreas: Grundelemente einer Theorie sozialer Praktiken. Eine sozialtheoretische Perspektive, in: Zeitschrift für Soziologie 32/4, 2003, pp. 282–301.

14 Haasis, Lucas/Rieske, Constantin: Historische Praxeologie. Zur Einführung, in: Haasis/Rieske 2015 (see footnote 13), pp. 7–49, p. 16.

15 Bernasconi, Gianenrico: Pour une archéologie des pratiques, in: Socio-anthropologie 40, 2019, pp. 247–262.

16 The diffusion of watches and public clocks is well documented in the English context, see Glennie/Thrift 2009 (see footnote 10), ch. 4 and 5; Weatherhill, Lorna: Consumer Behaviour and Material Culture in Britain, 1660–1760, London 1996.

time flow. To explore these practices, it is necessary to consider techniques of clockmaking, including the timepieces' technical complication, not only as the product of the clockmaker's virtuosity but also as a mediation between objects and practices. This investigation directs attention to the organization of timepiece production,[17] the diffusion of such products and the manifold contexts in which they were employed, as these objects could be scientific instruments, luxury items, symbols that embodied the flow of time or even everyday objects. Examining the uses of time can help to historicize the emergence of time awareness from the standpoint of an object-practice relationship in which the materiality of measuring devices – their function, shape, size, decoration and materials – is of the utmost importance. In the title of this volume, *Material Histories of Time*, the plural "Material Histories" precisely underscores the variety of relations that can exist between objects and practices.

Material Histories of Time

In *Material Histories of Time*, the questions raised above are discussed within a broad temporal framework spanning the appearance of the mechanical clock in the 14th century and the decades preceding the industrialization of horology and the synchronization and unification of the hour in the 19th century.[18] While the contributions presented here focus on mechanical clocks and watches, we are well aware of the necessity to take into account other time-keeping devices, such as meridians or hourglasses, whose historical study might show the variety or coexistence of different time keeping techniques. Graf's universal pocket instrument, which opened this introduction, is also meant to underline this methodological demand and the need for further research.

The volume begins with two contributions that focus on multifaceted objects that communicate abstract concepts of time on various sensory levels while also supporting the interests of those in power. Philippe Cordez considers the hydraulic and musical fountain in the Cleveland Museum of Art, a unique device of gilt and enamelled silver made in Paris *c.* 1320–1340. A close comparison with the Fountain of Youth presented across text, image and music in the *Roman de Fauvel*, a political satire recorded in a manuscript of 1317, suggests that the same group was involved in both creations. Indeed, the Cleveland fountain multisensorially evokes the Parisian royal palace as a

17 Girarder, Sandrine: L'entreprise Jacquet-Droz. Entre merveilles du spectacle, mécaniques luxueuses et machines utiles, 1758–1811, Neuchâtel 2020; Dequidt, Marie-Agnès: Horlogers des Lumières. Temps et société à Paris au XVIIIe siècle, Paris 2014; Hilaire-Pérez, Liliane: La pièce et le geste, Paris 2011; Riello, Giorgio: Strategies and Boundaries. Subcontracting and the London Trades in the Long Eighteenth Century, in: Enterprise & Society 9/2, 2008, pp. 243–280.

18 McCrossen, Alexis: Marking Modern Time. A History of Clocks, Watches, and other Timekeepers in American Life, Chicago/London 2016; Ogle, Vanessa: The Global Transformation of Time, 1870–1950, Boston 2015.

divine Fountain of Youth rejuvenating the French Kingdom. Günther Oestmann discusses the monumental astronomical clock in Strasbourg, showing that the passing of time could be displayed in many ways, whether mechanical or visual. Timekeeping was in fact only one of the functions of the Strasbourg astronomical clock, which rather aimed at presenting "God's order to the public", as Oestmann argues.

At the centre of Victor Pérez-Álvarez's examination stands a Renaissance table clock at the National Maritime Museum in Greenwich, made by two versatile Augsburg clockmakers, Caspar Buschmann and Johann Reinhold, around 1586. In this phase of transition between the Julian and Gregorian calendars, the Augsburg clockmakers designed the clock's indications to mediate political tensions that came along with this transition. And successfully so, as the clock went on to be valued well into the 18th century. Gerhard Dohrn-van Rossum elaborates on the socialization of time in an exploration of the work of the English artist William Hogarth. No subsequent artist used clocks as intensively as elements of a time-related iconography. Hogarth represented very specific times of day in order to characterize – and to judge in moral terms – the daily schedules of different social strata. The artist thus engaged with the time-related values of the Puritan middle classes, for example, opposing diligence, thrift and industry to untimeliness and idleness – in other words, the use versus the abuse of time.

Marie-Agnès Dequidt discusses the relationship between objects and practices in the activity of Parisian clockmakers. Through an analysis of accounting books, the archives of the Académie des sciences and a few clockmakers' treatises, she demonstrates the diversity of the public of clock users in 18th-century Paris. Beyond the influences of new customs and demands, clockmakers proposed inventions to stimulate the market. They cultivated a new aesthetics of decorative clocks and developed technical and functional innovations to simplify or improve the mechanism and to support the diffusion of new practices. Gerrit Verhoeven draws upon the proceedings of the Old Bailey (London's supreme court of criminal justice) to question the assumption that the diffusion of pocket watches in the 18th century revolutionized traditional concepts of time and created a modern, razor-sharp and time-oriented awareness. In analysing more than two thousand statements from between 1774 and 1825, he observes that the impact of watches in the practice of timekeeping remained minor, while tower, church, gate bells and night watches maintained a steady importance for the awareness of time in the city.

Issues surrounding timekeeping also elicit the attention of historians of mobility, who underline a progressive transformation of travelling practices involving the use of timepieces. Through an analysis of Louis Dutens's *L'itinéraire des routes les plus fréquentées* (1775), Nicolas Verdier shows how the use of an instrument to measure distance, namely the odometer, in conjunction with a time-keeping device, changed radically the relationship between distance and space. In the *Itinéraire*, Dutens presented tables juxtaposing quantified values of the distance and time of travels, which, even if they did not go so far as to establish the velocity ratio of the itinerary, accomplished a first substantial step in that direction. Catherine Herr-Laporte discusses the relationship between time and mobility in the 18th century through a study of carriage clocks. The diffusion of these objects, much varied in design and denomination, ran parallel to the evolution of travelling practices in which time occupied an increasingly central place. These watches were in fact useful tools for organizing and coordinating the mobility of individuals and goods, as well as fashionable objects that responded to the importance of travel in Enlightenment culture. Grégoire Besson's contribution deals with the experience of time as measured by late 18th- and early 19th-century travellers. Although mentions of timepieces are rare in travel literature, the very practice of travelling nevertheless highlighted a diversity of time cultures. The diffusion of timepieces was uneven within Europe itself, and travellers were in general confronted with different ways of measuring time and with the difficulty of regulating the time on their watches.

Fabio Pruneri turns the focus to another area of time-keeping practices, providing a historical overview of time rhythms at school from the late Middle Ages to the Industrial Age. Selecting decisive moments that demonstrate how the relationship between education and time has changed, he outlines a progressive fragmentation of the school day. His study of timekeeping raises the question of the management of transformation processes through the measure of their duration. Gianenrico Bernasconi studies the presence of temporal indications in cookbooks from the 17th and 18th centuries as signalling the formalization of culinary practices. The quantification of cooking time represented the recording of an experience that in turn became mobile and reproducible. But this quantification was also an instrumental practice that, together with 'sensory' techniques, allowed for the controlling of food transformations. Marco Storni discusses the place of timekeeping in scientific practices, taking up the role of pocket watches in the chemical experiments of Antoine Lavoisier. Already objects of common use in pulse-based diagnosis, pocket watches belonged to the area of "taken-for-granted-knowledge", as Storni argues. In introducing this term, Storni outlines a thus far overlooked type of knowledge that is necessary for the building of a theory, but whose presence is not necessarily acknowledged by the actors involved.

Alexis McCrossen takes a look at the praxis of repair as documented in the account book of David Edwards Hoxie corresponding to the years 1876–1883 in order to locate information concerning 19th-century American clockmaking in general. Hoxie's entries on nationality/origin, type, watchmaker, serial number, casing and materials not only offer insight into the main technical problems Hoxie faced – which mostly resulted from the inexperienced use of pocket watches by their owners – but more broadly into the distribution and ownership of watches and their use and meaning. Finally, Johannes Graf takes the volume away from the praxis of repairing and towards the praxis of replicas, forgeries and historical fiction. He closely analyses the entangled story of the alleged first Black Forest clock, a story in which several agents, institutions and objects successively blurred the history of clockmaking in the German Black Forest region. The object is in fact part of a fiction that arose from a desire for an original cultural identity in the Black Forest during a time of pan-German national integration.

The present book is the outcome of a cooperation between Gianenrico Bernasconi and his research team on the history of technology at the Institute d'histoire of the Université de Neuchâtel and Susanne Thürigen as a member of the research group "Premodern Objects. An Archaeology of Experience", funded by the Bavarian State Ministry of Science and the Arts (Elite Network of Bavaria) and established at Ludwig-Maximilians Universität München under the direction of Philippe Cordez for a term of five years (2013–2018).

We thank these institutions for supporting the publication of this book, as well as the conference from which it proceeds. Entitled "Material Histories of Time. Objects and Practices, 14th to 18th Centuries", the conference took place in November 2017 at the Musée international d'horlogerie in La Chaux-de-Fonds. We express our gratitude to the museum director Régis Huguenin and his team for supporting and hosting the conference, and to the Bureau cantonal du contrôle des ouvrages en métaux précieux in La Chaux-de-Fonds for further generous support.

We address our warmest thanks to all the colleagues who engaged in discussions with us in La Chaux-de-Fonds and who prepared their papers for the present volume. We are grateful for the dedicated support of Catherine Herr-Laporte and Marco Storni in the editing process, while the volume benefitted largely from the diligent editing work of Marie Gioanni for the contributions in French and Julia Oswald for the contributions in English. Finally, we thank Philippe Cordez for his continuous support and for welcoming this book as the third in the series "Object Studies in Art History", as well as Katja Richter, Anja Weißenseel and Susanne Drexler for their professional supervision at De Gruyter.

Philippe Cordez

Musique et Jouvence au royaume de France

Le *Roman de Fauvel* et la fontaine de Cleveland (Paris, vers 1320)

La fontaine d'orfèvrerie du Cleveland Museum of Art est un objet unique, dont l'histoire est mal connue (fig. 1). Acquise en 1924 auprès d'un marchand parisien, elle avait été remise en état au Musée du Cinquantenaire de Bruxelles, après avoir été proposée au Musée du Louvre, alors dans une « boule de terre ». Ceci laisserait supposer une origine archéologique : peut-être avait-elle, à un moment de son histoire, été cachée intentionnellement. Mais le doute s'impose. Un récit communiqué par le marchand, cru par les acteurs de l'époque, mais sans source et finalement improbable, suggérait une découverte dans le jardin d'un palais d'Istanbul peu après la Première Guerre mondiale. Sans doute a-t-on voulu dissimuler la véritable provenance de l'objet, ou lui en substituer une autre plus évocatrice. L'étude des émaux de la fontaine a montré en tous cas qu'ils ont été refaits avant l'entrée au musée, au début du XXe siècle ou dès le XIXe siècle, sans que cela semble avoir été indiqué en 1924. Les plaques d'argent gravées sous ces émaux, qui sont d'origine, ont cependant permis, avec certains détails de l'orfèvrerie, de situer à Paris durant la première moitié du XIVe siècle, vraisemblablement entre 1320 et 1340, la création de la fontaine[1].

* Pour des précisions et discussions, je remercie chaleureusement Gianenrico Bernasconi, Susanne Thürigen et les participant.e.s au colloque de La-Chaux-de-Fonds, celles et ceux au colloque *Le Toucher. Histoire médiévale d'un sens équivoque* de l'association « Au pied du Sycomore » en octobre 2018 à Paris, et celles et ceux à l'atelier de recherche *Synesthésie des espaces sacrés ? Cultures gothiques de l'ornement et leurs réceptions au XIXe siècle* au Centre allemand d'histoire de l'art – DFK Paris en juin 2019, notamment Christian Freigang. Mes remerciements vont aussi à Stephen N. Fliegel, ancien conservateur en charge de l'objet au Cleveland Museum of Art, et à Martine Clouzot, qui a éveillé mon attention aux représentations de la musique au Moyen Âge.

1 Cf. Fliegel, Stephen N. : The Cleveland Table Fountain, in : Fliegel, Stephen N./Gertsman, Elina (dir.), *Myth and Mystique: Cleveland's Gothic Table Fountain*, cat. exp. Cleveland, Cleveland Museum of Art, Cleveland 2016, p. 1–57, ici p. 37–44 et 50–53 (p. 52 : « a ball of earth »). L'article a d'abord paru sous le titre « The Cleveland Table Fountain and Gothic Automata », in : *Cleveland Studies in the History of Art* 7, 2002, p. 6–49 ; traduction partielle : Automates gothiques à la cour des Valois, in : Taburet-Delahaye, Elisabeth (dir.), *La création artistique en France autour de 1400*, Paris 2006, p. 119–133. Voir https://www.clevelandart.org/art/1924.859 (20/04/2020) pour d'autres photographies.

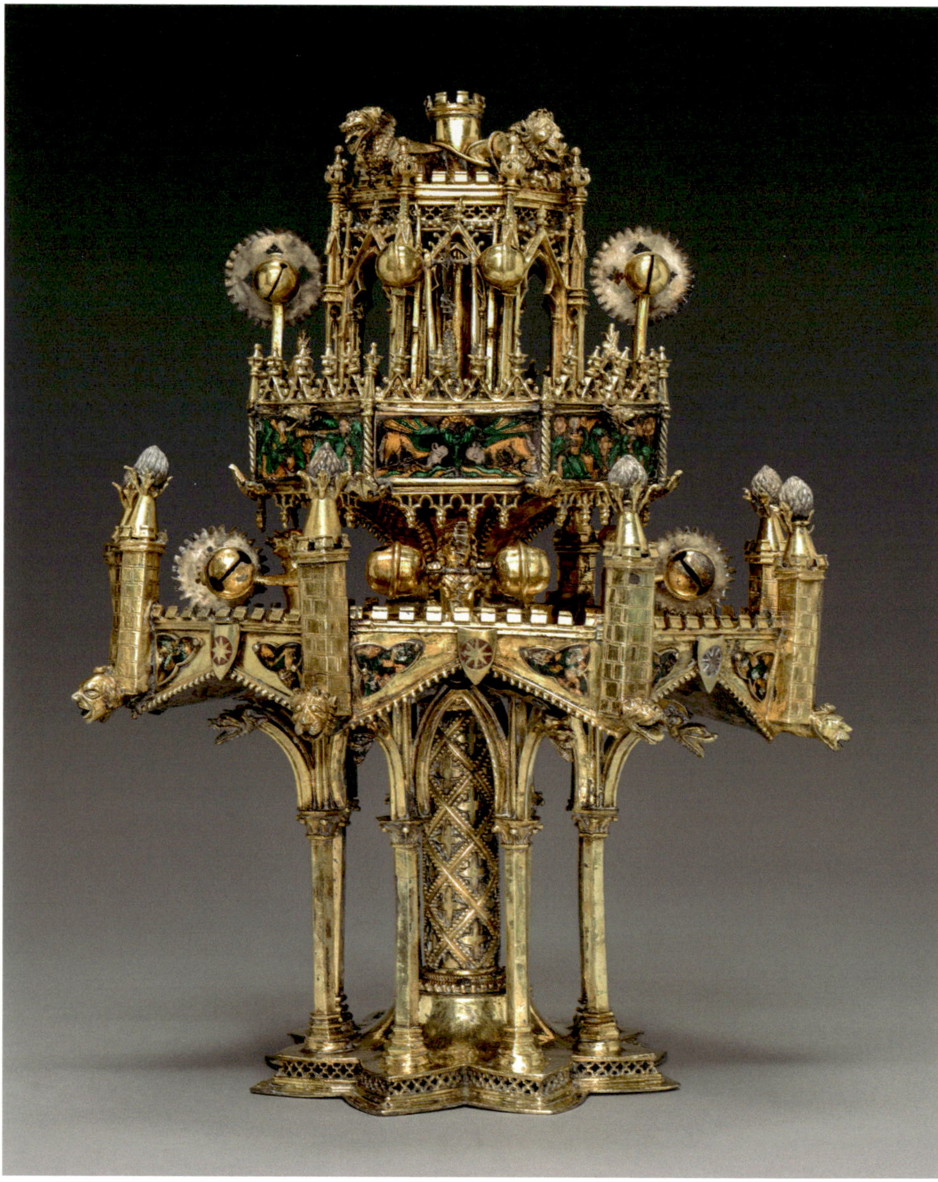

1 Fontaine hydraulique et musicale, Paris, vers 1320, Cleveland, Cleveland Museum of Art

Cette fontaine hydraulique et musicale est au moins pour le XIVe siècle la seule conservée, et la seule dont nous ayons connaissance. Une description ou reconstitution attentive de sa construction, de ses images, des mouvements de l'eau lorsqu'elle fonctionnait, des sons qu'elle produisait montre qu'elle devait offrir une performance remarquablement élaborée, plurisensorielle autant qu'intellectuelle, adressée à un petit cercle de personnes instruites et privilégiées. Un rapprochement avec la fontaine de Jouvence du *Roman de Fauvel*, telle qu'elle est présentée et commentée en récit, image et chants dans un manuscrit achevé en 1317, se révèle particulièrement éclairant – au point de rendre plausible l'implication d'un même groupe dans la conception de ces deux objets, au sein du palais royal à Paris[2]. À cette lumière et dans cette hypothèse, la fontaine de Cleveland paraît matérialiser, c'est-à-dire rendre perceptible par les sens, l'idée d'un temps nouveau pour le royaume de France, sous le règne de Philippe V (1316–1322).

Une fontaine d'orfèvrerie hydraulique et musicale

Mesurant 31 centimètres sur 24 à 26 de diamètre dans son état actuel, pesant 2,7 kilogrammes, la fontaine de Cleveland est faite principalement d'argent doré et émaillé. Au-dessus d'un premier niveau de petites colonnes, elle comporte deux étages qui sont surmontés d'une construction à arcades, dominée elle-même par une plateforme portant une tourelle. Le tout enferme un tube central. L'eau y entrait par le bas. Sous pression, elle montait. Une bonne partie jaillissait au sommet de la tourelle, puis s'écoulait par des ouvertures aménagées dans la plateforme.

De là, l'eau devait tomber dans la construction octogonale du bassin supérieur. Émergeant du bassin, quatre dragons ailés crachaient verticalement des jets fins, par de petits tuyaux vraisemblablement branchés sur la colonne centrale et qui devaient délivrer une certaine pression. Juste au-dessus de ces jets d'eau sont suspendues des rouelles d'argent, à la circonférence desquelles une trentaine d'entailles ont permis, par torsion, de constituer des pales. Allégées par quatre évidements en quatrefeuille, entraînées par le jet, les rouelles emportaient l'eau dans un mouvement tournoyant. Leurs axes, posés sur des supports, se terminent chacun par deux grelots que la rotation faisait sonner. Les quatre côtés du bassin non dominés par ces rouelles sont percés de déversoirs, situés haut, qui laissaient s'échapper le surplus d'eau. L'étage inférieur, plus large, recevait cette eau et les gouttes retombant des rouelles. Quatre hommes y sont assis. Eux aussi crachaient de fins jets d'eau actionnant des rouelles et des grelots. Sur ce plateau constitué de divers plans inclinés, l'eau filait immédiatement : ses points les plus bas sont pourvus de huit déversoirs. Ils impliquent un bassin supplémentaire, plus vaste encore, aujourd'hui manquant. Le fonctionnement de la fontaine suppose une réserve d'eau placée plus haut qu'elle, reliée à sa base par une tuyauterie (l'extrémité inférieure du tube est filetée et devait donc lui être vissée). L'objet s'apparente ainsi, malgré sa petite taille, aux fontaines de villes ou de jardins avec leurs systèmes de canalisations. Sa préciosité suggère cependant un usage intérieur et ponctuel. Le réservoir a pu être dissimulé et rempli

2 Ce rapprochement a été proposé par Fliegel 2016 (cf. note 1), p. 34 (et 37) et Gertsman, Elina : Sensual Delights: Fountains, Fiction, and Feeling, in : Fliegel/Gertsman 2016 (cf. note 1), p. 59–90, ici p. 72.

régulièrement, éventuellement avec une pompe, pour laisser croire à un mouvement autonome et infini[3].

Les inventaires princiers du XIVe siècle mentionnent régulièrement des « fontaines » d'orfèvrerie aux formes et motifs variés, relevant généralement de l'imagerie courtoise. Mais elles n'étaient que de simples réservoirs, incluant souvent un vase à boire[4]. Seule une « tres grant et tres noble fontaine d'argent dorée » a dû présenter de l'eau sous pression mettant des éléments en mouvement. Elle ouvre une liste de trente-huit fontaines – soit plus que dans tous les autres textes réunis – dans l'inventaire rédigé en 1380 des joyaux du duc d'Anjou Louis Ier, frère du roi Charles V. Cet objet exceptionnel, démontable « en pluseurs pieces », pesait 340 marcs, soit environ 83 kilogrammes, trente fois plus que ce qui est conservé de la fontaine de Cleveland[5]. Bien qu'il soit longuement décrit, le reconstituer dans toute sa complexité est malaisé. Un « entablement » supportait un « grant bacin », dans lequel se trouvait une « terrace », ce que l'on peut supposer à l'origine sous l'objet de Cleveland. De cette terrasse s'élevaient « trois rondes coulompnes par lesquelles monte et avale l'eau ». Pour monter, l'eau devait être sous pression, tandis qu'« avaler » laisse entendre qu'elle redescendait aussi par là. Les colonnes parvenaient à hauteur d'un « petit bacin doré » d'où sortaient « trois tuiaus qui se apuient aus clez qui sont dessous le dit bacin ». Quelques phrases plus haut, ces mêmes « clez » étaient dites « trois clefs tournans getans eaue » : on y reconnaît des rouelles tournoyant sous l'effet de petits jets sortant des tuyaux. Sans doute étaient-ils alimentés par l'eau sous pression. Ne manquent que les grelots.

3 Description du fonctionnement d'après Fliegel 2016 (cf. note 1), p. 8, 27–30, 36 et communication personnelle. Les parties de la fontaine inaccessibles au regard n'ont jamais été explorées.

4 Cf. Lightbown, Ronald W. : *Secular Goldsmith's Work in Medieval France: A History*, Londres 1978, p. 44 sq., 47–49, 51 et index ; Gaborit-Chopin, Danielle : Orfèvrerie et émaillerie, in : Baron, Françoise et al. (dir.) : *Les fastes du gothique. Le siècle de Charles V*, cat. exp. Paris, Galeries nationales du Grand Palais, Paris 1981, p. 220–275, ici p. 223 et 238 ; Wiewelhove, Hildegard : *Tischbrunnen. Forschungen zur europäischen Tafelkultur*, Berlin 2002, p. 54 sq. (et 84) ; Molina i Castellà, Anna : El « Castell d'Amor » de Pedro IV de Aragón. Literatura en la orfebrería de la mesa real, in : *Anales de historia del arte* 24, 2014, p. 357–371. Sur des fontaines du XVe siècle, cf. Oschema, Klaus : Herrschaft mit dem Überfluß. Tisch- und Weinbrunnen als Medium der Herrschaftsrepräsentation im späten Mittelalter, in : Rippmann, Dorothee/Schmid, Wolfgang/Simon-Muscheid, Katharina (dir.) : *« … zum allgemeinen statt nutzen ». Brunnen in der europäischen Stadtgeschichte*, Trèves 2008, p. 171–192, dont est tiré en partie id. : Liquid Splendour – Table-Fountains and Wine-Fountains at the Burgundian Courts, in : Oosterwijk, Anne van et al. (dir.) : *Staging the Court of Burgundy*, Londres 2013, p. 133–142. Il est difficile d'apprécier la fonction exacte des deux fragments mentionnés par Fliegel 2016 (cf. note 1), p. 4 (et no 2–3, p. 96–103, Dominique DeLuca et Molly Phelps).

5 À raison de 244,75 grammes pour un marc de Paris. Moranvillé, Henri (dir.) : *Inventaire de l'orfèvrerie et des joyaux de Louis I, duc d'Anjou*, Paris 1903, no 645, p. 218–220 (et no 646–682, p. 221–245 pour les autres fontaines).

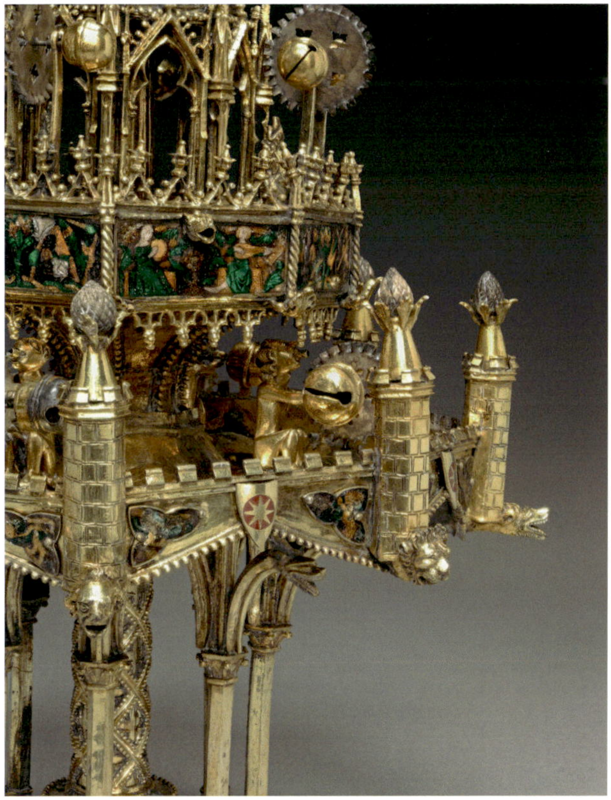

2 Cf. fig. 1, détail

La fontaine de Jouvence : textes, images, objets

Dans la fontaine de Cleveland, les quatre hommes qui crachent de l'eau sont nus, ce qui les désigne comme des baigneurs. L'un est complètement chauve, un autre l'est en partie, tandis que les cheveux des deux derniers ondulent jusqu'à leur nuque. Ils ont donc des âges différents (fig. 2). Ces éléments sont constitutifs du motif de la fontaine de Jouvence, dont l'eau fait rajeunir. Ceci invite à une comparaison.

Apparu au XIIe siècle, ce thème d'abord littéraire avait été repris d'un texte à l'autre, avec des variantes[6]. Sa première attestation se trouve dans la *Lettre du prêtre Jean*, rédi-

6 Cf. pour ce qui suit Rapp Buri, Anna : Der Zittauer Jungbrunnen. Motiv und Thema in Literatur und Kunst des Mittelalters, in : Winzeler, Marius (dir.) : *Der Zittauer Jungbrunnen*, Zittau 2011, p. 25–56, p. 25–29 (textes) et 31–37 (objets), d'après la thèse de l'auteur : *Der Jungbrunnen in Literatur und bildender Kunst des Mittelalters*, Zurich 1976. Voir aussi Wipfler, Esther P. : *Fons. Studien zur Quell- und Brunnenmetaphorik in der europäischen Kunst*, Ratisbonne 2014, p. 145–153.

gée vers 1165 et prétendument adressée à l'empereur de Byzance par un souverain chrétien décrivant son royaume, très loin à l'Est. Au pied du mont Olympe, une eau prendrait sa source, qui arriverait après trois jours non loin de là où Adam fut chassé du Paradis. Qui y boirait trois fois retrouverait ses trente ans. La mention suivante, vers 1185, appartient au *Roman d'Alexandre*, d'Alexandre de Paris, à propos du voyage d'Alexandre le Grand en Inde. Toujours près du Paradis, dans une prairie fleurie gardée par des serpents et des dragons, se trouverait une fontaine avec des colonnes de marbre, un sol de cristal et d'or, des pierres précieuses et un masque de lion crachant l'eau. S'y baignant quatre fois, les hommes de la suite d'Alexandre redeviennent des chevaliers de trente ans. L'expression « fontaine de Jouvence » apparaît quant à elle vers 1184 dans l'exégèse d'un psaume écrite en français en recourant à des thèmes de l'amour courtois pour Marie de Champagne, sœur du roi Philippe Auguste. Marie est invitée à aimer le roi des cieux pour rajeunir : Dieu est une fontaine de Jouvence.

Le thème prit au XIIIe siècle une tournure érotique. Dans la chanson de geste *Huon de Bordeaux*, après 1216, l'eau de la fontaine, réputée venir du Paradis, est gardée par un serpent dans un jardin de l'Émir de Babylone. En la buvant, les femmes retrouvent leur virginité, alors que l'effet est nul sur le héros masculin. Au milieu du siècle, dans le *Fabliau du Dieu d'Amour*, l'auteur est mis en scène rêvant d'un ruisseau coulant depuis le Paradis dans une prairie fleurie. Les femmes n'ayant pas enfanté redeviennent vierges en s'y baignant, les hommes âgés rajeunissent ; le jardin du dieu d'amour n'est pas loin – un peu plus tôt, c'est précisément d'une « fontaine d'amour » que rêvait l'auteur de la première partie du *Roman de la Rose*. Encore au milieu du XIIIe siècle, le *Fabliau de Cocagne* décrit un pays où personne ne travaille, où nourriture et boisson abondent et où hommes et femmes retrouvent leurs trente ans dans la fontaine. Des doutes quant à la possibilité d'un tel rajeunissement sont exprimés par l'auteur du *Livre des merveilles du monde*, dit Jean de Mandeville, vers le milieu du XIVe siècle, puis par Jean Froissart dans *Le joli buisson de Jonece*, en 1373.

Dans la continuité de ces textes, des fontaines de Jouvence furent figurées sur des objets d'ivoire créés à Paris entre 1320 et 1350. La face avant d'un coffret montre ainsi, parmi plusieurs scènes, deux hommes et une femme âgés avançant péniblement vers un bassin occupé par deux couples jeunes et nus. En dessous, des plantes vigoureuses manifestent l'idée de génération ; au-dessus, l'eau est crachée par deux têtes hirsutes, énormes, qui en montrent la force (fig. 3). Deux autres coffrets présentent des images dérivées du même modèle, et le thème est encore figuré sur une boîte de miroir et une tablette à écrire[7]. Visualisant et compilant des motifs tirés de la littérature amoureuse

7 Respectivement : Baltimore, Walters Art Museum, n° inv. 71.264 ; Londres, Victoria and Albert Museum, n° inv. 146-1866 ; Londres, British Museum, n° inv. 1856,0623.166 ; Baltimore, Walters Art Museum, n° inv. 71.170 ; New York, The Metropolitan Museum of Art, n° inv. 2003.131.4. On retrouvera ces objets et leurs références sur le site du *Gothic Ivories Project at The Courtauld Institute of Art, London*, www.gothicivories.courtauld.ac.uk (20/04/2020). Voir aussi Gertsman 2016 (cf. note 2), p. 70 sq. et 81.

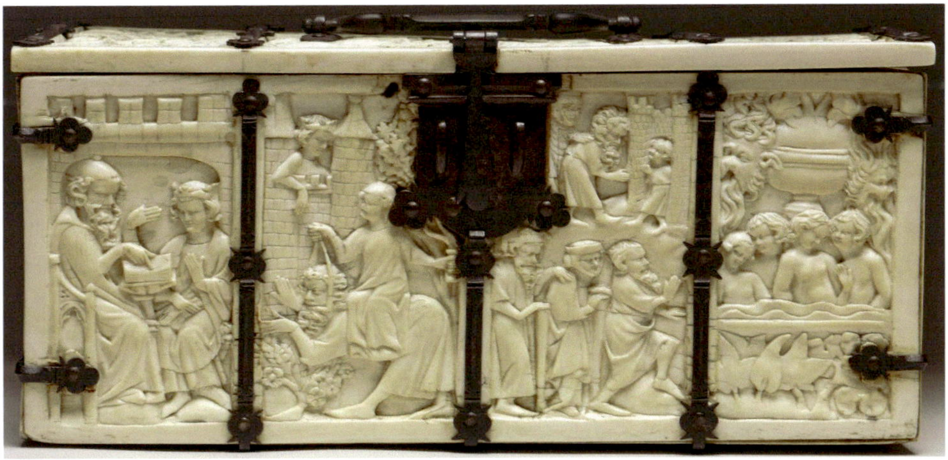

3 Fontaine de Jouvence (à droite) sur un coffret en ivoire, Paris, vers 1330–1350, Baltimore, The Walters Art Museum

des deux siècles précédents[8], ces objets étaient visiblement faits pour être vendus à des nobles ou bourgeois qui en étaient familiers[9]. Ceci indique que le thème de la fontaine de Jouvence était bien connu.

Plus tard dans le XIVe siècle, toujours dans le royaume de France, d'autres objets représentant la fontaine de Jouvence sont attestés à un niveau princier. Le roi Charles V (1364–1380) possédait en 1379, en son palais du Louvre, un « petit tappiz à ymages de la fontaine de Jouvent », c'est-à-dire une tapisserie[10]. En 1380, il avait en son « estude » du château de Vincennes une petite « fontaine de jouvent d'or » dont la description se poursuit ainsi : « où est ung chapiteau à six pilliers sur ung pié, et sont prophètes autour, et a l'environ du pié de ladicte fontaine, garny de balaiz, saphirs, esmeraudes et rubiz d'Alixandre, et au chef dessus est Nostre Dame et deux angeloz ; pesant IIm V estellins ». L'objet pesait donc environ cinq cent grammes. On ne lui devine pas de réservoir d'eau. Plutôt que d'une fontaine fonctionnelle, il pouvait s'agir d'une image précieuse, de type similaire à celles que l'inventaire mentionne juste avant et après – d'autant plus que

8 Cf. Carns, Paula Mae : Compilatio in Ivory: The Composite Casket in the Metropolitan Museum, in : *Gesta* 44/2, 2005, p. 69–88, à propos d'un coffret proche de ceux de Baltimore et Londres.

9 Sur l'art des marchandises, cf. Beaucamp, Ella/Cordez, Philippe : Glass Vessels, Camel Imagery, House Façades: The Venetian Art of Commodities (13th–14th Centuries), in : Beaucamp, Ella/Cordez, Philippe (dir.) : *Typical Venice? The Art of Commodities, 13th–16th Centuries*, Londres/Turnhout à paraître.

10 Labarte, Jules (éd.) : *Inventaire du mobilier de Charles V, roi de France*, Paris 1879, no 3701, p. 379. Le duc Louis Ier d'Orléans, fils de Charles V, a possédé deux tapisseries de ce thème à la fin du siècle : Rapp Buri 2011 (cf. note 6), p. 37.

l'adjonction de prophètes, de la Vierge et d'anges semble avoir adapté le thème à la dévotion[11].

Parmi les trente-huit « fontaines » du duc Louis Ier d'Anjou en 1380 s'en trouvait une d'argent doré ornée de plusieurs scènes, dotée d'un « grant godet » et d'un couvercle. Sur celui-ci, « un jardin de terrace vert » à fleurs et arbrisseaux, sans doute en émail sur ronde-bosse, était habité de plusieurs « hommes et femmes faisans pluseurs contenances », soit les gestes de la cour amoureuse. Au centre du jardin se trouvaient des « sieges sur lesquels sont assis pluseurs hommes et femmes apuiez contre une petite muraille à creneaux », à l'intérieur de laquelle se dressait « la fontaine de Jouvent où se baig[n]ent un homme et deux femmes : et comme ou milieu a un clochier haut de bel ouvrage dont yssent pluseurs serpentelles getans eaue. »[12] La scène se rapportait vraisemblablement au réservoir qu'elle coiffait, avec des jets d'eau non pas réels comme à Cleveland, mais simplement figurés.

Fontaine de Jouvence et ruine de la France : la satire littéraire, visuelle et musicale du *Roman de Fauvel*

La littérature depuis le XIIIe siècle, les images à partir des années 1320 mettent donc en scène tant des hommes que des femmes dans la fontaine de Jouvence, en vue de retrouver des plaisirs charnels. À Cleveland, les femmes manquent. Or une image précoce d'une fontaine de Jouvence montre elle aussi seulement des hommes, au folio 42r du manuscrit fr. 146 de la Bibliothèque nationale de France (fig. 4). Ce livre a été composé à Paris, et achevé en 1317, autour d'un texte principal qui use du motif en le détournant : le *Roman de Fauvel*[13].

Le *Roman de Fauvel* est une satire allégorique en français. Le héros est un cheval qui, aidé de Fortune, a quitté son écurie pour devenir roi. Son nom, « FAUVEL », est composé des premières lettres des vices de Flatterie, Avarice, Vilenie, Variété, Envie et Lâcheté, annonçant ce qu'il faut en penser. Les images du manuscrit fr. 146 le montrent comme un homme-cheval, à divers degrés d'hybridité, pour signifier que malgré les apparences, il ne gagne jamais dignité humaine[14]. Le règne de Fauvel est celui de la fausseté et du mensonge. Il a fait peindre aux murs de son palais « les crosniques/De fausseté […]/Puis que le monde commença » et notamment « de Renart toute l'istoire », soit

11 Labarte 1879 (cf. note 10), n° 2654, p. 284.

12 Moranvillé 1903 (cf. note 5), n° 654, p. 227 sq.

13 Cf. la synthèse de Bent, Margaret/Wathey, Andrew : Introduction, in : Bent, Margaret/Wathey, Andrew (dir.) : *Fauvel Studies: Allegory, Chronicle, Music and Image in Paris, BnF ms fr. 146*, Oxford 1998, p. 1–24, p. 16 pour la date. Pour une version numérique du manuscrit : https://gallica.bnf.fr (20/04/20).

14 Cf. sur ces images Camille, Michael : Hybridity, Monstrosity, and Bestiality in the « Roman de Fauvel », in : Bent/Wathey 1998 (cf. note 13), p. 161–174.

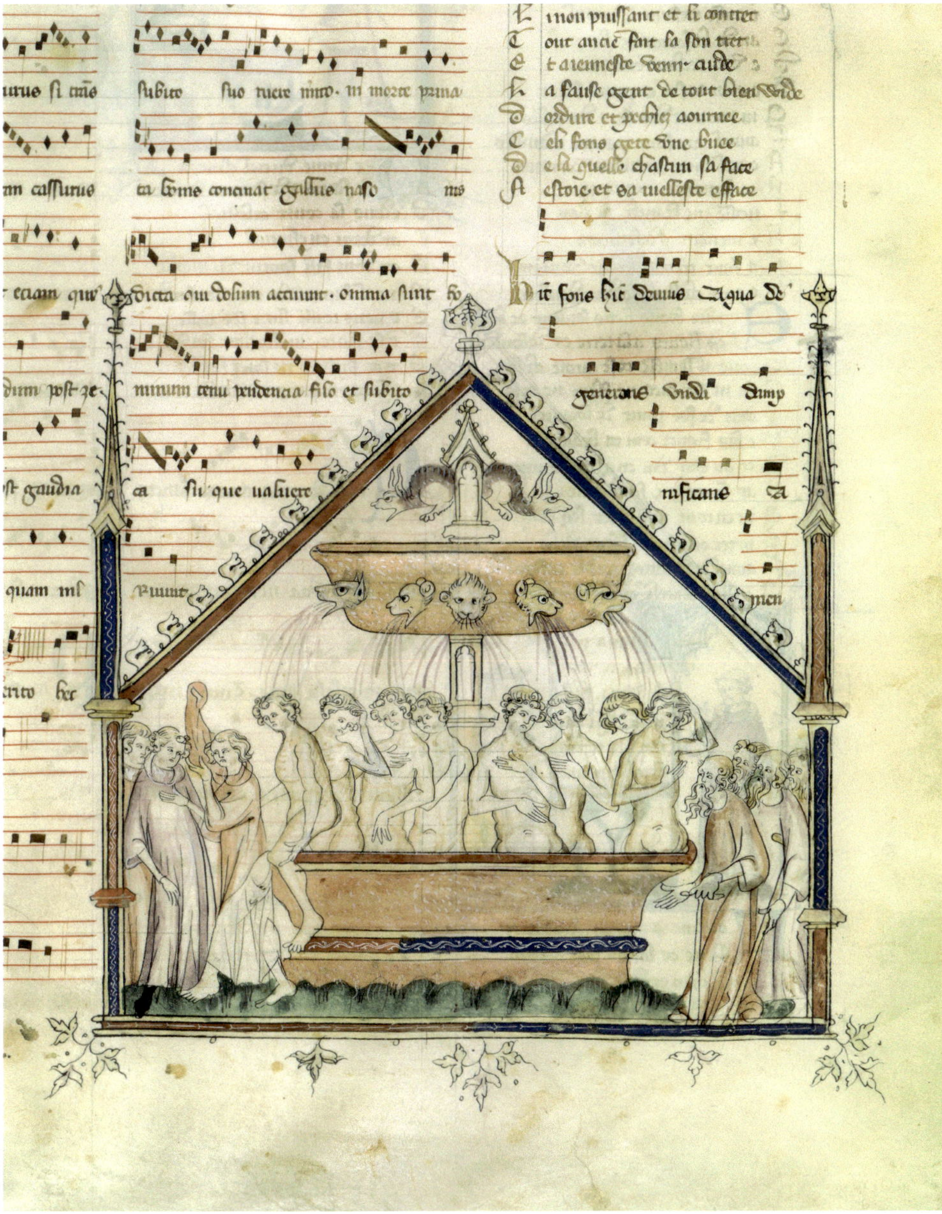

4 La fontaine de Jouvence du *Roman de Fauvel*, Paris, Bibliothèque nationale de France, ms. fr. 146 (Paris, achevé en 1317), fol. 42r, détail

les exploits du faux conseiller et usurpateur du roi des animaux relatés dans le *Roman de Renart*. Mais tous font la cour à Fauvel, pour conserver leur propre pouvoir. Ainsi conforté, celui-ci demande en mariage sa bienfaitrice Fortune, qui refuse et lui fait épouser Vaine Gloire. Leur union contre nature suscite un charivari, rituel où de jeunes hommes protestent en faisant du bruit avec toutes sortes d'objets, puis les épousailles sont fêtées par un tournoi opposant les Vices et les Vertus, qui ne sont pas départagés. Les mariés donnent naissance à de nombreux « Fauveaus nouveaus »[15].

À la fin du récit, en son point culminant, Fauvel et les siens ruinent le « beau jardin de grace plain » qui est aussi appelé « jardin de douce France ». Pire encore, suivant la volonté d'Hérésie, ils s'y « baingnent pour se rejouvenir » dans une « fontainne de jouvent », laissant craindre que leur règne funeste ne finisse jamais. La fontaine « gete une buee/de la quelle chascun sa face/Nestoie et sa vieillesce efface »[16]. L'image du folio 42r montre cette scène. Le jardin est évoqué par des bosses vertes au sol. Quatre hommes aux barbes longues s'approchent sur des béquilles, de la droite, c'est-à-dire à rebours du sens de lecture, et de l'ordre des choses. Dans la fontaine, huit hommes nus aux chevelures ondulantes, aux visages déjà rafraichis, se touchent le corps et s'étonnent de ce qui leur arrive. Au-dessus d'eux, cinq têtes animales crachent une eau de couleur douteuse[17]. Deux bêtes au pinacle évoquent le mal et la pestilence. Le baigneur de gauche enjambe le rebord ; un autre se rhabille, deux se retournent. Par sa taille et sa forme, cette fontaine évoque notamment, outre celles des monastères, les fontaines urbaines qui servaient le plus grand nombre[18].

Le manuscrit fr. 146 présente sur la plupart de ses pages trois colonnes de texte ou de musique. Au folio 42r, une page de droite, l'image de la fontaine occupe un peu plus de la moitié inférieure des deux colonnes extérieures. Le passage du *Roman de Fauvel*, jusqu'aux mots « chascun sa face/Nestoie et sa vieillesce efface », est copié en haut à droite et non au centre de la page, comme s'il ne s'agissait que d'un commentaire[19]. De fait, au bas de la page précédente, le copiste, se confondant avec le narrateur du *Roman*, avait pris la parole pour interrompre la disposition habituelle. Mis en colère par la ruine du jardin, et grognera qui voudra, il introduit une pièce musicale, qui se poursuit au

15 Strubel, Armand (éd., trad. et présentation) : *Le Roman de Fauvel*, Paris 2012, citations : v. 252, 1390–1393 et 5731, p. 154, 278 et 654.

16 Ibid., v. 5738, 5751, 5769, 5771 et 5780–5783, p. 654, 656 et 658.

17 La retenue chromatique générale dans le manuscrit pourrait signifier la fausseté des corps : Camille 1998 (cf. note 14), p. 172–173. Voir aussi ci-dessous, note 38.

18 Sur les fontaines à Paris, Lorentz, Philippe/Sandron, Dany : *Atlas de Paris au Moyen Âge. Espace urbain, habitat, société, religion et lieux de pouvoir* [2006], Paris 2018, p. 219. Le Musée Carnavalet conserve une vasque de fontaine du XIVe siècle en pierre, de 85 cm de côté, dont les trois déversoirs à têtes de lion, d'une jeune femme couronnée de fleurs et d'un vieil homme évoquent eux aussi les thèmes de la force et de l'âge (n° inv. AP936). Plus généralement : Schulze, Ulrich : *Brunnen im Mittelalter. Politische Ikonographie der Kommunen in Italien*, Francfort-sur-le-Main 1994 ; Wixom, William D. : A Glimpse at the Fountains of the Middle Ages, in : *Cleveland Studies in the History of Art* 8, 2003, p. 6–23.

19 Sur ce principe dans le manuscrit, Bent/Wathey 1998 (cf. note 13), p. 8.

folio 42r dans la position d'un texte principal et s'achève dans la colonne centrale juste au-dessus de la fontaine, entre le pinacle qui la flanque à gauche et le fronton qui la surmonte[20]. La troisième colonne, à droite, s'amenuise dans un triangle symétrique occupé par une autre pièce musicale. Chacun à sa manière, ces deux chants commentent la scène du bain figurée juste en dessous[21].

Le court chant à droite évoque le rituel du baptême, en pervertissant un chant liturgique dont les paroles *Sit fons/sit fons vivus/aqua regenerans/unda purificans/amen* deviennent *Hic fons/hic devius/aqua degenerans/unda/dampnificans/amen*[22]. Alors que l'eau du baptême purifiait et régénérait, celle de la fontaine sert ainsi la dégénération et la damnation. Ceci inverse le rapport de la fontaine de Jouvence aux thèmes de la Chute et de l'expulsion du Paradis, qui était suggéré dans la littérature des XIIe et XIIIe siècles par la proximité géographique ou l'indication que son eau restaurerait la virginité des femmes. Alors qu'Adam et Ève étaient devenus mortels après avoir commis le péché originel, le baptême effaçait celui-ci pour promettre la vie éternelle à qui suivrait le Christ. La fontaine de Jouvence était une version profane et littéraire de ce thème. Dans le manuscrit fr. 146, cette perspective est encore transformée. La ruine du jardin y semble la fin d'un Paradis terrestre, et le bain dans la fontaine suggère un anti-baptême. De fait, Fortune avait reproché à Fauvel d'être le messager de l'Antéchrist[23].

Le chant qui domine le folio 42r est pour sa part un motet polyphonique particulièrement complexe. Il comporte trois textes à chanter simultanément sur des mélodies différentes. Les deux voix supérieures attaquent respectivement ainsi : « La tribu, qui n'a pas répugné/Une ascension indécente » (*Tribum, que non abhorruit/Indecenter ascendere*) et « Puisqu'une secte de larrons » (*Quoniam secta latronum*). Ceci désigne Fauvel et les siens et la suite est à l'avenant. Ce chant est construit sur deux citations évoquant l'exil, c'est-à-dire une déchéance. L'une est païenne, l'autre biblique. Le dernier couplet de *Quoniam secta latronum* renvoie à une lettre d'Ovide relégué loin de Rome par l'empereur Auguste. La troisième voix du motet, reprise d'un répons liturgique, chante les trois mots par lesquels les frères de Joseph reconnaissent avoir trahi celui-ci, et provoqué son départ pour l'Égypte : « C'est à juste titre que nous subissons cela » (*Merito hec patimur*, Gn 42,21)[24]. Les trois voix élaborées à partir de ces deux éléments déploient

20 « Et pour ce que je m'en courrouce,/Ci met ce motet qui qu'en grouce » : Strubel 2012 (cf. note 15), v. 5761–5762, p. 656. Cf. Roesner, Edward H. : Labouring in the Midst of Wolves: Reading a Group of Fauvel Motets, in : *Early Music History* 22, 2003, p. 169–245, ici p. 174 et 242.

21 Cf. Lecco, Margherita : I versi intorno alla Fontana di Giovinezza (Roman de Fauvel, MS Paris BnF fr. 146), in : Ramello, Laura/Borio, Alex/Nicol, Elisabetta (dir.) : *« Par estuide ou par acoustumance ». Saggi offerti a Marco Piccat per il suo 65o compleanno*, Alessandria 2016, p. 423–436, en particulier p. 432.

22 Strubel 2012 (cf. note 15), p. 660. Cf. Dillon, Emma : The Profile of Philip V in the Music of « Fauvel », in : Bent/Wathey 1998 (cf. note 13), p. 216–232, ici p. 225, voir aussi p. 217 ; Kauffmann, Martin R. : Satire, Pictorial Genre, and the Illustrations in BN fr. 146, ibid., p. 285–306, ici p. 299.

23 Strubel 2012 (cf. note 15), v. 4000, p. 500 ; Bent/Wathey 1998 (cf. note 13), p. 12 ; sur la traduction visuelle de ce thème, Kauffmann 1998 (cf. note 22), p. 295–297.

24 Strubel 2012 (cf. note 15), p. 657–659.

entre elles de riches rapports de sons et de sens, en une musique dite mesurée, car elle repose sur une technique d'écriture fixant non seulement la hauteur, mais aussi la durée des notes, ce qui détermine des relations précises entre les mots et syllabes des différentes voix. Le présent motet innove dans ce genre par un raffinement extrême, avec des correspondances donnant une impression de chute, ce qui qualifie la scène du bain dans la fontaine[25]. La Jouvence de Fauvel annonciatrice d'un malheur sans fin est ainsi dénoncée dans une éclatante maîtrise du temps.

L'entremêlement virtuose des voix les rend cependant difficiles à comprendre. *Tribum/Quoniam secta/Merito hec patimur* n'a pu être pleinement apprécié que d'auditeurs préparés. Qui étaient-ils ? Le manuscrit fr. 146 livre des éléments de réponse. De grand format (une double page ouverte mesure 46 centimètres sur 66), il se prêtait à rassembler plusieurs personnes autour de lui. Le folio 42r n'est qu'un exemple de correspondances nombreuses et étroites établies entre plusieurs textes, 77 images et pas moins de 169 pièces musicales[26] : le livre appelle à une réception combinée de ces éléments créés pour l'occasion, adaptés ou simplement repris. Manifestement, des échanges intenses ont eu lieu entre différents auteurs, c'est-à-dire qu'ils ont constitué les uns pour les autres un premier public. Or plusieurs sont connus, ou supposés : Gervès du Bus et Chaillou de Pesstain pour le *Roman de Fauvel*, Philippe de Vitry pour des motets polyphoniques dont celui accompagnant la fontaine, Geoffroy de Paris pour des poèmes, Jean Maillart pour la chronique en vers qui clôt le manuscrit, et d'autres. La plupart étaient liés à la chancellerie royale et à l'oncle du roi Philippe V, Charles de Valois[27]. Quelle fut leur motivation ?

Achevé durant les premiers mois de 1317, le manuscrit dénonce des faits qui remontent au règne de Philippe le Bel (1268–1314), frère aîné de Charles de Valois. L'odieux Fauvel a pour modèle Enguerrand de Marigny, issu d'une petite famille noble, entré dans l'administration royale probablement en 1295, devenu chambellan en 1305 et dont l'ambition irrita les princes royaux et notamment Charles de Valois. À la mort du roi en 1314, Charles orchestra la persécution d'Enguerrand, qui fut pendu en 1315. Régnait alors Louis X, un fils de Philippe le Bel, qui mourut dès 1316. Lui succéda son frère, Philippe V (1316–1322), avec une légitimité d'abord problématique, mais que Charles de Valois semble avoir rapidement soutenu. Critiquant brillamment les difficultés du royaume dans les années précédentes, le manuscrit fr. 146 visait vraisemblablement à conforter Charles de Valois et les siens auprès du nouveau roi.

25 Cf. Bent, Margaret : Polyphony of Texts and Music in the Fourteenth-Century Motet : « Tribum que non abhorruit/Quoniam secta latronum/Merito hec patimur » and its « Quotations », in : Pesce, Dolores (dir.) : *Hearing the Motet: Essays on the Motet of the Middle Ages and Renaissance*, New York/Oxford 1997, p. 82–103, en particulier p. 84, 86–89 et 98. Sur d'autres sources de ce motet, Wathey, Andrew : Myth and Mythography in the Motets of Philippe de Vitry [1998], in : Nádas, John Louis/Cuthbert, Michael Scott (dir.) : *Ars nova: French and Italian Music in the Fourteenth Century*, Aldershot 2008, p. 477–502.

26 Bent/Wathey 1998 (cf. note 13), p. 4 et 7. Cf. aussi Roesner 2003 (cf. note 20), p. 241, note 150.

27 Sur ceci et ce qui suit : Bent/Wathey 1998 (cf. note 13), p. 2, 4 sq., 9–19.

On ne connaît pas l'histoire de ce manuscrit avant le XVe siècle, alors qu'il avait quitté la France. Mais le *Roman de Fauvel* a circulé aux XIVe et XVe siècles, ce dont témoignent des copies. Treize sont conservées, dans une version plus courte, probablement un peu antérieure, sans le développement sur la fontaine de Jouvence. D'autres sont attestées, dont une également enrichie d'images et de musique. Significativement, certains possesseurs de ces livres au début du XIVe siècle étaient liés au milieu royal et à Charles de Valois[28].

Sons, musique et polyphonie dans la fontaine de Cleveland

Le manuscrit fr. 146 reflète donc des conflits entre hommes de pouvoir auprès du roi de France, ce qui explique l'absence des femmes dans la fontaine de Jouvence au folio 42r. Qu'en est-il des baigneurs de la fontaine de Cleveland ? Ils présentent une particularité, n'étant pas immergés, mais traversés par l'eau. Leur respiration est remplacée par un jet continu qui, comme l'air chez des chanteurs, produit des sons – ceux des grelots, qui accompagnent et redoublent ceux de l'eau. Ceci appelle à être pensé en termes de théorie et de pratique musicales.

Le *De institutione musica* de Boèce (vers 480–524), texte influent au Moyen Âge, distinguait trois types de musique : celle des instruments, celle des humains et celle du monde. La *musica instrumentalis*, seule audible, inclut le chant humain. La *musica humana*, perceptible intérieurement, concerne les rapports entre âme et corps. La *musica mundana*, inaccessible aux sens, est produite par le mouvement des sphères célestes, dont les harmonies sont pensées selon des rapports de proportions. Ces trois types de musique sont liés : les humains peuvent saisir en leur âme quelque chose de la musique du monde et le faire entendre par leur corps[29]. Les hommes de la fontaine s'inscrivent dans ce système. Alors que le jaillissement de l'eau rappelle dans sa continuité la perfection des rotations célestes, ils en transmettent le mouvement aux grelots qui en donnent une traduction audible. Les baigneurs assument ainsi une fonction instrumentale, activement puisqu'ils tiennent fermement les axes à grelots, à bout de bras dans leurs mains – à la différence des dragons, sans lien physique avec les rouelles et dominés par elles.

28 Ibid., p. 1, 7–9, 13 sq., 16 sq. Une référence à la figure de Fauvel dans une image d'un *Avis aus roys* adressé au milieu du XIVe siècle au duc Louis Ier d'Anjou (New York, Pierpont Morgan Library, Ms. 456) indique elle aussi que son histoire était bien connue : Logemann, Cornelia : Herrschaft als Rollenspiel. Zur Genese allegorischer Darstellungsverfahren im Spätmittelalter, in : Rathmann-Lutz, Anja (dir.) : *Visibilität des Unsichtbaren. Sehen und Verstehen in Mittelalter und Früher Neuzeit*, Zurich 2011, p. 103–136, ici p. 107–112.

29 Cf. Rankin, Susan : De la lune à la terre : musique des sphères, musique des hommes, in : Clouzot, Martine/Laloue, Christine (dir.) : *Les représentations de la musique au Moyen Âge*, Paris 2005, p. 10–21, en particulier p. 10 sq.

Le thème de la musique est explicitement déployé sur les huit plaques émaillées du bassin supérieur. Quatre d'entre elles, là où l'eau s'écoulait, figurent des couples jouant d'instruments à cordes, à vent et à percussion, assis entre de grands éléments végétaux, feuilles et fleurs. Leur musique apparaît liée à l'eau en mouvement, à la fertilité des plantes et à l'harmonie entre hommes et femmes. En alternance, les côtés du bassin qui retenaient l'eau figurent des thèmes contraires. De part et d'autre d'un unique végétal central, ramassé sur lui-même, de l'eau s'écoule à la fois vers la gauche et vers la droite, ce qui semble contre nature. S'y abreuvent sur deux des plaques des hybrides ailés à têtes d'hommes, dont trois chauves et deux barbus[30]. Sur une autre plaque sont figurés quatre oiseaux, deux buvant et deux tordant le cou vers le haut, becs fermés. Outre d'autres oiseaux qui boivent, la quatrième montre une sorte d'ours et un âne jouant d'instruments à percussion et à cordes, au-dessus desquels des fleurs sans tiges ont éclos (fig. 5). Leur performance ne fait qu'imiter celle des humains, car les animaux, ne percevant pas la musique du monde, sont incapables de musique. Non traversées par l'eau vive, ces quatre plaques ne montrent qu'une végétation malformée, du bruit animal, et le silence de monstres[31].

Les sons produits par la fontaine devaient être multiples. Le tintement des seize grelots était sans doute irrégulier, avec la cavalcade des billes entre les parois résonnantes. Activées par des jets quasiment horizontaux, les grelots du niveau inférieur devaient tourner plus rapidement que ceux entraînés plus haut par un jet vertical. S'y ajoutaient les sons de l'eau, avec les chuintements, gloussements, gargouillements et écoulements des jets et déversoirs, aux débits et pressions variés, et les gouttelettes aux trajectoires plus ou moins longues et rapides, frappant en saccades la surface des bassins. N'étant pas réglé selon des rapports de proportions, ce concert ne relevait pas directement de la *musica*[32]. Mais il a pu rappeler, en subtilité et variété, les finesses des chants à plusieurs

30 Les hybrides ont été rapprochés de figures de l'enlumineur Jean Pucelle dans le *Bréviaire de Belleville* (1323–1326) et les *Heures de Jeanne d'Évreux* (1324–1328) : Fliegel 2016 (cf. note 1), p. 42–44. Mais pour autant que l'état des émaux permette d'en juger, les gravures, moins souples, pourraient être antérieures. La figure de Fauvel, les images et la musique du ms fr. 146 témoignent d'un intérêt pour les hybrides antérieur à Pucelle : cf. Camille 1998 (cf. note 14), p. 168. Voir aussi Bent 1997 (cf. note 25), p. 95–96 sur les *Métamorphoses* d'Ovide dans le motet qui y clôt le *Roman*. Situées vers 1320, les plaques de la fontaine compteraient parmi les premiers émaux translucides parisiens. Les plus anciens datés sont une commande royale entre 1316 et 1322, avec des gravures de style encore différent : Gaborit-Chopin, Danielle (dir.) : *L'art au temps des rois maudits. Philippe le Bel et ses fils*, cat. exp. Paris, Galeries nationales du Grand Palais, Paris 1998, n° 151, p. 228–231 (reliquaire-tabernacle de Séville, Danielle Gaborit-Chopin). La technique est originaire de Sienne : Collareta, Marco : Les arts précieux. Échanges de technologie entre Paris et la Toscane : l'art de l'ivoire et l'art de l'émail, in : Marguerite, Marie-Lys (dir.) : *D'or et d'ivoire. Paris, Pise, Florence, Sienne 1250–1320*, cat. exp. Lens, Musée du Louvre-Lens, Gand 2015, p. 136–145, ici p. 143–145.

31 Pour une perspective plus large sur les hybrides et la musique : Clouzot, Martine : Matières en mouvement. Instruments de musique, objets et sonorités dans les livres peints (milieu XIIIe – milieu XIVe siècles), in : Cordez, Philippe/Krüger, Matthias (dir.) : *Werkzeuge und Instrumente*, Berlin 2012, p. 33–48 (p. 36 sur l'image du charivari du ms fr. 146, p. 37 sur Jean Pucelle).

32 Les grelots de la fontaine sont des instruments à percussion mus hydrauliquement. À la différence de l'orgue à eau, qui permet la *musica*, celle-ci n'est pas apparentée aux instruments sonores

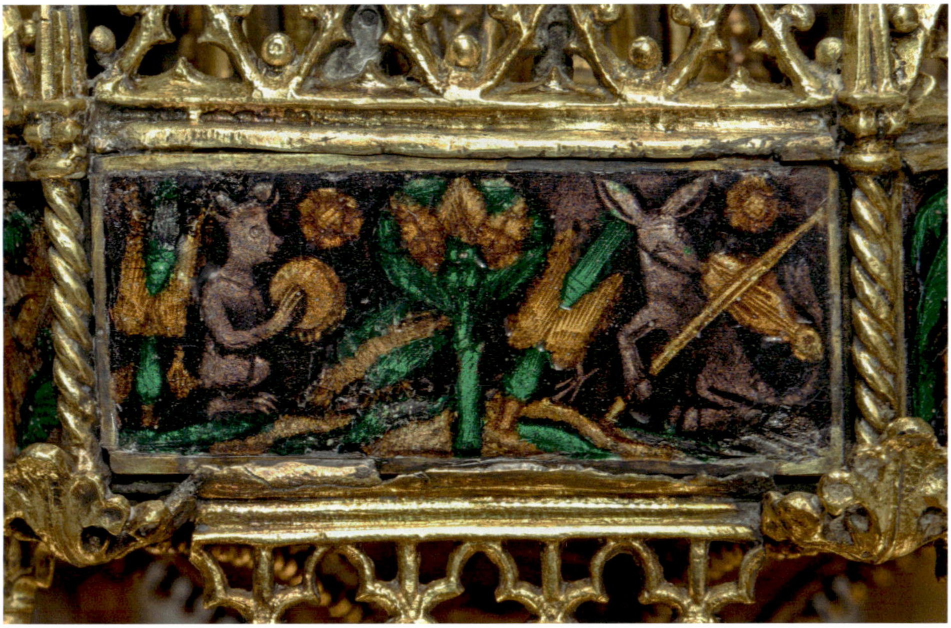

5 Cf. fig. 1, détail, oiseaux buvant et animaux musiciens

voix. En condamnant officiellement leur pratique dans les églises par une décrétale de 1324 ou 1325, le pape Jean XXII a décrit ceux-ci de façon révélatrice. Il critique les « disciples d'une nouvelle école, s'appliquant à mesurer le temps », qui « inventent des notes nouvelles », c'est-à-dire des notes courtes, avec lesquelles ils « brisent » et « coupent » les mélodies. Le discours des chanteurs « trébuche » alors ; ils « se répandent » et « courent sans repos », le chant liturgique s'en trouvant obscurci[33]. La fontaine, où l'eau disloquée en jets et gouttes devenait sonore selon des rythmes complexes, correspond à ce vocabulaire. En parlant de « nouvelle école », le pape désignait un groupe restreint et innovant. Or celui-ci dépassait le cadre ecclésiastique. À Paris, la musique polyphonique la plus

hydropneumatiques de tradition antique. Sur ceux-ci, Ditsche, Alexander : *Klingende Wasser. Hydropneumatische Musik- und Geräuschautomaten in der europäischen Gartenkunst*, Berlin/Munich 2017, p. 15–40 sur l'Antiquité et le Moyen Âge, et sur un cas particulier Wirth, Jean : *Villard de Honnecourt, architecte du XIIIe siècle*, Genève 2015, p. 165–169. Pas de lien technique non plus avec les figures automates des horloges à eau, ou avec celles des horloges mécaniques, l'essor de ces dernières après 1300 témoignant cependant d'un intérêt pour le mouvement artificiel dont relève aussi la fontaine. Cf. Deluz, Vincent : De la clepsydre animée à l'horloge mécanique à automates, entre Antiquité et Moyen Âge, in : Madeleine, Sophie/Fleury, Philippe (dir.) : *Autour des machines de Vitruve. L'ingénierie romaine : textes, archéologie et restitution*, Caen 2017, p. 173–194, en particulier p. 192.

33 Cf. Anheim, Étienne : Une controverse médiévale sur la musique : la décrétale *Docta sanctorum* de Jean XXII et le débat sur l'*ars nova* dans les années 1320, in : *Revue Mabillon* n.s. 11, 2000, p. 221–246, éd. et trad. du texte p. 245–246, p. 231 sq. sur le vocabulaire.

élaborée s'était prêtée à des réflexions universitaires avec la *Notitia artis musicae* rédigée par Jean de Murs vers 1321, et le manuscrit fr. 146 témoigne de son succès dans l'entourage royal dès 1317[34]. La fontaine pouvait participer de ce milieu et l'intéresser. Mais pour quel enjeu ?

Architectures et société dans la fontaine de Cleveland

Les éléments architecturaux de la fontaine sont significatifs d'espaces sociaux et de leur articulation. La plateforme sommitale, entourée des pinacles de l'édifice octogonal, s'élargit dans un effet de légèreté : elle est constituée d'une frise ajourée surmontée de moulures, ce qui reprend et inverse l'ornement du socle, pour marquer une rupture. Plus que du toit de la tour, il s'agit d'un niveau indépendant, caractérisé par un rebord crénelé que deux dragons et deux lions dominent de leur poitrail, les lions y appuyant leurs pattes. Ces bêtes défendent une petite tour ronde, elle aussi crénelée, ce qui évoque un lieu de pouvoir. La miniaturisation de cette tour signale son éloignement : l'eau qui en surgissait devait dès lors paraître hors de portée, ceci suggérant une origine divine[35]. Elle retombait entre les quatre bêtes sur des éléments dont ne restent que les montures rondes, mais qui étaient peut-être des pierres, rehaussant le prestige du lieu. Coulant sur elles, l'eau disparaissait discrètement par huit ouvertures. Elle ne franchissait pas le rebord de la plateforme, projections de gouttes mises à part.

L'eau réapparaissait vraisemblablement en huit filets à l'intérieur de la construction octogonale. D'un grand raffinement, d'allure ecclésiastique, celle-ci repose sur un socle qui était immergé dans le bassin, derrière le rebord dont les frises délicates redoublent son ornementation. L'écoulement régulier de l'eau dans cette architecture, dont le point de départ était invisible, devait sembler irréel, gagnant une connotation spirituelle. Il pouvait évoquer la diffusion de la grâce divine, et la collecte dans le bassin sa thésaurisation par l'Église, celle-ci écoulant le surplus par quatre jets nourris. Les quatre dragons, émergeant verticalement, opposent un mouvement contraire. Mais leurs jets ascendants étaient vite arrêtés au contact des rouelles, l'eau refluant en partie sous la construction, même si la rotation devait entraîner des gouttes par-dessus bord.

Le niveau suivant, défendu par des créneaux, est articulé par huit tours hexagonales en grand appareil de pierres de taille, crénelées elles aussi. On reconnaît une enceinte,

34 Cf. Anheim 2000 (cf. note 33), *passim* sur Jean de Murs, p. 221–224 et 242 sur le nom d'*ars nova* traditionnellement donné à cette musique, p. 243 sur sa pratique dans les cours (sans mention du ms fr. 146). À propos de « surabondance » et d'« intersections » sonores, y compris dans les bruits de la ville à Paris, en relation avec la qualité « supermusicale » des motets : Dillon, Emma : *The Sense of Sound: Musical Meaning in France, 1260–1330*, Oxford 2012, p. 57 et 327 (et 106–128 sur le charivari du *Roman de Fauvel*).

35 Sur la tour comme symbole de la vision lointaine et divine, cf. Kessler, Herbert L. : Topografías de la fe en el arte medieval, in : *Codex Aquilarensis* 28, 2013, p. 13–30, ici p. 17 sq.

du centre de laquelle partent les huit voûtains supportant le bassin supérieur. L'eau qui en tombait ruisselait sur seize surfaces diversement inclinées, formant un éventail, avec un courant alternativement fort ou faible en provenance des déversoirs ou des rouelles, mais s'égalisant à la base des tours. L'eau les traversait, avant d'être rejetée par huit têtes, dont deux d'hommes et les autres d'animaux, dont des lions. Ainsi irriguées, les tours s'épanouissent. À la pointe de leurs toits coniques surgissent des pousses végétales enserrant de gros boutons d'argent, dont les incisions croisées suggèrent qu'ils étaient recouverts d'émail translucide, vert sans doute :[36] ils semblent prêts à éclore, à hauteur des plaques émaillées du bassin. Ces dernières sont séparées par d'autres pousses d'orfèvrerie, tandis que la base des tours est flanquée de trilobes émaillés, les deux niveaux de la fontaine étant ainsi reliés. Sous l'enceinte crénelée, qui paraît flotter dans l'air, la puissante colonne centrale ornée de quadrilobes dans des losanges est entourée de huit fines colonnes hexagonales, dont les chapiteaux portent une série d'arcs soutenant l'ensemble. Huit autres arcs lancés vers l'extérieur s'achèvent en têtes de dragons, gueules ouvertes, en retrait derrière chacun des déversoirs.

À la différence des images de la fontaine de Jouvence, qui montrent des baigneurs entrant et sortant, ceux de la fontaine de Cleveland restent dans l'enceinte. Ils y occupent des positions hautes, les pieds de part et d'autre d'une arrête, et regardent chacun dans une direction différente. Assis exactement sous les dragons, ils étaient protégés par le surplomb du bassin de l'eau retombant de leurs rouelles. Jeunes comme vieux, ils crachaient des jets sans doute à peine freinés par le sommet de leurs propres rouelles, nombre de gouttes passant au-dessus des murs. Ils agissaient ainsi au-delà de l'enceinte. Si l'effet de l'irrigation est représenté par le bourgeonnement des tours, qu'y avait-il autour de la fontaine à arroser et faire fleurir ?

La fontaine de Cleveland, le palais royal à Paris et le « jardin de douce France »

Dans le *Roman de Fauvel* du manuscrit fr. 146, le « beau jardin de grace plain », qui est orné de fleurs semées par Dieu et figurant des vertus, est ruiné par l'usurpateur et sa famille au folio 41v. Leur bain dans la fontaine de Jouvence, qui suit sur la page de droite, annonce une perte définitive du « jardin de douce France ». Mais le texte du *Roman*

36 La technique de l'émail sur ronde-bosse est attestée dès 1319 avec le « pommel esmaillé » d'un hanap : cf. Eikelmann, Renate : Les émaux sur ronde-bosse d'or, in : Taburet-Delahaye, Elisabeth (dir.) : *Paris 1400. Les arts sous Charles VI*, cat. exp. Paris, Musée du Louvre, Paris 2004, p. 165–167, ici p. 166, note 4. Ce « pommel » ou nœud devait être émaillé sur argent, ce dont aucun exemple ne semble conservé. L'émail sur ronde-bosse d'or, qui à la différence de celui sur basse-taille d'argent est une couverture opaque d'aspect homogène, est attesté à partir du milieu du XIVe siècle, d'abord sur de petits objets. Cf. Kovács, Éva : *L'âge d'or de l'orfèvrerie parisienne : au temps des princes de Valois*, Dijon 2004, p. 239 et 252.

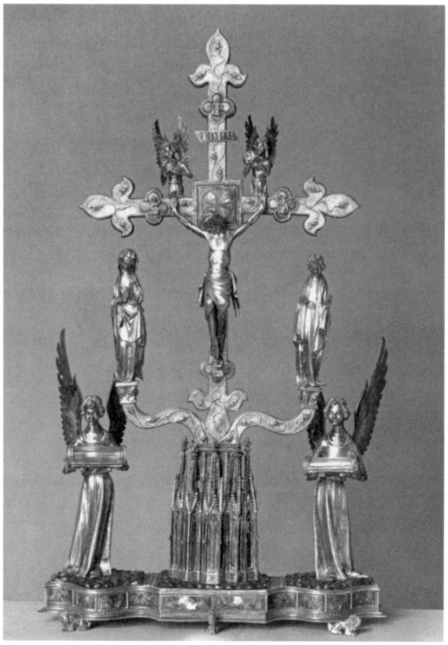

6 Croix provenant de la cathédrale de Bâle, vers 1330 (disparue en 1945). Berlin, Kunstgewerbemuseum – Staatliche Museen zu Berlin

reprend au verso dans l'espoir d'un malheur seulement passager : « Vuelle Dieu que une rousee/Viengne du ciel bien espuree,/Si fera il, qui effecera/Leur weil ! ne sai quant ce sera… »[37]. De même que la « buee » de la fontaine a débarrassé Fauvel et les siens de leur vieillesse, la rosée divine viendra effacer leur « weil », c'est-à-dire mettre à mal leur volonté. L'idée renvoie au nom de Fauvel : il est expliqué au début du *Roman* que ses lettres renvoient à des vices, mais aussi qu'il est composé « de FAUS et de VEL », soit de fausseté voilée. Tourner la page du manuscrit, cacher les beaux garçons que l'image laisse voir de façon trompeuse, permet d'espérer qu'une rosée céleste efface le voile de leur fausse jeunesse et révèle ainsi leurs mauvaises intentions[38].

Or la fontaine de Cleveland montre précisément de l'eau descendre depuis un lieu lointain, apparemment divin, d'abord dans un espace évoquant l'Église, puis dans une enceinte fortifiée et au-delà. Cette eau devait jeter des éclats de lumière, manifestant une qualité céleste – de manière plus constante dans la partie haute, où de nombreux détails de l'orfèvrerie retenaient les gouttes étincelantes, plus profonde dans les émaux, davantage translucides à l'origine, plus rapide et désordonné au niveau de l'enceinte, où les larges surfaces dorées des voûtains et des surfaces ruisselantes reflétaient les cabrioles

37 Strubel 2012 (cf. note 15), v. 5738–5751, p. 654–656 et v. 5783–5786, p. 660.

38 Ibid., v. 239, p. 154. Cf. Mühlethaler, Jean-Claude : Le dévoilement satirique. Texte et image dans le *Roman de Fauvel*, in : *Poétique* 146/2, 2006, p. 165–179, ici p. 169 (sans mention de la scène de la fontaine). Le *Roman* indique dès l'ouverture que ceux qui voient des peintures de Fauvel ne savent s'il faut y reconnaître « moquerie, sens ou folie » : p. 165–167 et Strubel 2012 (cf. note 15), v. 5–7, p. 128.

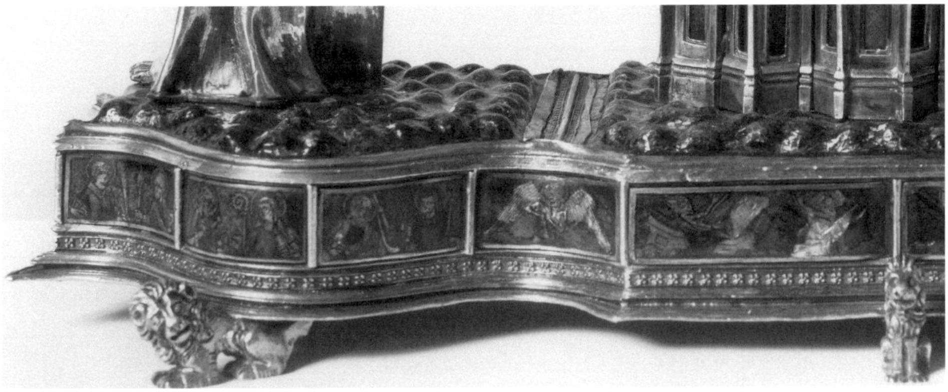

7 Cf. fig. 6, revers, détail du socle

des gouttelettes. Ce qui est conservé à Cleveland a en outre pu reposer, au milieu du grand bassin manquant, sur une terrasse figurant un jardin. Une telle terrasse, d'argent bosselé recouvert d'émail vert translucide, fleurie de pointes rouges et blanches, de 40 cm de largeur, constituait le socle d'une croix créée vers 1330 dans la région du Rhin supérieur, où la technique alors récente de l'émaillerie sur ronde-bosse d'argent avait été adoptée en provenance de Paris (fig. 6–7)[39]. Si une terrasse similaire était située sous la fontaine, l'eau n'aurait pas manqué de l'éclabousser, jetant une sorte de rosée sur ce qui pouvait être compris, selon les mots du *Roman de Fauvel*, comme un « beau jardin de grace plain ». Fallait-il y voir le « jardin de douce France », ce « biau jardin espuré/A fleurs de lis d'or aduré », c'est-à-dire paré éternellement de l'emblème des rois de France[40] ? Peut-on supposer un lien historique entre le manuscrit fr. 146 et la fontaine ?

39 Cet objet provenant de la cathédrale de Bâle, appartenant au Kunstgewerbemuseum de Berlin, a disparu en 1945 mais est connu par des photographies et descriptions. La terrasse mesurait 40 × 15 cm. Cf. Historisches Museum Basel (dir.) : *Der Basler Münsterschatz*, cat. exp. Bâle, Historisches Museum, Bâle 2001, n° V 1, p. 194–196 (Lothar Lambacher) et avec moins d'informations Husband, Timothy/Chapuis, Julien : *The Treasury of Basel Cathedral*, cat. exp. New York, The Metropolitan Museum of Art, New Haven 2001, n° 58, p. 138 sq. (Timothy Husband). Voir aussi Kovács 2004 (cf. note 36), p. 244, note 17 sur l'importation des techniques en Rhénanie. Les terrasses émaillées de vert sur ronde-bosse d'or, développées à la suite de celles en argent et attestées à partir de 1364 ou 1365, furent fréquentes : p. 249–252. Parmi les 38 fontaines d'argent doré de Louis Ier d'Anjou en 1380, la plupart présentait des « terraces » émaillées de vert, parfois bosselées, parfois avec des fleurs toujours rouges ou blanches, ainsi « une terrace vert boullonée », « une terrace vert semée de pluseurs fleurs et bocée en pluseurs lieux » ou « une terrace vert goutée de blanc et de vermeil, et couronnée autour d'une orbevoie de courbetes à jour » : Moranvillé 1903 (cf. note 5), n° 646, 654 et 663, p. 221, 227 et 235.

40 Strubel 2012 (cf. note 15), v. 5787 sq., p. 660. Sur la place du ms fr. 146 dans l'histoire de cet emblème, cf. Caldwell, Mary Channen : ‹ Flower of the Lily › : Late-Medieval Religious and Heraldic Symbolism in Paris, Bibliothèque nationale de France, ms français 146, in : *Early Music History* 33, 2014, p. 1–60 (ici p. 31).

Sans pouvoir être confirmée, l'idée mérite approfondissement. Les thèmes, l'inventivité, la maîtrise coordonnée de spécialités diverses sont du même ordre dans le manuscrit et dans la fontaine. La comparaison laisse penser que ceux qui furent impliqués dans la création et la réception du premier ont pu être concernés de près par la seconde, voire l'inspirer. À la lecture du *Roman*, la fontaine d'orfèvrerie apparaît comme la représentation d'un retournement heureux, tel qu'espéré au folio 42v. À l'eau douteuse dont le pouvoir est réservé à Fauvel et aux siens a succédé celle, lumineuse, qui vient de très haut, passe par l'Église, et dont le pouvoir vivifiant est suggéré par le bourgeonnement des tours. Jeunes et vieux, les quatre hommes la font jaillir au-delà de l'enceinte pour partager sa vertu de Jouvence. La musique, qui dans le manuscrit s'opposait à la fontaine, est désormais le produit de son mouvement. Par son écoulement perpétuel et musical, en joignant effet réel et représentation, la fontaine a pu manifester l'avènement de la félicité pour le royaume de France, pour l'éternité.

Certains auteurs du manuscrit fr. 146 travaillaient à la chancellerie royale, c'est-à-dire au palais, sur la pointe aval de l'île de la Cité à Paris. Le *Roman de Fauvel* décrit celui-ci, par ailleurs représenté en deux images au folio 30v : ce « palais et chastel » situé « Entre deus bras d'une riviere » a « quatorze ou douse/Chastelez, que tours que tourneles ». On voit la France depuis ses créneaux : « Des creniaus en haut remire on/Le douz païs et la contree/Qui douce France est appelee. » Dans la cité de Paris, Dieu aurait greffé la foi sur un arbre de Jouvence : « Je croi que Diex y a enté/La foi en l'arbre de jouvent ». Cet arbre de jeunesse, évocateur de l'arbre de vie, renvoie à la lignée des rois de France, selon une image attestée par ailleurs à l'époque[41]. Mais cet état de « douz paradis »[42] précédait l'installation de Fauvel au palais. À la fin du *Roman*, la scène de la ruine du jardin, celle de la fontaine de Jouvence et l'espoir du dévoilement de la fausseté se rattachent à cette première description.

Autour du dernier bassin de la fontaine de Cleveland commençait l'espace de qui la regardait, l'écoutait, pouvait toucher son eau, voire la goûter ou la sentir si elle était parfumée[43]. De taille réduite, sans côté privilégié, elle invitait un petit groupe à se penser

41 Cf. Logemann, Cornelia : *Heilige Ordnungen. Die Bild-Räume der « Vie de Saint Denis » (1317) und die französische Buchmalerei des 14. Jahrhunderts*, Cologne 2009, p. 240 sq. et 248–252. Sur les images du palais dans le ms fr. 146, cf. Davis, Michael Trabue : Desepoir, Esperance, and douce France: The New Palace, Paris, and the Royal State, in : Bent/Wathey 1998 (cf. note 13), p. 187–215.

42 Strubel 2012 (cf. note 15), citations : v. 4165–4167, 4177 sq., 4185 sq., 4242 et 4273, p. 534, 536, 540 et 542.

43 Les descriptions qui précèdent visent à rendre compte des effets coordonnés de la fontaine sur plusieurs sens, sans postuler une unité « synesthésique » – celle-ci étant une notion développée seulement depuis le XIXe siècle, liée à la modernité technique et d'usage souvent nostalgique, cf. Gruß, Melanie : *Synästhesie als Diskurs. Eine Sehnsuchts- und Denkfigur zwischen Kunst, Medien und Wissenschaft*, Bielefeld 2017. La démarche historique exige plutôt de reconstituer des systèmes sensoriels et les valeurs culturelles associées, de les situer socialement et d'en retracer l'évolution. Cf. pour le Moyen Âge Newhauser, Richard (dir.) : *A Cultural History of the Senses in the Middle Ages*, Londres 2014 ; Palazzo, Éric : *L'invention chrétienne des cinq sens dans la liturgie et l'art au Moyen Âge*, Paris 2014 ; Lohfert Jørgensen, Hans Henrik/Laugerud, Henning/Skinnebach, Laura Katrine

dans la continuité de la diffusion de l'eau. Les quatre hommes pouvaient constituer des figures d'identification. Comme dans le *Roman*, ils regardent au-delà des créneaux de l'enceinte, qui avec ses tours pouvait rappeler le palais royal. Cela est d'autant plus significatif que ce dernier avait été reconstruit en partie sous Philippe le Bel, avec un crénelage avant tout symbolique. Les familiers du *Roman de Fauvel* devaient aussi savoir qu'Enguerrand de Marigny, l'inspirateur du cheval devenu roi, avait dirigé certains de ces travaux, une statue de lui ayant même probablement été installée au palais[44]. En son enceinte se trouvaient un donjon du XIIe siècle, que la tourelle au sommet de la fontaine pouvait évoquer, la Sainte-Chapelle, à laquelle sa construction à arcades pouvait faire penser, et le jardin du roi devant lequel se rejoignaient les deux bras de la Seine. Comme le palais sur l'île de la Cité, visible depuis les rives, la fontaine devait être entourée d'eau. Qui en avait vécu le spectacle pouvait imaginer le palais royal flottant au-dessus de son île, surmonté d'une construction s'élevant à perte de vue dans le ciel, diffusant musique et eau vive. Comme Paris dans le jeu de mots *parisius – paradisus*[45], la fontaine évoquait le Paradis. Elle le faisait par l'expérience des sens et non par l'allégorie, en représentant un Paradis terrestre, tel le « douz paradis » du *Roman*, concrètement servi en l'occurrence par les quatre hommes dans l'enceinte. La fontaine semble traduire en cela les idées aristotéliciennes qui s'imposaient alors, en provenance de l'université, tant à propos du monde sensible et de son interprétation que de l'action politique et de sa représentation[46].

Si la fontaine était liée au manuscrit, quel serait le contexte de sa création ? Lors du couronnement de Philippe V (1316–1322) à Reims en janvier 1317, seuls deux pairs de France laïcs étaient présents. L'un était Charles de Valois, l'oncle du roi, lié à ceux qui

(dir.) : *The Saturated Sensorium. Principles of Perception and Mediation in the Middle Ages*, Aarhus 2015 ; Bouchet, Florence (dir.) : *Penser les cinq sens au Moyen Âge. Poétique, esthétique, éthique*, Paris 2015 ; Palazzo, Éric (dir.) : *Les cinq sens au Moyen Âge*, Paris 2016.

44 Cf. Guérout, Jean : *Le Palais de la Cité à Paris des origines à 1417. Essai topographique et archéologique* [1949–1951], 3 t., Paris 1953, t. 2, p. 67 sur le crénelage et p. 53 sq., 89 et 131 sur Enguerrand de Marigny. Sur la nouveauté de la représentation d'Enguerrand en statue, au côté du roi Philippe le Bel, cf. Brückle, Wolfgang : *Civitas terrena. Staatsrepräsentation und politischer Aristotelismus in der französischen Kunst 1270–1380*, Munich/Berlin 2005, p. 146–149 (voir aussi p. 136 sq. et 145, note 56). La critique des images de Fauvel dans le *Roman*, et la représentation de l'histoire (de Renart) dans son palais (cf. plus haut les notes 14 et 37), sont à lire au regard des innovations de Philippe le Bel en la matière.

45 Cf. Brückle 2005 (cf. note 44), p. 106 et Logemann 2009 (cf. note 41), p. 130 sq. Une perspective complémentaire est donnée par une *Vie de Saint Denis* terminée en 1317 et offerte par les moines de l'abbaye de Saint-Denis à Philippe V. De nombreuses images y mettent en rapport l'histoire du premier évêque de Paris, protecteur du royaume, avec la ville contemporaine, ses ponts, l'île de la Cité et le palais royal : Brückle 2005 (cf. note 44), p. 90–95 et 116–123 ; Logemann 2009 (cf. note 41), p. 134–142 sur les architectures de la *Vie* comme images du Paradis. Ce manuscrit a été divisé : BnF ms fr. 2090–2092 et lat. 13836.

46 En 1323, le maître scolastique Jean de Jandun rédigea une description de Paris d'inspiration aristotélicienne, le *Tractatus de laudibus Parisius*, pour répondre à celle traditionnellement allégorique d'un anonyme : ceci met en évidence les deux positions. Cf. Brückle 2005 (cf. note 44), p. 104–116 et *passim* sur l'aristotélisme et les représentations politiques dans ce contexte.

acheveraient le manuscrit fr. 146 quelques mois plus tard. L'autre était la comtesse Mahaut d'Artois, mère de la reine, Jeanne, épouse de Philippe depuis 1307[47]. En 1302, Mahaut avait hérité du comte Robert II d'Artois, son père, le château et le parc d'Hesdin, dont elle avait poursuivi l'aménagement. Or il s'y trouvait des installations hydrauliques exceptionnelles et spectaculaires. Un étang avait été creusé aux abords marécageux d'une rivière ; non loin de là, accessible par un pont, un pavillon avait été construit qui abritait des « engiens » faisant jaillir de l'eau, dont les tuyauteries étaient réparées chaque année. Il s'agissait probablement de figures de bois animées au moyen d'une pompe. Une prairie probablement artificielle, en tous cas régulièrement entretenue, se trouvait à proximité ; elle accueillait au moins une fontaine, dont le bassin était crénelé. Une autre prairie entourée de fraisiers, de framboisiers et de violettes était proche du château. Le parc lui-même, riche en ressources animales et végétales, dont plusieurs étangs à poisson, faisait l'objet d'une gestion rigoureuse et de travaux constants. Il représentait le pouvoir de la comtesse, qui dut le défendre en 1315 et en 1321 contre des habitants de Hesdin et des nobles de la région : la famine régnait et la réalisation du parc avait entraîné une réduction des terres agricoles[48].

L'expérience du parc d'Hesdin, notamment par Jeanne, et les idées développées au palais dans l'entourage de Charles de Valois, qui devaient continuer à circuler puisque celui-ci jouait un rôle majeur auprès de Philippe V[49], ont pu favoriser la création de la fontaine de Cleveland. On pouvait espérer, après les difficultés récentes, que le règne commençant serait un temps de renouveau. Philippe avait environ vingt-trois ans en accédant au trône ; un chant du ms fr. 146 clame sa jeunesse : *O Phelippe, prelustris Francorum*

47 Cf. Bent/Wathey 1998 (cf. note 13), p. 19.

48 Sur les jeux hydrauliques, cf. Buren-Hagopian, Anne van : Reality and Literary Romance in the Parc of Hesdin, in : MacDougall, Elizabeth B. (dir.) : *Medieval Gardens*, Washington, D.C. 1986, p. 117–134, ici p. 121 ; Franke, Birgit : Gesellschaftsspiele mit Automaten : « Merveilles » in Hesdin, in : *Marburger Jahrbuch für Kunstwissenschaft* 24, 1997, p. 135–158, ici p. 136 ; Cléty, Élisabeth : Les machines extraordinaires d'Hesdin aux XIVème et XVème siècles, in : *Sucellus. Dossiers archéologiques historiques et culturels du Nord-Pas-de-Calais* 44, 1997, p. 1–59. Une fontaine en forme d'arbre avec des oiseaux crachant de l'eau, dans le château, n'est attestée qu'en 1344 : Farmer, Sharon Ann : La Zisa/Gloriette: Cultural Interaction and the Architecture of Repose in Medieval Sicily, France and Britain, in : *Journal of the British Archaeological Association* 166, 2013, p. 99–123, ici p. 100. Sur le parc et les conflits, id. : Aristocratic Power and the « Natural » Landscape: The Garden Park at Hesdin, ca. 1291–1302, in : *Speculum* 88, 2013, p. 644–680, ici p. 647 sq. et 652–654. Sur la gestion des pièces d'eau sous Mahaut, voir aussi Dowling, Abigail P. : Landscape of Luxuries: Mahaut d'Artois's (1302–1329) Management and Use of the Park at Hesdin, in : Classen, Albrecht (dir.) : *Rural Space in the Middle Ages and Early Modern Age: The Spatial Turn in Premodern Studies*, Berlin 2012, p. 367–388, ici p. 375–379, et sur le parc plusieurs articles antérieurs de François Duceppe-Lamarre.

49 Cf. Petit, Joseph : *Charles de Valois (1270–1325)*, Paris 1900, p. 166–196.

Rex, insignis juvenis etate ![50] Que la fontaine ait été réalisée alors, soit autour de 1320[51], pour le roi ou pour un proche, est une hypothèse plausible – sans certitude et à défaut d'alternative. Il faudrait aussi comprendre les armoiries qu'elle porte[52], et comment elle a traversé le temps.

50 Strubel 2012 (cf. note 15), p. 264. Philippe V mourut en 1322. Jusqu'à sa propre mort en 1325, Charles de Valois fut déterminant pour Charles IV (1322–1328), frère de Philippe V, qui avait épousé en 1308 la seconde fille de Mahaut d'Artois : Petit 1900 (cf. note 49), p. 197–220 (mariage annulé : p. 199–200). Vint ensuite Philippe VI (1328–1350), fils de Charles de Valois.

51 Au sens d'une datation des émaux vers 1320, cf. plus haut les notes 30, 36 et 39. Les figures orfévrées (lions, dragons, déversoirs), de grande qualité, appelleraient à être étudiées de plus près.

52 Sur l'enceinte sont appliqués huit écussons d'argent doré arborant une étoile à huit branches en réserve sur un disque émaillé de rouge (*d'or au tourteau de gueules chargé d'une étoile à huit rais d'or*). Seuls deux paraissent anciens, sans devoir être d'origine. Les autres ont été remplacés ou au moins redorés et réémaillés. Ils ont été rapprochés de l'Ordre de l'Étoile fondé par le roi Jean le Bon (1350–1364), réuni une seule fois en 1352. Mais ceci repose sur un repeint de la représentation de cette fête dans les *Grandes Chroniques de France* de Charles V, BnF ms fr. 2813, fol. 394r. En dessous, la miniature, qui date des années 1370, montre des agrafes de manteau en forme d'étoiles plus complexes. De fait, Jean le Bon avait prévu des fermaux et anneaux avec « un esmail plat vermeil, en l'esmail une estoille blanche, ou milieu de l'estoille une rondele d'azur, ou milieu d'icelle rondele d'azur petit un soleil d'or ». Ceci n'exclut toutefois pas un lien entre les écussons de la fontaine et la forme simplifiée dont témoigne le repeint, dont la date est inconnue. Cf. Pannier, Léopold : *La Noble Maison de Saint-Ouen, la Villa Clippiacum et l'Ordre de l'Étoile*, Paris 1872, p. 88 ; Hedeman, Anne D. : *The Royal Image. Illustrations of the Grandes Chroniques de France, 1274–1422*, Berkeley 1991, p. 107, note 9 ; Fliegel 2016 (cf. note 1) p. 44–51 (commentant une hypothèse de George Szabo, présentée oralement en 1977 et non publiée). Je remercie Laurent Hablot pour le blasonnement et pour la discussion.

Günther Oestmann

Designing a Model of the Cosmos

Theoretical and Visual Considerations Concerning the Construction of Astronomical Clocks through Early Modern Times

Monumental astronomical clocks display time in varied ways – i.e. with multiform visual features, sound contrivances and automata – and telling time was just one, and not even the most relevant, of their purposes. What did such an intricate mechanical device mean to the contemporary spectator? This paper aims at a comprehensive interpretation of astronomical clocks, which were the most advanced and complicated mechanisms of their time. Theoretical issues involved in their construction and composition shall be examined, with special consideration of the astronomical clock of Strasbourg Cathedral.

Dissemination and Meaning of Astronomical Clocks in the Middle Ages

The 14th century saw a rapid spread of mechanical, tooth-wheeled clocks (*Räderuhren*) and of monumental specimens with intricate gearings and multiple astronomical indications.[1] As pertains to astronomical clocks, these developments were connected not only with the growing importance of urban communities but also with the dissemination of the astrolabe and of the theory of stereographic projection. Such sophisticated knowledge must have reached Europe from Islamic areas (probably Spain) in the 12th century, thus providing an essential prerequisite for the construction of astrolabe dials. Details concerning this transfer of knowledge and the relation of Islamic technology to earlier Greek and Byzantine devices still remain to be established.[2]

1 For an overview see Baillie, Granville Hugh: Sixteenth Century and Earlier Public Clocks. A List of Public Clocks erected before 1900, in: Horological Journal 90, 1948, pp. 735–747, which is in part based on Ungerer, Alfred: Les horloges astronomiques et monumentales les plus remarquables de l'Antiquité jusqu'à nos jours, Strasbourg 1931 (some of the datings should be treated with caution, however), and Dohrn-van Rossum, Gerhard: History of the Hour. Clocks and Modern Temporal Orders [1992], Chicago/London 1996, pp. 125–172.

2 Hill, Donald R.: Islamic Fine Technology and its Influence on the Development of European Horology, in: Al-Abhāth. Quarterly Journal of the American University of Beirut 35, 1987, pp. 8–28; Oestmann, Günther: Changing the Angle of Vision. Astrolabe Dials on Astronomical Clocks, in: Medie-

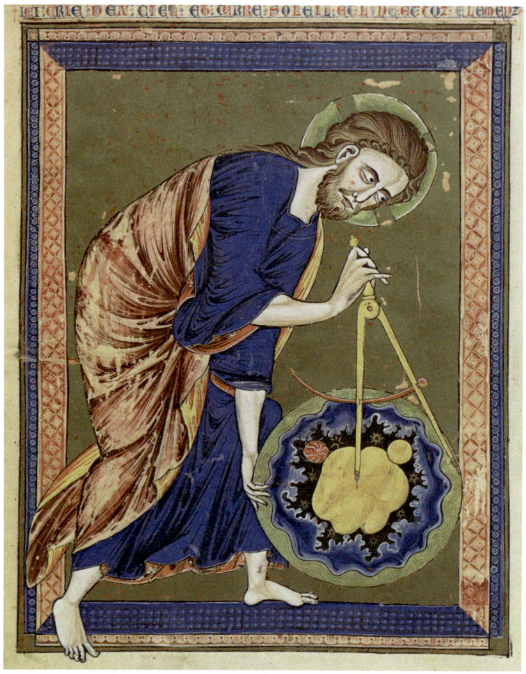

1 God as geometer and architect of the universe, Bible moralisée, Paris, 1225–1249, Vienna, Austrian National Library, Cod. 2554, fol. 1v

Horology not only became the material manifestation of the leading science and technology of the time but also served higher ambitions. Pictorial parallels from the period make this clear, with God as geometer and architect of the universe encircling the cosmos (e.g. in a French Bible moralisée of the 13th century[3]) and learned designers (e.g. Richard of Wallingford) being depicted within the same iconographic tradition (figs. 1 and 2).

val Encounters. Jewish, Christian and Muslim Culture in Confluence and Dialogue 23, 2017, pp. 404–420; Lohrmann, Dietrich: Östliche Mechanik auf dem Weg nach Europa, in: Kotzur, Hans-Jürgen (ed.): Kein Krieg ist heilig. Die Kreuzzüge, exh.-cat. Mainz, Diözesanmuseum, Mainz 2004, pp. 286–295; Alertz, Ulrich: The Horologium of Hârûn al-Rashîd Presented to Charlemagne. An Attempt to Identify and Reconstruct the Clock Using the Instructions Given by al-Jazarî, in: Zielinsky, Siegfried/Fürlus, Eckhard (eds.): Variantology 4. On Deep Time Relations of Arts, Sciences and Technologies in the Arabic-Islamic World and Beyond (= Kunstwissenschaftliche Bibliothek 45), Cologne 2010, pp. 19–42 (for a shorter version see Zielinski, Siegfried/Weibel, Peter (eds.): Allah's Automata. Artifacts of the Arab-Islamic Renaissance (800–1200), Karlsruhe 2015, pp. 116–122), and on the precious instrument (*tentorium*) displaying the movements of sun and moon, which was sent by Sultan al-Kāmil (†1238) of Egypt to Emperor Friedrich II in 1232, see Lohrmann, Dietrich: Das 'Himmelszelt' des Sultans al-Kamil von 1232 für Kaiser Friedrich II., in: Historische Zeitschrift 294, 2012, pp. 297–327.

3 Vienna, Austrian National Library, Cod. 2554, fol. 1v (1225–49); see Zahlten, Johannes: Creatio mundi. Darstellungen der sechs Schöpfungstage und naturwissenschaftliches Weltbild im Mittelalter (= Stuttgarter Beiträge zur Geschichte und Politik 13), Stuttgart 1979, pp. 155–156.

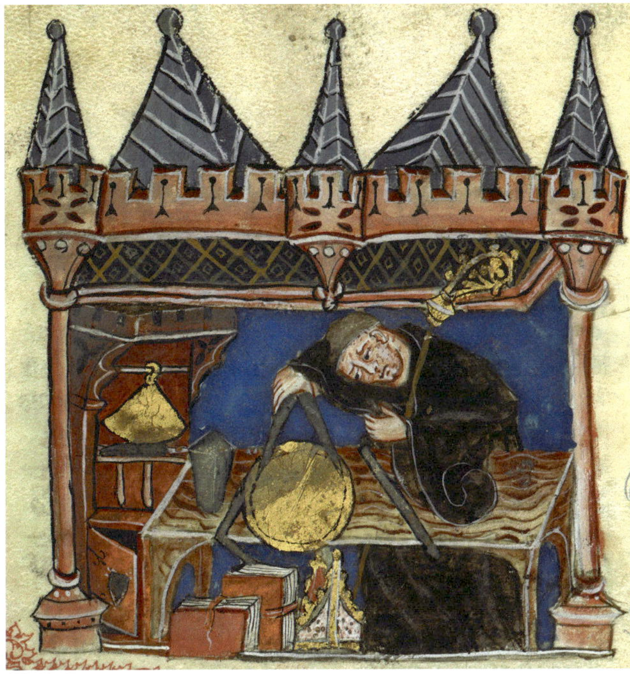

2 Richard of Wallingford, 14th c., London, British Library, MS Cotton Claud. E.iv, fol. 201r

What was the function of such a mechanism in a sacred space? The notion that clocks served only to facilitate the punctual observance of hourly prayers is rather questionable in view of their sumptuous features, which go far beyond the functionality of the clock as a marker of time.[4] Like a cathedral with its exquisite architectural layout, orientation towards the four cardinal points, glass windows and sculptures symbolizing the history of salvation and the church year, an astronomical clock met similar requirements. Such clocks presented God's order to the public, an order that was to be taken as a model for human life. Core issues of theological consideration (e.g. the transitoriness of human life, Creation, the Last Judgement, virtues and vices, et cetera) as well as profane themes (e.g. the four seasons, the labours of the months) were represented in the paintings and automata that formed part of the iconographic program of an astronomical clock. In a cathedral, the astronomical clock served principally to present to the believer God's order in its most perfect form, an order to be imitated by human life in its social dimensions. As a sign of "cosmic, informed piety",[5] the astronomical clock thus

4 Sauer, Joseph: Symbolik des Kirchengebäudes und seiner Ausstattung in der Auffassung des Mittelalters. Mit Berücksichtigung von Honorius Augustodunensis, Sicardus und Durandus [1902], Freiburg i. Br. 1924, pp. 145–146.

5 Schmitz-Moormann, Karl: Alchemie, Astronomie und Theologie. Astronomische Uhren an Gotteshäusern und die Kenntnis der Naturgesetze des Kosmos in der Theologie des Mittelalters, in: Bäumer,

served as a tool for religious teaching, similar to other artistic adornments in the church. Such devices also became symbols of the power, status, prestige and authority of the Church, enhancing the public perception of an ecclesiastic edifice.

A related symbolic meaning can perhaps be seen in the representation of labyrinths in cathedrals, in which the repetition of geometric patterns and intertwined lines was a metaphor for infinity.[6] Plutarch described, in the story of Theseus, the Minoan labyrinth of Knossos, whose architect was Daedalus. In the Middle Ages, the labyrinth was taken as metaphoric of meandering through the sinful world, and Theseus as the prototype of Christ.[7] However, the labyrinths in Reims and Amiens, for example, also had a profane meaning. Each served to glorify the architect of the cathedral as *Daedalus novus*, rendering the labyrinth an archetype of artful construction.[8]

In cathedrals (e.g. Chartres, Laon, Reims or Saint-Denis), 'objects of virtu' such as ostrich eggs, whalebones, stuffed crocodiles, narwhale ivories ('unicorns'), griffins' claws, snake teeth, meteorites, ancient vases, cameos, et cetera were preserved.[9] Among such rarities in a cathedral – "the real museum of the Middle Ages",[10] as the church and art historian Joseph Sauer (1872–1949) once put it – an astronomical clock was just another marvel. Such *mirabilia* were meant to attract people and to increase the importance of the church building. The 1407 protocols of the cathedral chapter in Chartres clearly state that the intention of erecting a clock was to astound people with this spectacular work, in order to draw them into the building and augment the authority of the Church.[11] Around 1500, the Bishop of Le Mans, Cardinal Philippe of Luxembourg (1445–1519), donated to the chapel of John the Baptist in Saint Julien Cathedral an

Änne/Büttner, Martin (eds.): Science and Religion/Wissenschaft und Religion. Proceedings of the Symposium of the XVIIIth International Congress of History of Science at Hamburg-Munich, 1–9 August 1989 (= Abhandlungen zur Geschichte der Geowissenschaften und Religion/Umwelt-Forschung 3), Bochum 1989, pp. 94–101, p. 101.

6 Holländer, Hans: Maschinen- und Labyrinthmetaphern als Topoi neuzeitlicher Weltbeschreibung, in: id. (ed.): Erkenntnis, Erfindung, Konstruktion. Studien zur Bildgeschichte von Naturwissenschaften und Technik vom 16. bis zum 19. Jahrhundert, Berlin 2000, pp. 577–586.

7 Ladendorf, Heinz: Das Labyrinth in Antike und neuerer Zeit, in: Archäologischer Anzeiger: Beiblatt zum Jahrbuch des Deutschen Archäologischen Instituts, 1963, col. 761–96, col. 772 and 783.

8 Hahnloser, Hans R.: Villard de Honnecourt. Kritische Gesamtausgabe des Bauhüttenbuches ms. fr. 19093 der Pariser Nationalbibliothek [1935], Graz 1972, pp. 38–40; Kern, Hermann: Labyrinthe. Erscheinungsform und Deutungen, 5000 Jahre Gegenwart eines Urbilds, Munich 1982, p. 220 (Amiens), p. 225–226 (Chartres), pp. 236–238 (Reims).

9 Adolphe Lecocq: Notice historique et archéologique sur les horloges de l'église Notre-Dame de Chartres, in: Mémoires de la société archéologique d'Eure et Loir 4, 1867, pp. 284–340, p. 288, no. 1; Sauer (see footnote 4), pp. 211–214 and 216–217; on the church as a cabinet of curiosities see Laube, Stefan: Von der Reliquie zum Ding. Heiliger Ort – Wunderkammer – Museum, Berlin 2011, pp. 62–74; Cordez, Philippe: Schatz, Gedächtnis, Wunder. Die Objekte der Kirchen im Mittelalter (= Quellen und Studien zur Geschichte und Kunst im Bistum Hildesheim 10), Regensburg 2015, pp. 125–200.

10 Sauer (see footnote 4), p. 217.

11 "Attenta alta fama et auctoritate hujus ecclesie Carnotensis que hactenus pluribus et dulsis extitit jocalibus et notabilibus operibus decorata, capitulum voluit et ordinavit quod de novo zodiacus et quadrens dicte ecclesie refficiatur pulcriori forma, secundum quod magister Henricus Chicoti

"artistic clock of admirable invention which showed the course of the sun and moon" and which most likely had an astrolabe dial.[12] Spectacular automata were observed with astonishment by audiences. When viewing the clock in the cathedral of Cologne, the law student Arnold van Buchel (1565–1641), who travelled through Germany in 1587, noted that "by means of a certain weight, small figures of the Three Kings emerge, a process which is viewed by children and by the people with amazement".[13]

The Iconographic Program of the Astronomical Clock of Strasbourg Cathedral

Spectacular works to the glory of the Church and of unprecedented craftsmanship: this too was the motivation for the construction of the astronomical clock of Strasbourg Cathedral. At the beginning of the 14th century, the *Frauenwerk* (*opus sancte Marie* or the works of the cathedral of Our Lady of Strasbourg) was under the administration of the city of Strasbourg, which was also responsible for installing its administrators. The municipal government provided the financial means to adorn 'their' church with a mechanized model of the cosmos in 1352/54.[14]

The southern transept was chosen as the location for the astronomical clock (fig. 3). This area of Strasbourg Cathedral was particularly closely connected to city life.[15] In front of the southern portal, court actions such as vows of union and disputes between citizens were settled; persons who wished to be freed from a ban were also received by the mayor here.[16] During their homage journeys, the German kings were paid tribute in

retulit in capitulo", Chapitres généraux du Chapitre de Chartres (1367–1418), fol. 150v, Ms. de la Bibliothèque de Chartres, 39, part II; cited from Lecocq (see footnote 9), p. 329.

12 "Horologium miri artificii et inventionis admirandae [...] in quo annos, solis cursus et ejus per virgulam ascensus et descensus, lunae menstrua revolvuntur", Legros, Henri-Marie: Vieilles horloges du Maine, in: La Province du Maine 22/3, 1914, pp. 81–90, p. 82.

13 "Im Dom ist eine Uhr, an der mittels eines bestimmten Gewichts kleine Figuren der hl. Dreikönige hervortreten, ein Vorgang, der von den Kindern und vom Volk mit Staunen betrachtet wird", Keussen, Hermann: Die drei Reisen des Utrechters Arnoldus Buchelius nach Deutschland, insbesondere sein Kölner Aufenthalt, in: Annalen des Historischen Vereins für den Niederrhein, insbesondere die alte Erzdiözese Köln 84, 1907, pp. 1–102, p. 70.

14 Nothing is known about the builder of the clock, and the clockmaker Jean Boernaave – who appears in some recent literature and who, under the name Ben al-Benzar, supposedly learned his craft from the Arabs – is a completely fictional figure.

15 On the sacral and secular use of church buildings see Signori, Gabriela: Sakral oder profan? Der Kommunikationsraum Kirche, in: De Smet, Marjan/Trio, Paul (eds.): The Use and Abuse of Sacred Places in Late Medieval Towns (= Mediaevalia Lovaniensia Series 1/Studia 38), Leuven 2006, pp. 117–134 and Winckelmann, Otto: Zur Kulturgeschichte des Strassburger Münsters, in: Zeitschrift für die Geschichte des Oberrheins 61 (N. S., 22), 1907, pp. 247–290.

16 Erler, Adalbert: Das Straßburger Münster im Rechtsleben des Mittelalters (= Frankfurter wissenschaftliche Beiträge. Rechts- und wirtschaftswissenschaftliche Reihe 9), Frankfurt/M. 1954, pp. 24–25 and 27.

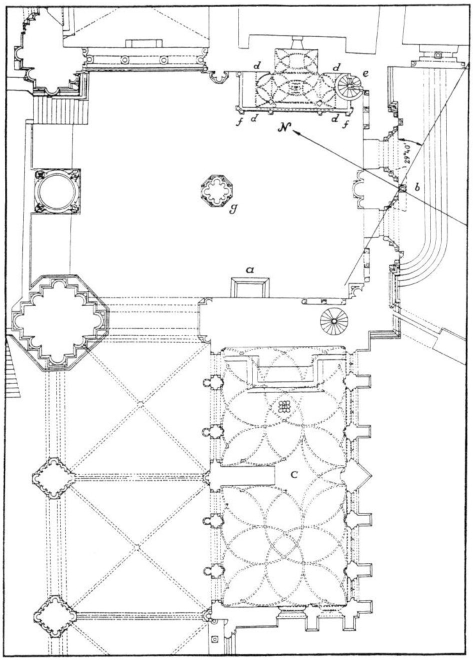

3 Floor plan of the southern transept of Strasbourg Cathedral

a: Location of the first astronomical clock, 1352–1354
b: Outer dial towards the *Fronhof*, 1533
c: Vault of Saint Catherine's Chapel, 1542–1546
d: Original construction of the renewed astronomical clock, 1531–1550
e: Spiral staircase, 1547
f: Wooden case of the clock of 1571–1574
g: Pillar of Angels (*Engelspfeiler*)

front of the southern portal by the bishops in their capacity as the rulers of the region.[17] Court actions also took place inside the southern transept with its Pillar of Angels, as well as at other locations within the cathedral.[18]

Almost immediately from the start of the Reformation, plans were made for a replacement of the old clock under the direction of Protestant scholars, but the project was delayed. Two years after the Augsburg Interim by imperial decree of Charles V (1548), Catholic masses were once again celebrated in the cathedral, leading to a halt in building activities. Protestant services were held again starting in 1561, and ten years later an ambitious renewal of the old clock was begun. This project demonstrated the capacities of the Strasbourg Academy (the former Protestant Gymnasium) in a striking manner: the composition and iconographic program had been designed by the Swiss-born mathematician Conrad Dasypodius (1531–1601), professor in the academy. The project was certainly a claim to the sole power of disposition over the cathedral on the part of the Protestant city government.

17 Erler 1954 (see footnote 16), pp. 26–27.

18 Ibid., pp. 34–40 and 43–46; Bengel, Sabine: Das Straßburger Münster. Seine Ostteile und die Südquerhauswerkstatt (= Studien zur internationalen Architektur- und Kunstgeschichte 84), Petersberg 2011, pp. 182–184.

Referring to technical literature from antiquity and to Vitruvian architectural theory intimately connected with astrological considerations, Dasypodius drew up a concept comprising paintings, automata and astronomical indications.[19] The painter Tobias Stimmer (1539–1584) and the clockmakers Isaac and Josias Habrecht (1544–1620; 1552–1572?) were then employed to execute a most elaborate timepiece (fig. 4).

"The description of time" – according to Dasypodius[20] – is the intention of the iconographic program of the clock of Strasbourg Cathedral, a statement that makes clear that time meant more than a linear and homogeneous continuum. In keeping with this universalizing claim, Dasypodius assembled an encyclopaedic array of representations of time, encompassing the entirety of salvation history, as he stated in his *Heron mechanicus* in 1580: "Among these, the principal chapters of the Christian religion were depicted, from the creation of the universe, Original Sin, Redemption, Resurrection, and the Last Judgement. For in these the entire delineation of time is consumed".[21] Also displayed on the clock were temporal cycles, represented by the celestial globe and by the astrolabe (both showing the movements of the planets) – together, the 'tools of time' as Plato called these in the *Timaeus*. Legends and mythologies about stars and the world ages of antiquity and Christianity became merged into a peculiar, but by no means contradictory, amalgam. Above the astrolabe, automata of the four ages of man, of Christ and of the figure of Death emerged on an hourly basis, confronting the viewer with a cautionary *memento mori* that existed in tension with the eternal cycles of astronomical and earthly events (i.e. the course of the planets through the ecliptic, the alternation of day and night and the return of the four seasons). Invoking the denial of Saint Peter, on the strike of the hour, the cock crowed and Death played spiritual songs with a bone and a carillon. Therefore, by means of automata, a moralizing sermon was addressed to the observer.

With its combination of 'modern' Italian design, such as classical column orders, cornices, as well as late Gothic architectural elements (spires, tracery, pointed arches and rib vaults), the Strasbourg clock is conspicuously independent of the surrounding architec-

19 For details see Oestmann, Günther: Die Straßburger Münsteruhr. Funktion und Bedeutung eines Kosmos-Modells des 16. Jahrhunderts [1993], Berlin/Diepholz 2000, pp. 149–159; revised English translation: The Astronomical Clock of Strasbourg Cathedral. Function and Significance (= Scientific Instruments and Collections 8), Leiden/Boston 2020; "The Strasbourg Cathedral Clock" [10th Dingwall-Beloe Lecture, London, British Museum, 25.11.1998], in: Antiquarian Horology and the Proceedings of the Antiquarian Horological Society 25, 1999, pp. 50–63.

20 Cardano, Girolamo: In Cl. Ptolemaei De astrorum iudiciis [...] Item, Cunradi Dasypodii [...] Scholia et Resolutiones seu Tabulae in Lib. IIII. Apotelesmaticos Cl. Ptolemaei: Una cum Aphorismis eorundem librorum. Denique brevis explicatio Astronomici Horologii Argentoratensis, ad veri & exacti temporis investigationem extructi, Basel 1578, pp. 748–749.

21 "Praecipua religionis Christianae capita, depicta sunt: ut Mundi creatio, peccatum originale, redemptio, resurrectio & extremum iudicium. In his enim consumitur temporis universalis descriptio", Dasypodius, Conrad: Heron mechanicus. Seu de Mechanicis artibus, atque disciplinis. Eiusdem Horologii astronomici, Argentorati in summo Templo erecti, descriptio, Straßburg 1580, ed. by Günther Oestmann, transl. by Bernard Aratowsky (= Algorismus. Studien zur Geschichte der Mathematik und der Naturwissenschaften 68), Augsburg 2008, fol. GIII^v/GIV^r [p. 143/145].

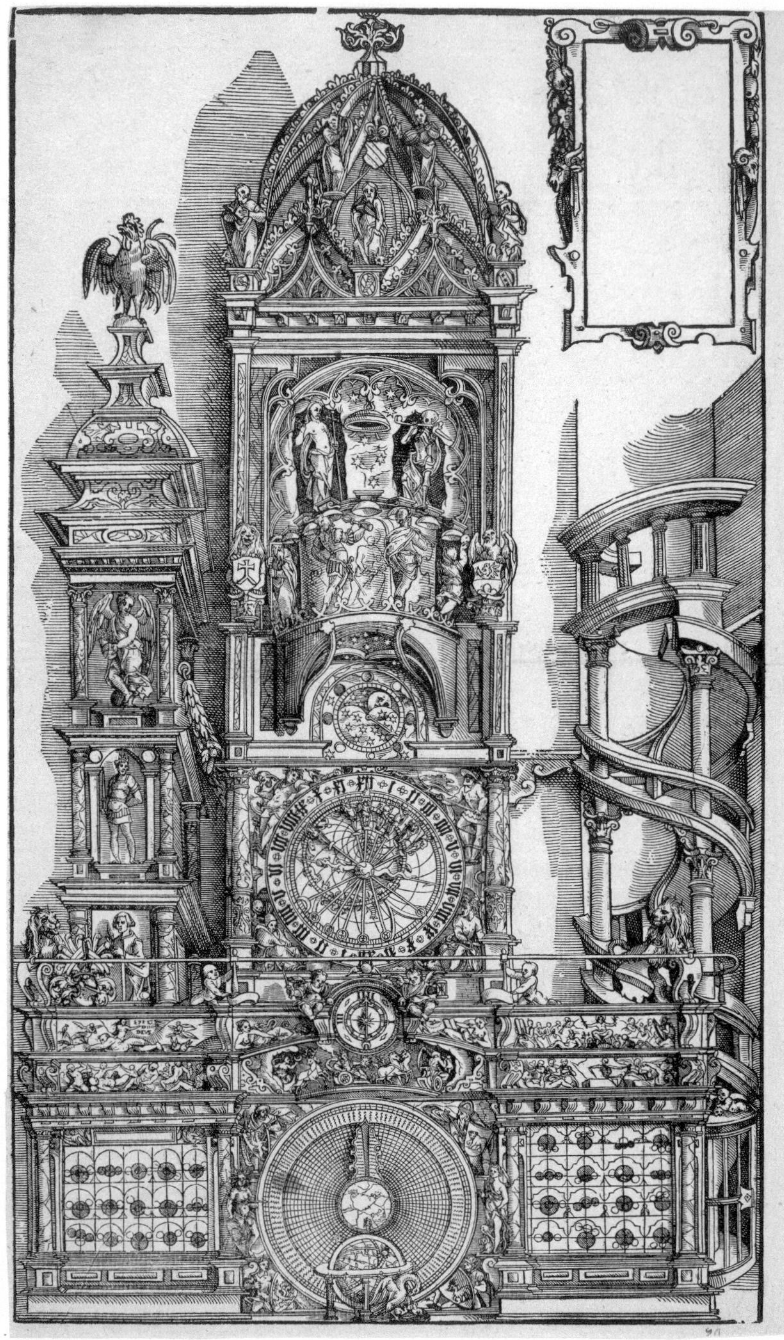

4 Tobias Stimmer, the Strasbourg Cathedral clock, 1574 (smaller version)

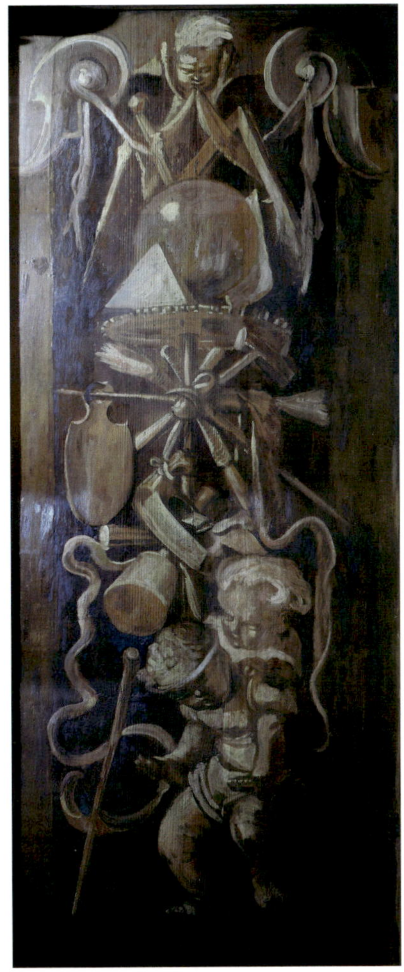

5 Tobias Stimmer, panel with trophies of handicraft and architecture, Strasbourg Cathedral clock, weight tower, 1571–1574

ture of the cathedral. Dasypodius designed the iconographic program and the indications of the clock in a multi-layered way that could elicit either a simple astonishment over the movements of the automata or a more complex engagement with architectonic, theological and astrological concepts.

A programmatic picture on the inner side of the weight tower reveals much about the self-assessment of the designer of the astronomical clock, Conrad Dasypodius (fig. 5). It shows a loose arrangement of various objects and figures, piled one above the other and held together with garland-like bands. At the base of the vertical composition, a blindfolded putto carries another putto on his back. To their left, a painter's stick and a bell are visible. Above the putti are a number of other tools: a painter's palette, a brush, a hammer, a file, a joiner's mallet and a carving knife. These are arranged crosswise in the form of a bundle, which is held together by a band, the ends of which fall down in loops. This bundle is topped by a horizontal gear upon which stand a pyramid, a sphere and a book. At the top of the composition is the head of an angel; a ribbon extends from its mouth, branching and terminating in a compass at left and a straightedge at right.

The source of inspiration for this composition was a woodcut published in two works by Walther Hermann Ryff (1500–1548; also called Gualtherus Rivius),[22] which shows a putto standing on a block surrounded by tools and books (fig. 6). A purse hangs over his left wrist, and he holds in his raised right hand two wings. This depiction is derived in turn from the emblem "Poverty prevents the advancement of the best of abilities" in the widely circulated and influential emblem book by Andrea Alciato (1492–1550).[23]

The epigram beneath reads: "My right hand holds a rock, the other bears wings. As the feathers lift me, so the heavy weight drags me down. By my mental gifts I could have flown through the heights of heaven, if malign poverty did not hold me back".[24] With the inscriptions on his woodcut *Aurum probatur igni, ingenium vero mathematicis* ("Gold is tested by fire, the intellect, however, by mathematics") and *Vivitur ingenio, caetera mortis erunt* ("The mind will live, the rest will die"),[25] Rivius emphasizes the primacy of theoretical consideration in architecture. The activity of the architect thus takes place between material bondage (symbolized by the purse and by the stone upon which the putto stands), practical activity and intellectual flight. The emblem *Mutuum auxilium* ("Mutual help") in Alciato may further have served as a template for the picture on the weight tower of the Strasbourg clock: the blind man carries the lame.[26] The corresponding epigram reads: "A man deprived of sight carries on his shoulders one with deformed feet and offers this service in return for the use of his companion's eyes.

22 Gualtherus Hermenius Rivius [Walter Hermann Ryff]: Der […] Architectur angehoerigen Mathematischen vnd Mechanischen kuenst/eygentlicher bericht/[…] zu rechtem verstandt der lehr Vitruuij […], Nuremberg 1547, title page verso; id., Vitruuius Teutsch […], Nuremberg 1548, fol. XIr, with heading: Circkels/Richtscheid/vnd aller gebreuchlichen Geometrischen Instrument/kuenstliche fuerbildung. On Rivius see Dann, Ingrid: Walther Ryff, in: Günther, Hubertus (ed.): Deutsche Architekturtheorie zwischen Gotik und Renaissance, Darmstadt 1988, pp. 79–84, and Jachmann, Julian: Die Architekturbücher des Walter Hermann Ryff, Stuttgart 2006.

23 "Paupertatem summis ingeniis obesse ne provehantur". The illustration on fol. H VII^r of the allegorical novel *Hypnerotomachia Poliphili* by Francesco Colonna printed in 1499 has been named as a second source, Roettinger, Heinrich: Die Holzschnitte zur Architektur und zum Vitruvius Teutsch des Walther Rivius (= Studien zur deutschen Kunstgeschichte 167), Strasbourg 1914, pp. 33–34.

24 "Dextra tenet lapidem, manus altera sustinet alas,/Ut me pluma levat, sic grave mergit onus./Ingenio poteram superas volitare per arces,/Me nisi paupertas invida deprimeret", Andrea Alciato: Emblematum libellus, Paris 1534; Henkel, Arthur/Schöne, Albrecht (eds.): Emblemata. Handbuch zur Sinnbildkunst des XVI. und XVII. Jahrhunderts, Stuttgart 1967, col. 1022–1023.

25 This is also the motto of Dürer's portrait of Willibald Pirckheimer, Białostocki, Jan: Vivitur ingenio, in: Füssel, Stephan/Knape, Joachim (eds.): Poesis et pictura. Studien zum Verhältnis von Text und Bild in Handschriften und alten Drucken. Festschrift für Dieter Wuttke zum 60. Geburtstag, Baden-Baden 1989, pp. 223–234.

26 Châtelet-Lange, Liliane: Architecture et humanisme à l'horloge astronomique de la cathédrale de Strasbourg, in: Bulletin de la Cathédrale de Strasbourg 29, 2010, pp. 9–28, pp. 27–28.

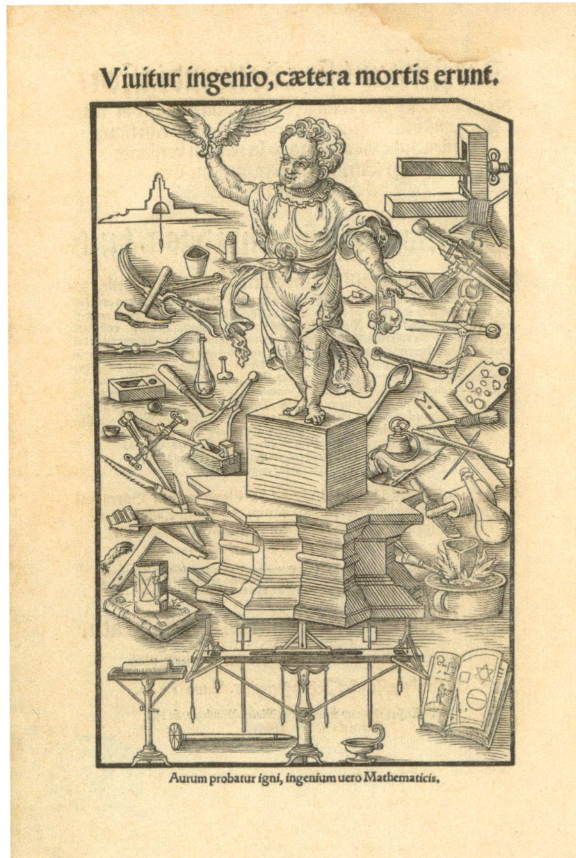

6 Allegory of the primacy of theoretical consideration in architecture, in: Walther H. Ryff: *Der* [...] *Architectur angehoerigen Mathematischen vnd Mechanischen kuenst* [...], Nuremberg 1547

So each of them by mutual consent supplies what the other lacks. One borrows eyes, the other feet".[27]

In his poem printed alongside a smaller woodcut of the clock (1574), Johann Fischart (1546/47–1590) notes: *An der andern seit stahn trei Künst/Die zum Werck thaten grose dienst* ("On the other side [of the tower for the weights] there are three arts which rendered great service to the work"). The three arts alluded to here are clockmaking, art (painting and sculpture) and architecture – with the latter illustrated by geometrical bodies, books, squares and compasses. More generally, however, the three major areas

27 "Loripedem sublatum humeris fert lumine captus,/Et socii haec oculis munera retribuit:/Quo caret alteruter, concors sic praestat uterque,/Mutuat hic oculos, mutuat ille pedes", Henkel/Schöne 1967 (see footnote 24), col. 990–91.

of architecture named by Vitruvius (building, dialling, mechanics)[28] may also be represented.

The two putti can be interpreted as personifications of handicraft and architecture in their mutual interdependence. On the one hand, the putto with his blindfolded eyes must be guided, suggesting that craftsmanship requires the guidance of a learned person, the *mechanicus logicus*, who knows the writings of philosophers and mathematicians and is capable of developing a plan for the work using the geometric tools of the compass and straightedge.[29] On the other hand, architecture relies on craftsmanship, which sustains it. Yet the placement of the book, pyramid and sphere on the gear, and the organization of the entire ensemble hierarchically, suggests that the spiritual activity of the architect is superior to all handicrafts necessary to complete the work.

The subtleties of these various levels of meaning seem to have been properly understood only by the designer. People were delighted by moving statues and by the crowing of the iron cock, and only very few learned observers could comprehend and appreciate the intricacies that Dasypodius had in mind. Shortly after the completion of the clock, severe quarrels occurred between Dasypodius and the clockmaker (Isaak Habrecht) surrounding its invention and construction, such that the responsible persons at the cathedral chapter had to mediate.[30] Ultimately, they drew up a lengthy report on the matter, confessing that they did not properly understand the astronomical art Dasypodius made use of.[31]

As an astronomical demonstration model (the German designation *Schauuhr* is quite appropriate), the Strasbourg clock displayed not only a divinely ordered cosmos but also, on a metaphorical level, the social constitution of the city. In his poem *Das Glückhafft Schiff*, Johann Fischart describes the journey of some citizens of Zurich, who in 1576 rowed on the Rhine to Strasbourg in a single day and handed over a still-warm pot of millet. The commemorative 'millet porridge trip' refers to a bet between the Swiss and the Alsatians in 1456: the people of Zurich proved with a boat trip that they could be in Strasbourg within twenty-four hours, thereby demonstrating their ready help and support.

Describing the viewing of the astronomical clock by the party of tourists, Fischart presents its craftsmanship as an analogy for the well-ordered government of Strasbourg:

> "On Friday one led them later, as is told
> Into the cathedral where one could behold

28 "Partes ipsius architecturae sunt tres: Aedificatio, Gnomonice, Machinatio", Vitruvius: De Architectura [1931], ed. and transl. by Frank Granger (= Loeb Classical Library 251, 280), Cambridge, Mass./London 1983, I.3, p. 33.

29 Vitruvius 1983 (see footnote 28), I.1, 9, I.2, p. 25.

30 Strasbourg, Archives Municipales, Sér. II, 46, Nr. 35; Einundzwanzigerprotokolle, 58 (1577), fol. 327v–328v, 638v–639r; 59 (1578), fol. 190v, 209v–210r.

31 "Dann ob wir gleichwol gern bekhennen, das wir der astronomischen Kunst, die er Inn seiner arbeit anzihet, nicht so hoch als villeicht er verstehen", cited from Strasbourg, Archives Municipales, Sér. II, 46, nr. 35, fol. 5v.

That artful clock, complete perfection
The likes of which ne'er finds inspection
Of it one senses here the artistry
And with it the city authority
As naught honours a city as far reaching
As honest art and proper teaching
Shall lead them wisely, and guide
From every class the youth so fine
Therefore young people so well taught
Of them vibrant city walls are wrought."[32]

Astronomical Clocks in the 17th Century

After a period of rapid spread in the 14th and 15th centuries – which was essentially an urban phenomenon, and was borne by the urban bourgeoisie as well as by provincial or city princes and cathedral chapters – monumental clocks were only erected occasionally in the course of the 16th century. Mostly these were conversions of older, already existing clocks (e.g. Münster 1540/45, Lübeck 1561/66, Olmütz 1572/75, Heilbronn 1580, Ulm 1580/81 and Lyon 1598). This slowdown in new production was mainly due to the Reformation, with its purist and partly iconoclastic tendencies. The astronomical clock of Münster Cathedral was damaged severely by Anabaptists in 1534.[33] Strasbourg was an exception, as the construction of a replacement under the direction of Protestant scholars began almost immediately at the outset of the Reformation. Clearly, the municipal government assumed a moderate stance.

The fame of monumental astronomical clocks as models of the cosmos faded away in the course of the 17th century, in the wake of profound changes in the sciences and their institutional settings. The general adoption of heliocentric astronomy, moreover, proved fatal for preceding illustrative models of Ptolemaic planetary theory, and many clocks were at best neglected, if not demolished entirely. The majority were subjected to radical modernizations.

The astronomical clock of Strasbourg Cathedral is among the most elaborate, as well as one of the last, examples of a model of the cosmos with complex indications and a rich variety of meanings. In the 17th century, Robert Boyle (1627–1691) already saw something very different in it. He used it in an analogy affirming his view that the existence of God could not be discerned by His active intervention but rather only by the well-thought-out structure and regularity of the cosmos, which was constructed like clock-

32 "Am Freitag fuhrt man sie darnach | Inn das Münster/da man besah | Das künstlich Urwerk/ganz vollkommen | Desgleich man nicht vil hat vernommen | Darab man spürt wie Künstlichkait | Auch werd halt dise Oberkait | Dan nichts zirt aine Stat so sehr | Als ehrlich Künst und gute Lehr | Diweil sie weislich führen/lenden | Die Jugend fein inn allen Ständen | Daher jung Leut/wol angewisen | Das Lebendig Gmäur der Stat hisen", cited from Johann Fischart: Das Glückhafft Schiff von Zürich, ed. by Alois Haas, Stuttgart 1977, p. 33, v. 905–916).

33 Geisberg, Max: Die Stadt Münster (= Die Bau- und Kunstdenkmäler von Westfalen 41, part 5), Münster 1937, p. 121.

work. Everything runs according to the design of its creator. In his *Essays of the Usefulness of Natural Philosophy* (1663), Boyle stated that God might well have divided matter into corpuscles of different sorts, which then, according to general laws, produced our world:

> "That all his works are known to him from the beginning, having resolved, before the creation, to make such a world as this of ours, did divide [...] that matter, which he had provided, into an innumerable number of very variously figured corpuscles [...] that by the assistance of his ordinary preserving concourse, the phænomena, which he intended should appear in the universe, must as orderly follow, [...] as if there were diffused through the universe an intelligent being, watchful over the publick good of it, and careful to administer all things wisely for the good of the particular parts of it, but so far forth as is consistent with the good of the whole, and the preservation of the primitive and catholick laws established by the supreme cause; as in the formerly mentioned clock of Strasburg, the several pieces making up that curious engine are so framed and adapted, and are put into such a motion, that though the numerous wheels, and other parts of it, move several ways, and that without any thing either of knowledge or design; yet each performs its part in order to the various end, for which it was contrived, as regularly and uniformly as if it knew and were concerned to its duty. And the various motions of the wheels and other parts concur to exhibit the phænomena designed by the artificer in the engine, as exactly as if they were animated by a common principle, which makes them knowingly conspire to do so, and might, to a rude Indian, seem to be more intelligent than Conradus Diasypodius [sic!] himself, that published a description of it; wherein he tells the world, that he contrived it, who could not tell the hours, and measure time so accurately as his clock."[34]

For Boyle, the clock reflected its maker, and the world "was not the meaningless turning of gears and wheels; it was an order instinct with the intelligence of the Creator".[35] Here, the cosmos itself becomes a huge clockwork assemblage, and the clock metaphor an explanatory pattern for all natural processes.[36] Soon after, the spectacular successes in the application of Newtonian physics to the motion of the celestial bodies and the figure of the earth led, with irresistible consequence, to the conception of God as a 'retired engineer', and from there to his total elimination it was only a minor step.[37] With the introduction of the pendulum by Christiaan Huyghens (1658), the function of a clock was reduced more and more to pure timekeeping, and time came to be conceived of as a linear and neutral continuum.

34 Some considerations touching the vsefulnesse of experimental naturall philosophy propos'd in familiar discourses to a friend, by way of invitation to the study of it, Essay IV, Robert Boyle: The Works, ed. by Thomas Birch [1772], 6 vol., Hildesheim 1966, vol. 5, Hildesheim 1966, p. 163.

35 Westfall, Richard Samuel: Science and Religion in Seventeenth-Century England (= Yale Historical Publications 67), New Haven, Conn./London 1958, p. 27.

36 Haber, Francis C.: The Cathedral Clock and the Cosmological Clock Metaphor, in: Fraser, Julius Thomas/Lawrence, Nathaniel (eds.): The Study of Time II. Proceedings of the International Society for the Study of Time, Berlin/Heidelberg/New York 1975, pp. 399–416; Mayr, Otto: Authority, Liberty & Automatic Machinery in Early Modern Europe (= Johns Hopkins Studies in the History of Technology, N. S. 8), Baltimore/London 1986.

37 Dijksterhuis, Eduard Jan: Die Mechanisierung des Weltbildes, transl. by Helga Habicht, Berlin/Göttingen/Heidelberg 1956, p. 549.

Víctor Pérez-Álvarez

The 16th-century Astronomical Clock of the National Maritime Museum of Greenwich

Cultural and Sensorial Analysis

The National Maritime Museum in Greenwich keeps a Renaissance table clock that was made in Augsburg around 1586. Although signed by Caspar Buschman, its authorship remains a topic of discussion because of the existence of an almost identical clock signed by Johann Reinhold. The Greenwich clock is in a square, gilded case with four legs in the form of seated bears (fig. 1). The dial of the clock shows several astronomical readings in addition to the hours of the day in both twelve- and twenty-four-hour increments.

The aim of this article is to present the history of this particular object by analysing both the object itself and a recently discovered early 18th century instructional booklet, kept in the Caird Library of the National Maritime Museum, that describes the clock in detail and explains how to operate it.[1] We know that documents of this kind were sometimes made to accompany complicated Renaissance clocks and scientific instruments, but most are lost. This booklet provides invaluable information with which to track the history of the object and to understand how and why the clock was valued more than a century after it was made.

The Buschman Clock in Greenwich

The astrolabe dial on the top of the table clock is the main and the most visible indicator (fig. 2). It shows the minute and the hour of the day, the phase and the age of the

* This paper presents some of the results from a research project about a 16th-century astronomical table clock kept at the National Maritime Museum in Greenwich. That project has been made possible only thanks to a Sackler Fellowship granted to me by the museum. The research was carried out between March and May of 2017 and its aim was to investigate the history of this particular object, not only from written sources (if any could be found) but also by examining the clock itself. So that the maximum information could be obtained from the object, it was taken apart by Rory McEvoy, Curator of Horology at the museum, to whom I am very grateful. In addition, he took the advantage of the dismantling to do some cleaning and to bring the going train back to running order.

1 Description d'une piece horlogerie tres rare & tres remarquable, Geneva 1704, kept at the National Maritime Museum, Greenwich, Caird Library, PBC1310.

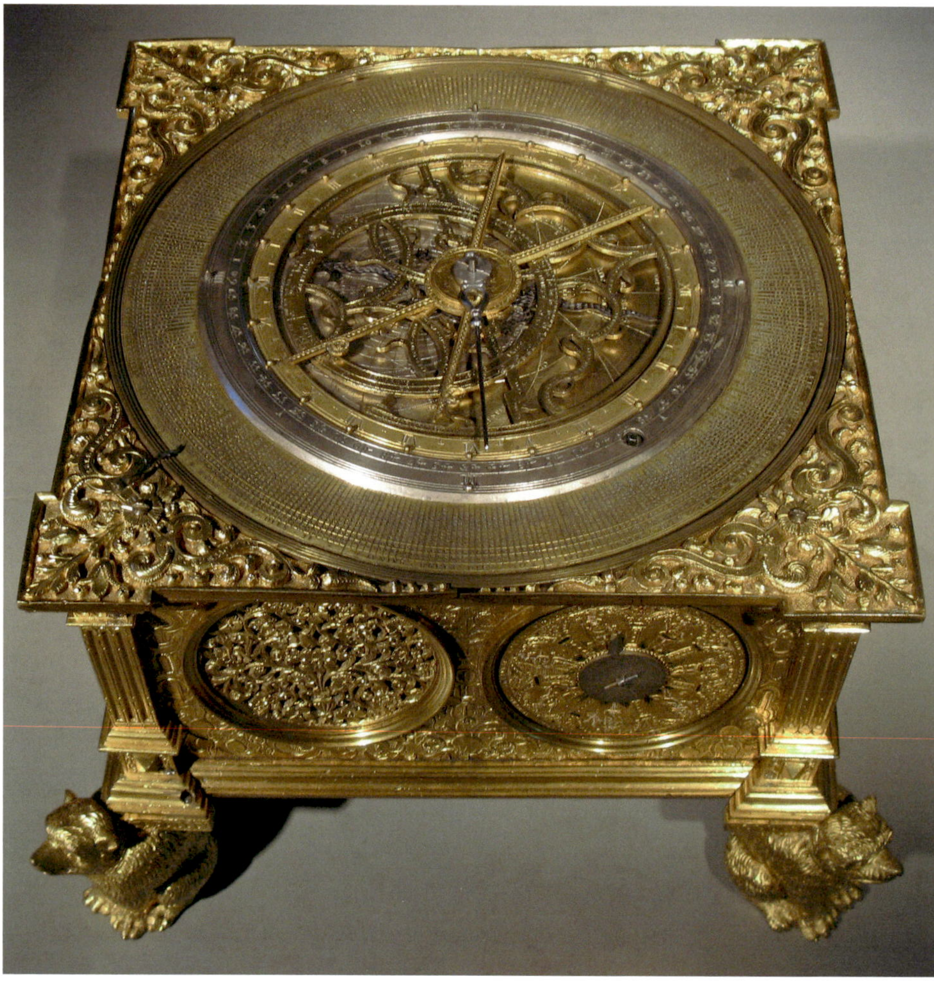

1 Caspar Buschman/Johann Reinhold, table clock, ca. 1586, London, National Maritime Museum Greenwich, Caird Collection

moon as well as its position on the zodiac, the position of the sun and the positions of the moon ascendant and descendent nodes. This allows the clock to show the moments when lunar and solar eclipses are more likely to occur. In addition, the rete of the astrolabe indicates the position and the magnitude of a selection of prominent stars in the sky. Around this dial there is an outer ring corresponding to the annual calendar, making one turn each year and registering the date and saintly feast for each calendar day.

The clock was made a few years after the institution of the Gregorian calendar in 1582. Prior to this, the Julian calendar had run for a millennium and a half, and a difference of ten days had accumulated between the real position of the sun with respect to

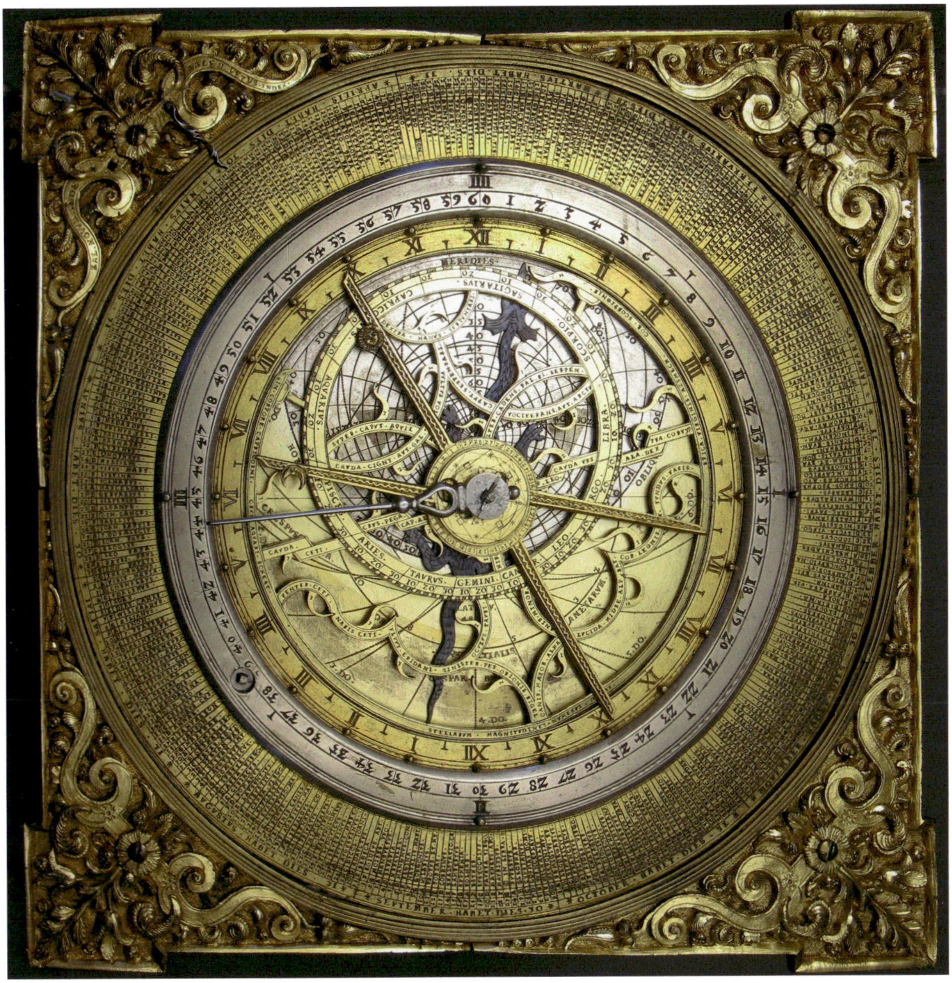

2 Cf. fig. 1, main dial

the zodiac and the calendar date. In order to reestablish the correct dating for the equinoxes and the solstices, ten days were eliminated in 1582 and the leap year was introduced in order to avoid this issue in the future.[2] The Gregorian calendar was promoted by the Catholic Church but for political reasons was not adopted in every European territory at the same time. The Greenwich clock evidences this phenomenon in its calen-

2 For further information on the Gregorian reform of the calendar see Coyne, George V./Hoskin, Michael A./Pedersen, Olaf (eds.): Gregorian Reform of the Calendar. Proceedings of the Vatican Conference to Commemorate its 400th Anniversary, 1582–1982, Città del Vaticano 1983.

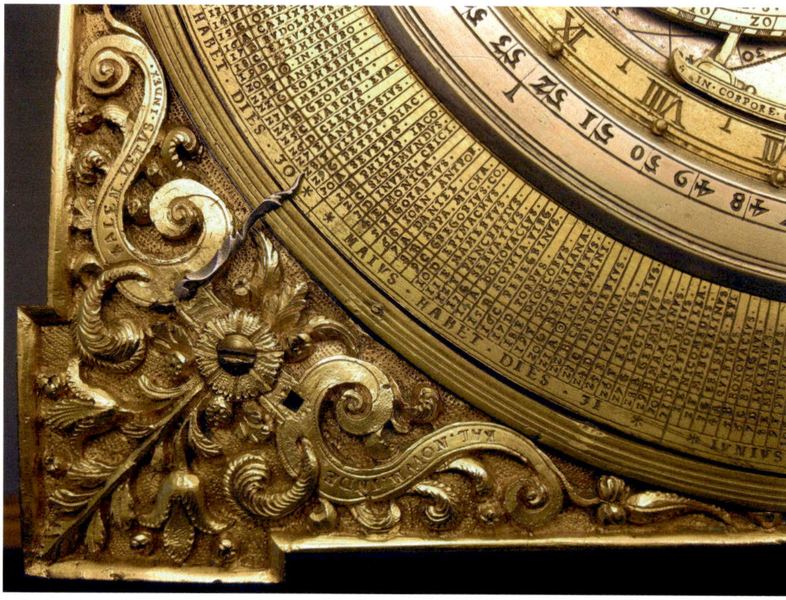

3 Cf. fig. 1, calendar ring

dar, as it originally had two hands, one showing the new Gregorian and the other the old Julian calendar (fig. 3). This paper explores this aspect further.

A total of six smaller dials on the side panels of the case provide further data. Two of the side panels feature two dials each, and the two other side panels feature one dial each along with a circle in openwork tracery, through which the sound of the bell passes. On one of the four sides, two dials show cycles of the sun and moon as well as their combinations, which can be used to make calendar calculations. On this side, the left dial offers the epact and the golden number for the years between 1586 and 1699 (fig. 4). On the next side, the single dial gives the planetary hours, that is to say, which planet rules over each hour of the day (fig. 5). On the third side, the right dial indicates the length of the day depending on the latitude, which can be set manually on the left dial (fig. 6). The single dial on the fourth side is used to set up the alarm mechanism. The bell itself is positioned behind the openwork tracery circle on this side of the clock (fig. 7). In addition to these mechanically driven dials, the clock features four sundials on its underside, which can be detached from the case and used. Three of these correspond to different latitudes and the other has a variable angle gnomon to be used in latitudes from 42° to 54° (fig. 8).

On the sundial plate is engraved the pineapple punch of the city of Augsburg, where the clock was made. In addition, the epact dial dates the clock to around 1586, the earliest year shown on the dial. The authorship may seem obvious at first glance, as the clock is signed on the astrolabe's tympanum by Caspar Buschman, a member of a family of clockmakers whose workshop in Augsburg remained active at least until the 18th century.

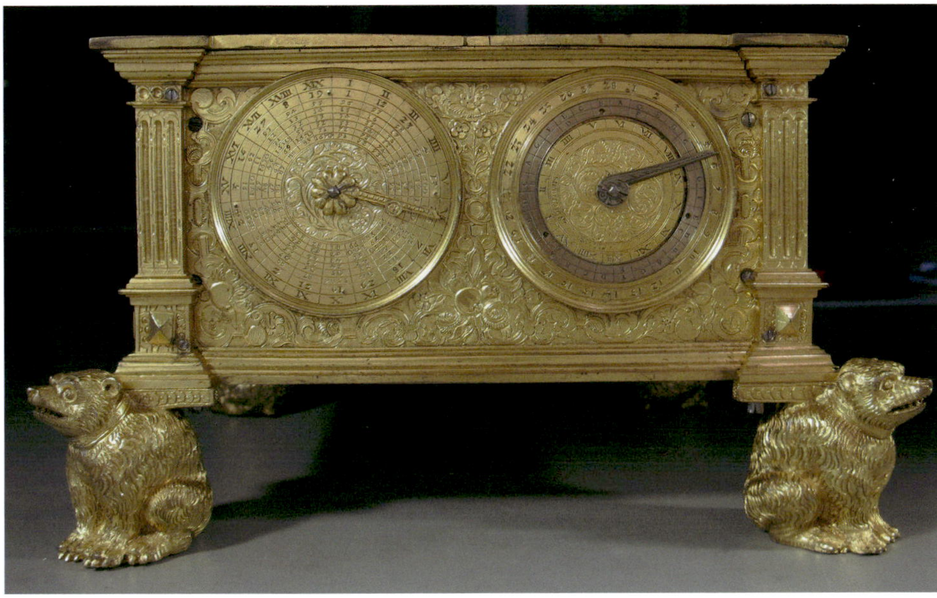

4 Cf. fig. 1, back side

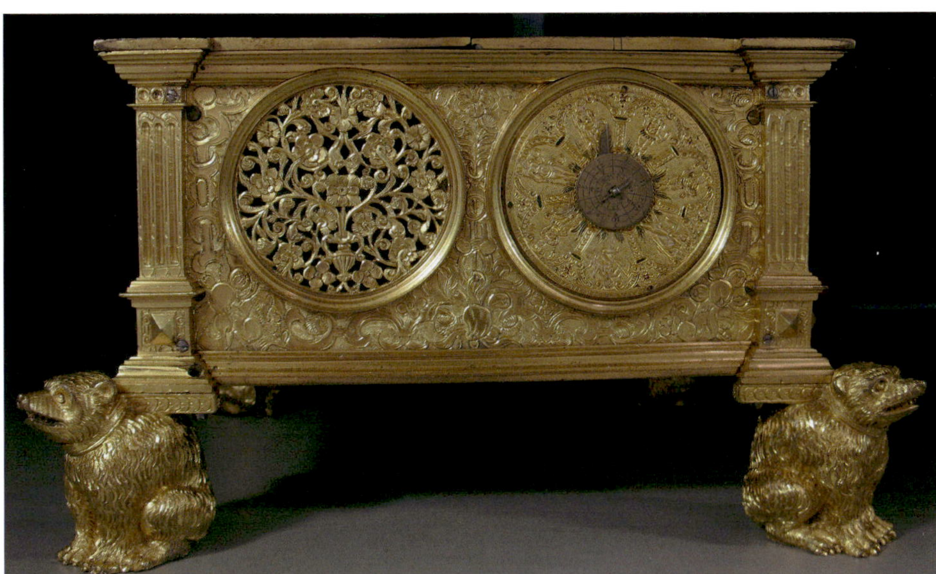

5 Cf. fig. 1, left side

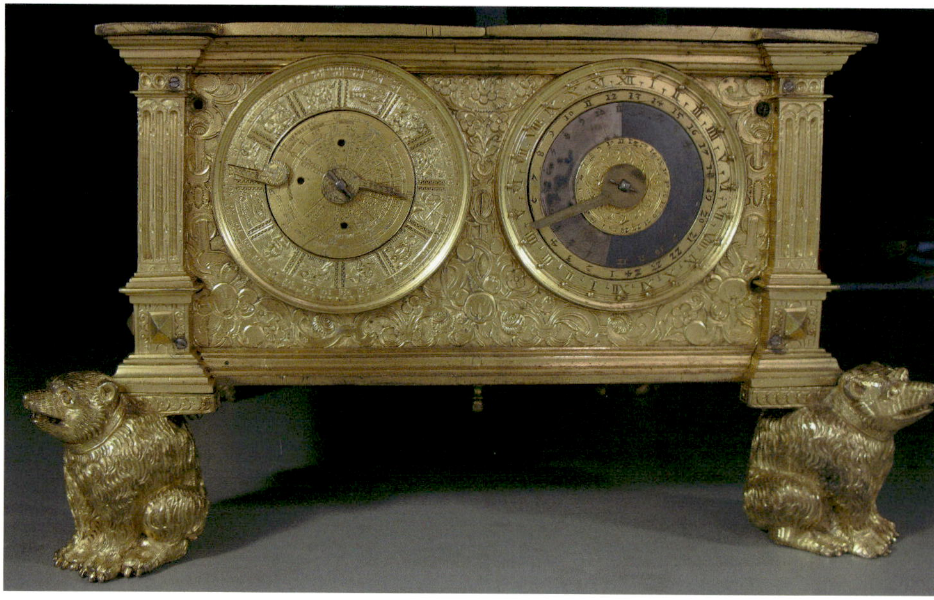

6 Cf. fig. 1, front side

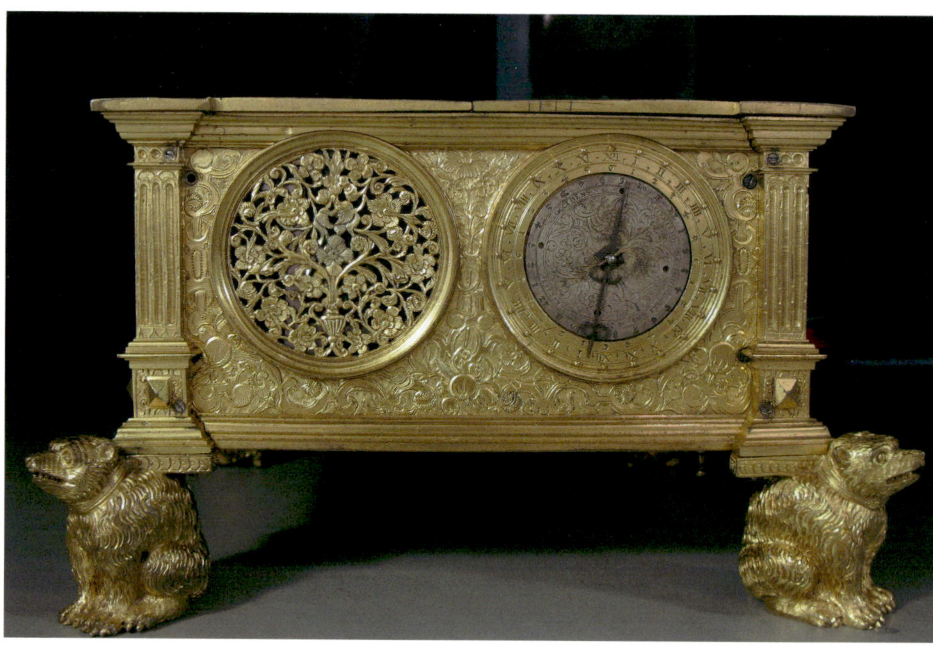

7 Cf. fig. 1, right side

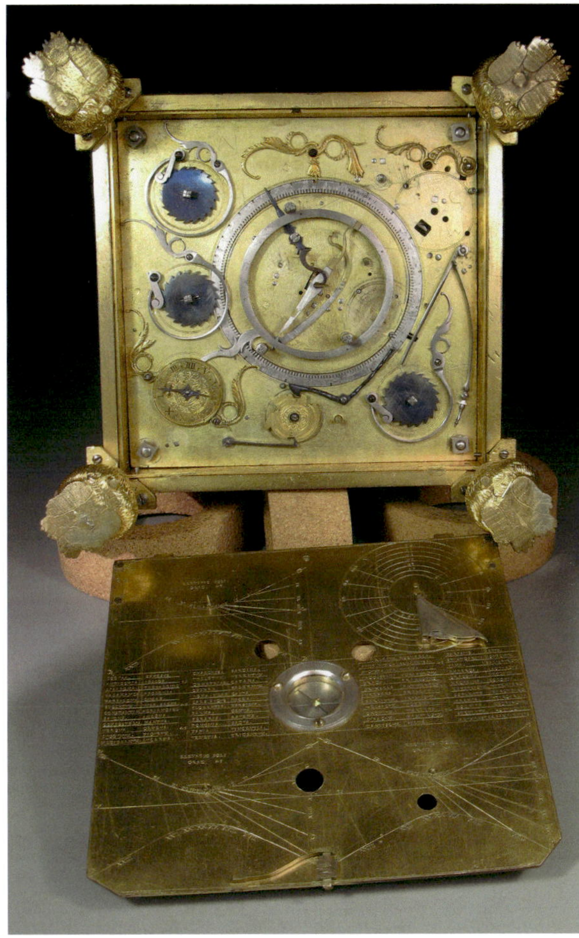

8 Cf. fig. 1, bottom side

Three 16th-century Buschmans from Augsburg were named Caspar: Caspar I (1512–1589), Caspar II (1536–1613) and Caspar III (1563–1629).[3] Given that the clock was made around 1586, the signature could correspond to any of these three. According to Klaus Maurice, the Greenwich clock was made by Caspar I or II, as Caspar III inherited the workshop from his father only in 1591.[4]

Although the clock is signed by one of the Buschmans, there is strong evidence to suggest that Johann Reinhold 'The Elder' (1550–1596), a celebrated scientific instrument maker working in Augsburg in the final third of the 16th century,[5] made the Greenwich

3 Bobinger, Maximilian: Kunstuhrmacher in Alt-Augsburg, Augsburg 1969, pp. 79–82.
4 Maurice, Klaus: Die Deutsche Räderuhr, 2 vol., Munich 1976, vol. 1, Munich 1976, p. 176.
5 Bobinger 1969 (see footnote 3), p. 14.

clock or some of its parts. An almost identical clock is found in the Landesmuseum Württemberg in Stuttgart, signed by Reinhold and made in 1582 or 1583.[6] A close study of select symbols from the sundial plates of both clocks demonstrates that they were made with the same punches.[7]

If we accept that the Greenwich clock was made in large part by Reinhold, another question arises: Why and when did Buschman (Caspar I or Caspar II, or perhaps the two together) sign it? It is very difficult to answer this question with the currently available evidence, however, it is possible that Buschman and Reinhold may have collaborated and exchanged technical knowledge and skills. Both worked and probably lived in the Schmiedgasse, in Augsburg, and they knew each other. Evidence of their familiarity with one another is the fact that Caspar Buschman III became guardian of Reinhold's ten-year-old son after Reinhold's death in 1596.[8]

Reinhold was not only a clockmaker but also a renowned scientific instrument maker of his time who worked with Georg Roll (1546–1592), another instrument maker and dealer in Augsburg.[9] Today various terrestrial globes and other instruments still exist that are signed by one or both of them. Particularly interesting are the globes in Dresden[10] and Vienna,[11] signed by Roll and Reinhold and by Roll, respectively. The two are almost technically and artistically identical and feature on their bases sundials very similar to those of the Greenwich and Stuttgart clocks. Also bearing a close similarity to the Greenwich and Stuttgart examples is the rete of an astrolabe by Reinhold now in the collection of the American Museum of Natural History, New York.[12] Because retes of similar shape were produced by various craftsmen within the region of Augsburg, their shapes cannot aid in establishing the authorship of an anonymous instrument. However, in the future, analysis of the punches from several instruments known to have been made by the Reinholds and/or Roll and by the Buschmans may yield a better understanding of the relationships between their workshops.

For whom was it made?

The Greenwich clock is an outstanding object whose manufacture would have required a specialized knowledge and technical skill that not every clockmaker possessed. There must have been a good reason to make an object like this one, so what was that reason?

6 Leopold, John H.: Die große astronomische Tischuhr des Johann Reinhold, Luzern 1974, p. 77; Stuttgart, Landesmuseum Württemberg, inv. no. 1975–23.
7 Pérez-Álvarez, Víctor: The Universe on the Table. The Buschman Astronomical Clock from the National Maritime Museum, in: Antiquarian Horology 39/3, 2018, pp. 342–360, p. 355.
8 Bobinger 1969 (see footnote 3), p. 82.
9 Maurice 1976 (see footnote 4), p. 68; Bobinger 1969 (see footnote 3), p. 29.
10 Dresden State Art Collections, Mathematisch-Physikalischer Salon, inv. no. E II 2.
11 Vienna, Kunsthistorisches Museum, inv. no. Kunstkammer, 854.
12 New York, American Museum of Natural History, inv. no. Hayden Planetarium, 2048.

Was it commissioned by an individual or was it made to be sold on the market? It is not easy to answer this question, but some clues point to the second option. When a sumptuous object is commissioned by an individual, the finished product often shows his emblem or coat of arms or a related inscription. The Greenwich clock has no such personal marker. The most prominent figurative elements are the four seated bears, however, no particular meaning can be attributed to these.[13] In Renaissance clocks and other objects from this period, it is very common to find feet in the shape of dogs, lions, dragons and other animals, but not bears.

The calendar on the top of the clock might help to establish whether it was made for a Lutheran or a Catholic customer. The clock was constructed around 1586, approximately four years after the Gregorian reform. The Julian calendar was still in use in Lutheran regions well into the 17th century, while in Catholic territories the Gregorian calendar was adopted between late 1582 and 1583.[14] The outer ring of the dial of the Greenwich clock corresponds to the new Gregorian calendar, with the solstices and equinoxes as well as the Catholic feasts falling on the correct dates. The Conception, Birth and Assumption of the Virgin are also featured on the clock. Here Mary's feasts are particularly meaningful, as during the 16th century they were gradually eliminated from the Protestant liturgical calendar because they do not appear in the Bible. However, as these festivities were strongly rooted in popular culture, in 1520 Luther advised that they be maintained for a while in order to avoid shocking the people.[15] The calendar is Catholic but had two identical, radial hands that respectively showed the date according to the 'new' and the 'old' calendar. Although one of them is now missing, in 1704 both were still attached to the clock, according to the instructional booklet. This could be interpreted in different ways. The clock could have been made primarily for a Catholic market, however, with the second hand (corresponding to the old calendar) still allowing for future marketability to Protestant consumers who opposed the adoption of the reformed calendar.

The particular political circumstances of Augsburg during the 1580s must also be considered in order to understand the clock. Following the 1555 Peace, Lutherans and Catholics coexisted in Augsburg, but not without tension. The Gregorian calendar was launched by the Catholic Church in 1582 and in January 1583 was approved by the Augsburg city council despite the opposition of its Lutheran members, who considered this a violation of the 1555 Peace and publicly expressed their displeasure. This contributed to the spread of several rumours among the people, who saw the Jesuits as the pope's fifth column and perceived the adoption of the new calendar as an act of interfer-

13 Pérez-Álvarez 2018 (see footnote 7).

14 Gingerich, Owen: The Civil Reception of the Gregorian Calendar, in: Coyne/Hoskin/Pedersen 1983 (see footnote 2), pp. 265–267.

15 Kreitzer, Betz: Reforming Mary. Changing Images of the Virgin Mary in Lutheran Sermons of the Sixteenth Century, Oxford 2004, p. 122; Heming, Carol Piper: Protestants and the Cult of the Saints in German-speaking Europe, 1517–1531, Kirksville 2003, p. 104.

ence by the Catholic Church in the lives of Lutherans. In October Emperor Rudolph II ordered the implementation of the new calendar in all his territories, but that did not prevent opposition in Augsburg, and in 1584 the detention of a Lutheran leader triggered a revolt. The riots ended on June 14 after the emperor issued a general pardon and the Lutherans accepted the Gregorian calendar, but public shows of opposition continued during the following years.[16] It is in this context that the maker of the Greenwich clock decided to include both calendar hands on his clock to highlight the new calendar, however, without forgetting the old one (fig. 3).

It is striking that the clock also gives the hour according to several time-telling systems used in various areas of Europe. Together with the two parallel calendrical indications, this may lead us to interpret it as a travel clock intended to be used in different places. Spring-driven clocks with balance escapement from this period can run while being transported but, for technical reasons, they are not reliable timekeepers in such a context. They are therefore usable only during stops on the trip, after being settled on a proper surface and set to the correct time using the sundials on the bottom plate. If conceived as a travel clock, the Greenwich clock would almost surely have had a protective leather or wooden case. Contrary to this possible use is the fact that setting this clock to time is a complex task, as will be elaborated upon later. The inclusion of the double calendar reading and the multiple time-telling systems as well as the many other dials may also be explained as an intention on the part of the maker to create a compendium-like clock, an amusement object, with as many complicated features as possible.

These pieces of evidence indicate that the clock was made not for a particular customer but to be sold on the art and scientific instrument market, and perhaps for ready export to any European country. The fact that a nearly identical clock still survives today suggests that several similar or identical units were made for the same purpose.

How was the clock handled?

Close study of a surviving original instrument can reveal information unaccounted for in written sources. In this section the clock is examined to demonstrate the extent to which it is reliable, easy to operate and thus practical as a time-keeping instrument.

16 Städtische Kunstsammlungen Augsburg/Zentralinstitut für Kunstgeschichte (eds.): Welt im Umbruch. Augsburg zwischen Renaissance und Barock, exh.-cat. Augsburg, Zeughaus, 3 vol., Augsburg 1980–1981, vol. 1, Augsburg 1980, pp. 379–380; Roeck, Bernd: Eine Stadt in Krieg und Frieden. Studien zur Geschichte der Reichsstadt Augsburg zwischen Kalenderstreit und Parität, 2 vol., Göttingen 1989, vol. 1, Göttingen 1989, p. 125; see also Creasman, Allyson F.: Censorship and Civic Order in Reformation Germany, 1517–1648, Farnham et al. 2012, pp. 149–150.

The Greenwich clock was made to be seen, heard and touched.[17] It was designed to be installed on a table or a low pedestal to allow the user to reach it easily and to inspect each dial closely. Most of the inscriptions on the clock are very small, for example, the numbers of the days and the names of the saints on the calendar. Even to see the hour shown on the astrolabe, one must be in close proximity to the clock, as it is easy to confuse the alidades of the sun and the moon. Ideally, it should be installed in such a way as to allow for viewing of each the four sides of the case from a short distance.

The sound of the alarm bell is particularly strong. Unfortunately, we are unable to hear the clock strike the hour and the quarter hour because some parts are missing from these striking trains. But it is reasonable to assume that the sound was loud enough to be heard across large rooms and very likely also in adjacent rooms.

The time can be read by touching the face of the clock too. Renaissance clocks and portable watches had exposed dials with a small ball-shaped piece installed directly above each of the hour numbers. Above the hour of 12 would be placed a small conical piece instead of a ball, to mark this as a starting point. The Greenwich clock has the small ball-shaped pieces on the face of its astrolabe, indicating by touch the hours and quarters, and on the alarm dial, indicating the hours. The hands of the minutes and of the moon and sun are also easily distinguishable by touch. These tactile elements facilitate the telling of the time in poor lighting conditions or during the night.

Most of the controls for the clock are accessible through the bottom plate, on which the sundials are featured (fig. 8). This means that one must turn the clock onto its side or onto its face to reach them. This must be done on a daily basis in order to wind the three mainsprings, or all four if one intends to operate the alarm. As there is a hole on the sundial plate for each winding arbour, it is not necessary to detach the plate for this task, although it is necessary for activating other components of the clock. For instance, the alarm itself is easy to set but the lever to stop it is hidden on the underside and cannot be operated without detaching the sundial plate.

Probably the biggest inconvenience in operating the clock is that the hands cannot be moved manually and independently from the clockwork as with modern clocks and watches. This means that, after servicing the clock in the workshop, the clockmaker must be very careful to replace each wheel and hand in the right position. This is particularly important with the astrolabe, which needs to be set to the correct date. The use of the clock also requires certain skills, for example to set the time. The escapement wheel can be released by unscrewing the balance cock and lifting the balance by hand. This allows the user to move the clock forward easily, but makes it extremely difficult to move it backward. A screwdriver as well as basic clockmaking skills are required to remove the balance cock without damaging the delicate balance pivots. Alternatively, to

17 For a good methodological insight on the sensorial analysis of clocks and watches see Desborough, Jane: The Changing Face of Early Modern Time, 1550–1770, Cham 2019.

avoid disassembling the balance, the user could keep the clock running continuously, using only the regulator to compensate for time losses or gains.

These complicated features, along with the profuse decoration of the gilded case and the high quality of the workmanship, make the clock an ideal amusement object. It is very difficult to establish whether it would have been used on a daily basis to strike and show the hours or would have been set up on special occasions only. At first glance, keeping the clock running may seem unreasonably time consuming and wearisome in terms of maintenance but could be easily accommodated in a luxurious domestic environment. Objects are not only used for their practicality but also for their symbolism and their cultural significance, which changes according to context and use.

The Clock as a Precious Antique in the 18th Century

We know very little about the subsequent history of the clock up to the beginning of the 18th century, when the instructional booklet was printed (fig. 9). This fifteen-page document contains very detailed descriptions and other interesting information about the clock. Its anonymous author praises the skill of the clockmaker, noting the complexity of the movement and the fine decoration of the case. He does not describe the movement – as, according to him, "it would require a full volume" – but he does describe the case in great detail, including its measurements, which match perfectly those of the clock. The seated bears are also mentioned, and the corner pillars are described in full detail: "The four corners of the case are reinforced with four gilded pilasters in the Doric style. […] Each pilaster has three flutings on each of its outer sides. […] The pedestals of the pilasters rest on four small gilded and crouched bears".[18] The use of every dial is then carefully explained. The description of the astrolabe dial is the longest, as it is the most elaborate dial on the clock and gives a variety of indications. A detailed description of each dial is followed by some practical instructions for winding the clock and operating the alarm mechanism.

The 1704 booklet is a rare survival of its genre and, in fact, is very likely the only extant example. Johannes Graf classifies the horological literature into the following groups: books for the user, books for the maker and books that describe complicated astronomical clocks. The 1704 booklet falls into the third category. It was in this type of book that monumental astronomical clocks from cathedrals, often of medieval origin, were described, with Dasypodius's description (1578) of the Strasbourg astronomical clock being the most iconic example. The Greenwich and Dasypodius books have some characteristics in common, for example, they do not describe the movement but only the astronomical indicators. Clockmaking pertained to the domain of the *artes mechanicae*, considered inferior to the *artes liberales* such as astronomy, which encompassed the

18 Description 1704 (see footnote 1), p. 1.

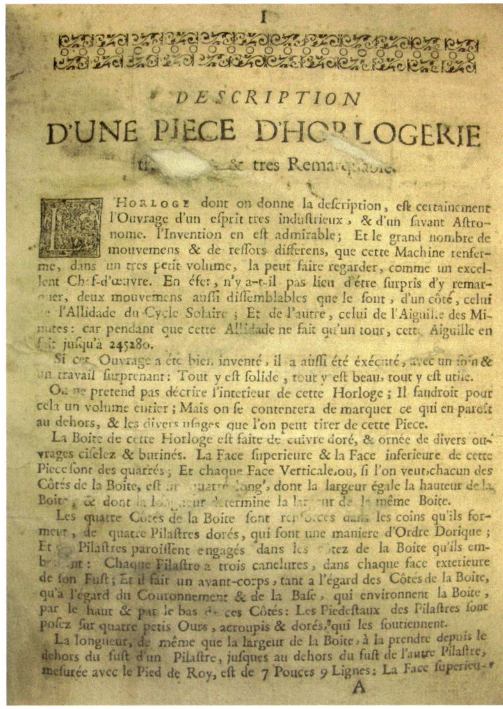

I

DESCRIPTION

D'UNE PIECE D'HORLOGERIE

t[illegible] & tres Remarquable.

L'Horloge dont on donne la deſcription, eſt certainement l'Ouvrage d'un eſprit tres induſtrieux, & d'un ſavant Aſtronome. l'Invention en eſt admirable; Et le grand nombre de mouvemens & de reſſors differens, que cette Machine renferme, dans un tres petit volume, la peut faire regarder, comme un excellent Chef-d'œuvre. En éfet, n'y a-t-il pas lieu d'être ſurpris d'y remarquer, deux mouvemens auſſi diſſemblables que le ſont, d'un côté, celui de l'Allidade du Cycle Solaire; Et de l'autre, celui de l'Aiguille des Minutes: car pendant que cette Allidade ne fait qu'un tour, cette Aiguille en fait juſqu'à 245280.

Si cet Ouvrage a été bien inventé, il a auſſi été éxécuté, avec un ſoin & un travail ſurprenant: Tout y eſt ſolide, tout y eſt beau, tout y eſt utile.

On ne pretend pas décrire l'interieur de cette Horloge; Il faudroit pour cela un volume entier; Mais on ſe contentera de marquer ce qui en paroît au dehors, & les divers uſages que l'on peut tirer de cette Piece.

La Boite de cette Horloge eſt faite de cuivre doré, & ornée de divers ouvrages ciſelez & burinés. La Face ſuperieure & la Face inferieure de cette Piece ſont des quarrés; Et chaque Face Verticale, ou, ſi l'on veut, chacun des Côtés de la Boite, eſt un quarré long, dont la largeur égale la hauteur de la Boite, & dont la longueur determine la largeur de la même Boite.

Les quatre Côtes de la Boite ſont renforcées dans les coins qu'ils forment, de quatre Pilaſtres dorés, qui ſont une maniere d'Ordre Dorique; Et ces Pilaſtres paroiſſent engagés dans les Cotez de la Boite qu'ils embraſſent: Chaque Pilaſtre a trois canelures, dans chaque face exterieure de ſon Fuſt; Et il fait un avant-corps, tant a l'égard des Côtés de la Boite, qu'a l'égard du Couronnement & de la Baſe, qui environnent la Boite, par le haut & par le bas de ces Côtés: Les Piedeſtaux des Pilaſtres ſont poſez ſur quatre petis Ours, acroupis & dorés, qui les ſoutiennent.

La longueur, de même que la largeur de la Boite, à la prendre depuis le dehors du fuſt d'un Pilaſtre, juſques au dehors du fuſt de l'autre Pilaſtre, meſurée avec le Pied de Roy, eſt de 7 Pouces 9 Lignes: La Face ſuperieu-

A

9 *Description d'une piece d'horlogerie tres rare & tres remarquable*, Geneva 1704

theoretical knowledge required to design scientific instruments. Dasypodius was the mathematician who designed the complicated indicators of the Strasbourg clock (classified under *artes liberales*) and, according to Graf, he emphasizes them in his text in order to distinguish himself from Isaac and Josiah Albrecht, the makers of the movement (classified under *artes mechanicae*). This hierarchy between the liberal and mechanical arts could explain why no mention is made of the movement in the 1704 instructional booklet corresponding to the Greenwich clock.[19]

In addition to explanations of the features of the clock and a few technical and practical points regarding how to use it and keep it running, the booklet includes other information about the history of the clock and the objective of the booklet itself. An italicized portion of the final paragraph reads: "The clock just described is for sale: This piece belonged to Casimir V, King of Poland, who, having abdicated the crown, retired to Paris, where he became abbot of Saint Germain. [The clock] was sold in Paris after this king's death in 1672. Now it is in Geneva with the Master Clockmakers [Guild], whom anyone interested in purchasing it should address".[20]

19 Graf, Johannes: Der kunstreiche Uhrmacher. Kostbarkeiten aus der Bibliothek des Deutschen Uhrenmuseums, Furtwangen 2010, p. 34.

20 Graf 2010 (see footnote 19), p. 13.

John Casimir of Poland (1609–1672) abdicated the Polish Crown in 1668 and spent his final years in Paris. There is no evidence either to confirm or to refute that he owned the clock now in Greenwich, as it cannot be clearly identified among the clocks described in the inventory of the post mortem sale of John Casimir's belongings in 1673.[21] Aspects of the clock suggest that it might have been in or around Paris in the 17th century or maybe earlier. For example, the astrolabe's tympanum is for 48° of latitude, that of several European cities including Paris. The moving plate of the alarm dial, which does not appear to be original, was made with a lower quality silvered metal and bears inscriptions in Latin of the four cardinal points. To indicate the direction in which the plate should be rotated to set up the alarm, the French words "de minuit a midy" were engraved later – maybe after 1704, the printing date of the instructional booklet, which does not mention this inscription. Although in that period French was the *lingua franca* for educated people, the French inscriptions suggest that the clock was at some point in France or Switzerland, and the astrolabe's tympanum points to Paris. Apart from the instructional booklet, there is no evidence to connect the clock with John Casimir of Poland, but we cannot discard this possible connection entirely.[22] The booklet is dated to 1704, only about 40 years after the death of the Polish king – a period short enough for a recent previous owner of the clock to be remembered, particularly if that previous owner had been a distinguished person. The aim of the booklet was to advertise the clock, which was for sale in Geneva at the time. Had the clock previously belonged to a known king, it could be sold more easily and for more money.[23]

The instructional booklet is anonymous, but La Lande attributes it around 1800 to Nicolas (?) Fatio de Duiller (1664–1753),[24] a prominent Swiss mathematician, who introduced to England a drilling method for extracting jewels with reduced pivot friction and thus greater accuracy.[25] Fatio was elected a fellow of the Royal Society in 1673 and moved to London a few years later.[26] By the 1690s Fatio was looking for patronage and, in 1693, he began a collaboration with the Debaufre brothers (c. 1689–1720),[27] two Parisian

21 Szmydki, Ryszard: Vente du mobilier de Jean-Casimir en 1673. Wyprzedaz mienia po Janie Kazimierzu w roku 1673, Warsaw 1995, pp. 155–157; see also Pérez Álvarez 2018 (see footnote 7), p. 356.

22 For further details on the possible connection of the clock with John Casimir in Paris see Pérez-Álvarez 2018 (see footnote 7).

23 In the 18th century, other brochures were also printed to advertise and sell clocks, for example, the "Hertzanische Uhr" made in Augsburg at the end of the 17th century and sold different times during its history before being dismantled in the 19th century, see Graf 2010 (see footnote 19), p. 37.

24 Jerôme De La Lande: Bibliographie astronomique avec l'histoire de l'astronomie depuis 1781–1802, Paris 1803, p. 350; Baillie also attributes the pamphlet to Fatio without citing to La Lande, Baillie, Granville H.: Clocks and Watches. An Historical Bibliography, London 1951, p. 132.

25 Hilaire-Perez, Liliane: L'invention technique au siècle des Lumières, Paris 2000, p. 110.

26 Speziali, Pierre: La physique, in: Trembley, Jacques (ed.): Les savants genevois dans l'Europe intellectuelle du XVIIe au milieu du XIXe siècle, Geneva 1987, p. 115.

27 Mandelbrote, Scott: The Heterodox Career of Nicolas Fatio de Duillier, in: Brooke, John/Maclean, Ian (eds.): Heterodoxy in Early Modern Science and Religion, Oxford 2005, pp. 282–283 and 289.

clockmakers working in London.[28] Between 1699 and 1701, Fatio travelled to Geneva and other places in Switzerland.[29] The printing year of the instructional booklet for the Greenwich clock, 1704, is consistent with Fatio's stay in Geneva, and his link with the Parisian clockmakers could account for the transfer of the clock from Paris to Geneva. Further research into Fatio's personal archive, at the University of Geneva, might shed light on what connection, if any, he had to the authorship of the booklet and to the clock more generally.

Around 1700 the Greenwich clock was more than one hundred years old, but it was still an attractive object suitable for sale. It was probably at this time that it arrived at a workshop in Geneva to be repaired and updated. Still today the movement is in very good condition, with few of the original 16th-century parts missing, so three centuries ago it must have been in outstanding condition and in need of very few repairs in order to run well, except a deep cleaning and oiling. The escapement was likely refurbished at that time with a balance spring as well as new crown and contrate wheels to compensate for the change of the oscillation period. A new epact year disc for the period spanning 1700 to 1800 was engraved and nailed onto the original one, whose final year was 1699. The disc of the alarm dial may also have been changed on this occasion.

The Greenwich clock is an outstanding object by one – or maybe two – of the most skilled makers in Augsburg at the end of the 16th century. We are not able to trace back its history without gaps but we do have a concrete picture of what made the object valuable at two representative moments. Although it showed and struck the hours, its astronomical complexities, technical characteristics and the operational difficulties suggest that the clock was conceived of as a magnificent object, perhaps to be exhibited in a *Wunderkammer* or in a lavish room, rather than primarily as a functional object for a domestic environment. Its owner may have been a wealthy individual who could pay someone to wind it every day and to keep it running and showing the correct time. Most likely, he owned other clocks, astronomical instruments and curiosities. The presence of clocks and watches in the goods inventories of European kings from the 14th century onwards has been the subject of previous studies.[30] Still lacking is a detailed study of their presence in the inventories of noblemen and wealthy people from the late 16th and early 17th centuries, which also contained complicated clocks. For example, Octavius Secundus Fugger (1549–1600), a member of a well-known wealthy family of Augsburg, left at his death a collection of sumptuous objects, including complicated astronomical clocks and scientific instruments.[31] In Spain, the Conde de Benavente, Juan Francisco

28 Thompson, David: Huguenot Watchmakers in England. With Examples from the British Museum Horological Collections, in: Proceedings of the Huguenot Society of Great Britain and Ireland 26, 1994–1997, pp. 417–430, p. 427.

29 Mandelbrote 2005 (see footnote 27), p. 291.

30 See, for example, Pérez-Álvarez, Víctor: Mechanical Clocks in the Medieval Castilian Royal Court, in: Antiquarian Horology 34/4, 2013, pp. 489–502.

31 Lieb, Norbert: Octavian Secundus Fugger (1549–1600) und die Kunst, Tübingen 1980, pp. 133–135, "Zeig und Schlag Stundenuhr mit Angabe der Tag und Nachtlänge, seitlich einem Astrolabium,

Pimentel, likewise had, in 1653, a variety of clocks, including one with complex astronomical features.[32] A systematic study of goods inventories from this period and from different sites in Europe would yield a better understanding of who owned these kind of domestic clocks and just how widespread they were.

At the beginning of the 18th century, when it was more than one hundred years old, the Greenwich clock was valued not only as a curiosity but also as a collectable object previously owned by a king.

In the 19th and 20th centuries, the old Renaissance clock surely failed to meet the standards for accurate timekeeping and therefore was no longer usable. By the 1960s, when it was restored, some parts were missing, including the driving pinion for all the astrolabe hands. That part might have been eliminated on purpose in order to render the astrolabe useless, thus limiting the range of functions of the clock to help keep it running and to improve its accuracy as a time-telling instrument. At the beginning of the 20th century, the clock belonged to the Mensing Collection. It arrived in 1937 at the National Maritime Museum in Greenwich and now is exhibited in a reconstructed cabinet of curiosities at the Queen's House.[33]

Renaissance astronomical clocks have been highly attractive and collectable objects since the 16th century. They have been studied by historians of horology, who focus on their technical aspects, yet there are still many research possibilities from the points of view of cultural history and the history of material culture. Strikingly, before the 17th century the historiography of timekeeping largely focused on public clocks and relied almost solely on written sources, neglecting domestic clocks not only as objects of study but also as material evidence about how time was practiced and experienced.

The Greenwich clock is a good example of an object that has had a long life and that contains evidence about its significance for different people at different moments in its history. The issue surrounding its authorship indicates that clockmaking in Augsburg was a complex trade that functioned on the basis of a network of crafts- and tradesmen. Further study of the punches of this and other instruments signed by the Reinholds and the Buschmans might shed light on the connection between these workshops at the making stage. On a different matter, a study of the presence of clocks and other time-telling devices in the goods inventories of people from social groups other than those of kings and rulers, from the 16th to 18th century and from all across Europe, could show how common and valuable they were, who owned them and how they related to other objects.

Sonnen und Mondgang, eingelassen in ein durchbrochenes Metallgehäuse und unter einem Glassturz aufgestellt".

32 Archivo Histórico Provincial of Valladolid (Spain), Leg. 1787 (Valladolid, 1653, julio, 4), see García Chico, Esteban: Documentos para la historia del arte en Castilla. Maestros relojeros, in: Boletín del Seminario de Arte y Arqueología 31, 1966, p. 412: "Otro reloj quadrado a manera de torre chata con movimeintos de luna, sol y planetas, y estralabio, de bronce sobredorado, de campana y quartos, en quarenta y dos ducados".

33 Pérez-Álvarez 2018 (see footnote 7), p. 359.

Gerhard Dohrn-van Rossum

Clocks, Clock Time and Time Consciousness in the Visual Arts

William Hogarth's *Modern Moral Subjects*

The early 18th century in England has been called the 'Age of Hogarth', and there is hardly any book on the cultural history of the period that does not use a painting or an engraving by William Hogarth (1697–1764). With respect to the history of time-keeping instruments, the 'Age of Hogarth' is also the age of the 'Horological Revolution'. At the beginning of the 18th century, clocks and watches became coveted everyday objects in the hands of broad strata of the population. There is ample evidence of a growing preoccupation with time in general, as well as with the social uses of time and, particularly in urban contexts, with clock time. Contemporary literature and the visual arts reflect and comment upon these developments in many ways. As has been noted by several scholars, William Hogarth's paintings and prints record and satirize the uses of clocks and clock time and the changing perceptions of time especially within London society.[1] As Ronald Paulson emphasized, "Hogarth portrays more clocks than any other artist".[2] This aspect of Hogarth's work will be explored in greater depth here, with particular attention to his novel use of clock time in pictorial narratives.

1 Shesgren, Sean (ed.): Engravings by Hogarth. 101 prints, New York 1973; Macey, Samuel L.: Hogarth and the Iconography of Time, in: Studies in Eighteenth-Century Culture 5, 1976, pp. 41–53; Dohrn-van Rossum, Gerhard: 'Uhrzeit' [it should read *Unzeit*] und 'Zeitordnung'. Ein Nachtrag zu Lichtenbergs Erklärungen der Hogarthschen Kupferstiche und ein Beitrag zur Ikonographie der Uhren", in: Ästhetik und Kommunikation 12/45–46, 1981, pp. 51–74; Wagner, Peter: Representations of Time in Hogarth's Paintings and Engravings, in: Bindman, David/Ogée, Frédéric/Wagner, Peter (eds.): Hogarth. Representing Nature's Machines, Manchester/New York 2001, pp. 101–122; Hogarth "grandfather of all clocks in Victorian pictures", Dillon, Steven: Illustrations of Time. Watches, Dials, and Clocks in Victorian Pictures, in: Maxwell, Richard (ed.): The Victorian Illustrated Book, Charlottesville/London 2002, pp. 52–90, p. 56; Arburg, Hans-Georg von: Lichtenbergs Moral? Eine Revision sozialgeschichtlicher Interpretation in methodologischer Absicht. Am Beispiel von Lichtenbergs Kommentar zu Hogarths "A Midnight Modern Conversation", in: Lichtenberg-Jahrbuch, 2006, pp. 176–203; Cooling, Louise: Timepieces in Victorian Narrative Painting, in: Antiquarian Horology 29/4, 2018, pp. 528–544.

2 "Time was a matter of much concern in Hogarth's prints", Paulson, Ronald: Emblem and Expression. Meaning in English Art of the Eighteenth Century, Cambridge, Mass./London 1975, p. 45.

The Horological Revolution

Mechanical clocks and hourglasses appeared in Europe at the beginning of the 14th century. Since then, the use of modern hours – hours of equal length, no matter the time of year – came into use for many purposes in civil life.[3] The 'Horological Revolution' is a rather broad, figurative term for describing a range of developments of the 17th and 18th centuries.[4] With this term, we refer to a series of rapid advances in the field of clockwork technology. Christiaan Huygens introduced the pendulum as a regulator in 1657: a quantum leap in accuracy. Huygens's balance spring (1675) made accurate portable watches possible. After the Huguenots left France, following the Revocation of the Edict of Nantes in 1685, Geneva and London, and later Paris,[5] became centres of European clock- and watchmaking. Clocks and watches became fashionable accessories.[6] Starting in the 18th century, well-to-do people adopted the longcase clock for their living rooms, as well as watches enhanced with sophisticated features like repeating mechanisms, quarter chimes and minute and second hands. In 1714, the British government established the Board of Longitude, offering a very high remuneration for the development of a clock accurate enough to determine the longitude at sea.[7] New chronometers and precision clocks came into use by mariners, astronomers, professional and amateur scientists and sports fans alike. Complex divisions of specialized labour allowed for the mass production of watches for the market,[8] and brought timepieces into the hands of many. During the first half of the 18th century, Britain produced about a hundred thousand timepieces, half of Europe's total output.

The rapid diffusion of privately owned clocks and watches – also evident in testaments and criminal records[9] – naturally changed habits of daily timekeeping.[10] Although

3 Dohrn-van Rossum, Gerhard: History of the Hour. Clocks and Modern Temporal Orders [1992], Chicago/London 1996.

4 Landes, David S.: Revolution in Time. Clocks and the Making of the Modern World, London/Cambridge, Mass. 1983; Dohrn-van Rossum, Gerhard: "Time", ch. 5 in: Scott, Hamish (ed.): The Oxford Handbook of Early Modern European History 1350–1750, 2 vol., Oxford 2015, vol. 1, Oxford 2015, pp. 154–156.

5 Dequidt, Marie-Agnès: Horlogers des Lumières. Temps et société à Paris au XVIIIe siècle, Paris 2014.

6 Atwood, Emma Katherine: Fashionably Late. Queer Temporality and the Restoration Fop, in: Comparative Drama 47/1, 2013, pp. 85–111.

7 Sobel, Dava: Longitude. The True Story of a Lone Genius Who Solved the Greatest Scientific Problem of His Time, New York 1995.

8 A painting of a clockmaker's shop is attributed to Hogarth's school, Dequidt 2014 (see footnote 5), plate IV and cover.

9 See also Donald, Moira: "The greatest necessity for every rank of men". Gender, Clocks and Watches, in: ead./Hurcombe, Linda (eds.): Gender and Material Culture in Historical Perspective, Houndmills 2000, pp. 54–75.

10 Dequidt, Marie-Agnès: Watch and Clock Ownership in Paris, 1750–1850, in: Blondé, Bruno/Coquery, Natacha (eds.): Fashioning Old and New. Changing Consumer Preferences in Europe (Seventeenth–Nineteenth Centuries), Turnhout 2009, pp. 29–42; Dequidt 2014 (see footnote 5), ch. 2; Blondé, Bruno/Verhoeven, Gerrit: Against the Clock. Time Awareness in Early Modern Antwerp, 1585–1789, in: Continuity and Change 28/2, 2013, pp. 213–244.

the population at large kept its time by the signals of the old public clocks on the spires of churches and communal bell towers, a new time awareness took hold through the use of clock hours, quarter hours and even minutes, as exemplified in administrative and legal documents. The great age of clock- and watchmaking was also a great age of pick-pockets and street robbers.[11] Already in the popular satire *The Beggar's Opera* (1728), watches appear as a favourite loot of pickpockets. Since timepieces were objects of value, they ranked highly for thieves. And since pickpocketing is an urban phenomenon, many of the offenders caught were women. From Old Bailey session papers, Hans-Joachim Voth has shown that many people of modest social standing appeared as plaintiffs before the court after their watches had been stolen. The busiest time for thieves was the later afternoon and early evening, between five o'clock and seven o'clock. In London, the fast-growing population, the steady flow of poor migrants into the city and the rising prosperity among the middle ranks of society all contributed to the incidences of stolen watches.[12]

The high degree of specialization and division of labour in the clockmaking trade was matched by a criminal subculture. Pickpockets cooperated with second-hand shops and specialized dealers, who then distributed stolen watches on rural markets. Specialized artisans dismantled stolen watches, removed or faked trademarks and handled the export of these 'new' watches. Henry Fielding identified this system of selling stolen goods through fences and pawnbrokers, along with possible means of their recovery by the victims, and in 1754 the Watch Fraud Act was passed to attempt to check the problem.[13]

Our colleagues Bruno Blondé and Gerrit Verhoeven, in their study of the diffusion of clocks and time awareness in early modern Antwerp, state: "There was never an actual horological revolution" in the sense of a sudden late 18th-century event, but rather "slow burn evolutions".[14] I would suggest that we can nevertheless use the term to describe the relevant developments of the 17th and 18th centuries.

Timepieces in Literature and the Visual Arts

An increase in references to timepieces in diaries and literary texts from the middle of the 17th century onwards has often been observed. The most famous examples are found

11 On the pickpockets in Paris, see Louis-Sébastien Mercier: Tableau de Paris 1781–1788, ed. by Jean-Claude Bonnet, Paris 1994, ch. 82, p. 91; Dequidt 2014 (see footnote 5), pp. 97–100.
12 Voth, Hans-Joachim: Time Use in Eighteenth-Century London. Some Evidence from the Old Bailey, in: Journal of Economic History 57/2, 1997, pp. 497–499; id.: Time and Work in England, 1760–1830, Oxford 2001, p. 52 and 60. See also the contribution of Gerrit Verhoeven in this volume.
13 Henry Fielding: An Enquiry into the Causes of the Late Increase of Robbers, London 1751; Watch Fraud Act 27 Geo II, c. 7 (1754).
14 Blondé/Verhoeven 2013 (see footnote 10), pp. 235–236.

in the diaries kept by Samuel Pepys from 1660 to 1669. Pepys notes his fondness for his own watch and his use of its minute hands:

> "But Lord! to see how much of my old folly and childishnesse hangs upon me still, that I cannot forbear carrying my watch in my hand in the coach all this afternoon, and seeing what a-clock it is 100 times. And am apt to think with myself: how could I be so long without one. Saturday May 13th 1665. [...]
>
> Up, and walked to Greenwich, taking pleasure to walk with my minute watch in my hand, by which I am now come to see the distances of my way from Woolwich to Greenwich. And did find myself come within two minutes constantly to the same place at the end of each quarter of an houre. Wednesday September 13th 1665."[15]

In the sphere of literature, Robinson Crusoe (1719), immediately after his shipwreck on the lonely island, fights against the lack of precise external timekeepers, common within contemporary society for quite some time, by setting up a personal order of clock times that, of course, should also be read as social criticism:[16]

> "Nov. 4, *Nov.* 4. This Morning I began to order my times of Work, of going out with my Gun, time of Sleep, and time of Diversion, *viz.* Every Morning I walk'd out with my Gun for two or three Hours if it did not rain, then employ'd my self to work till about Eleven a-Clock, then eat what I had to live on, and from Twelve to Two I lay down to sleep, the Weather being excessive hot, and then in the Evening to work again."[17]

During the Restoration period, the fascination with modern technology even reached the royal palace:

> "He [King Charles II, † 1685] adored all clocks and watches. In the end there were no fewer than seven clocks in his bedroom (their ill-synchronized chiming drove his attendants mad), while another clock in the antechamber told not only the hour but also the direction of the wind. Hooke's balance-spring action was demonstrated in front of the King, while the royal accounts contain many items for the purchase of further clocks. The sun-dial (in the Privy Garden) had a particular function for the King used it to set his watch by."[18]

Numerous entries in diaries and travelogues confirm the widespread use of clocks and watches, as well as how the regular keeping of diaries and the use of daily planners indicated new attitudes to time, as Stuart Sherman has shown.[19] In Daniel Defoe's *Moll Flanders* (1722), the protagonist – the most famous pickpocket in early 18th-century fiction[20] – uses a watch as matter of course, giving clock hours and minutes, as does Samuel Richardson's *Pamela* (1740). Laurence Sterne's *Tristram Shandy* (1759–1767) is famous for its complex play with chronology and clock time. To this edition Hogarth contributed

15 http://www.pepysdiary.com [15.04.2020].
16 Yahav, Amit: Time, Duration, and Defoe's Novels, in: Partial Answers: Journal of Literature and the History of Ideas 6/1, 2008, pp. 33–56.
17 http://www.pierre-marteau.com/editions/1719-robinson-crusoe.html [15.04.2020].
18 Fraser, Antonia: King Charles II, London 1979, pp. 193–194 and 456.
19 Sherman, Stuart: Telling Time. Clocks, Diaries, and English Diurnal Form, 1600–1785, Chicago 1997; McCarthy, Molly: The Accidental Diarist. A History of the Daily Planner in America, Chicago/London 2013.
20 Wagner 2001 (see footnote 1), p. 103.

two frontispieces showing the notorious grandfather clock. The narrative's temporal "disorderly order" tends to blur the line between objective clock time and subjective time consciousness.[21] The clock also appears as a symbol for external order – in opposition to disorder, whether internal or external – in Rousseau's *Confessions* (1769) and Goethe's *Elective Affinities* (1809). Clocks, watches and timetabled daily schedules were then, and still are, symbols of cultural superiority. The Lilliputians in Jonathan Swift's *Gulliver's Travels* (1726) pulled "a wonderful kind of engine" out of the fob pocket of the chained giant and wondered whether this was the "god that he worships". When questioned, Gulliver "called it his oracle", adding that it "pointed out the time for every action of his life".[22]

Iconography of Time

Up to the 18th century, clocks and watches appear in the visual arts only rarely. In most cases, timepieces were part of traditional and easily recognizable iconographic contexts. In late medieval views of towns, for example, huge dials revealed civic pride in terms of modern technology and served as symbols of a well-policed commune. Smaller clocks and contemporaneous hourglasses often accompanied personifications of the cardinal virtue Temperance or Moderation. Inspired by Seneca's essay *On the Shortness of Life* (1st century AD) and by Francesco Petrarch's poem *Trionfi* (1351–1374), Renaissance authors and artists elaborated the theme of the fugacity and vanity of all earthly pleasures, variously deploying the motif of the clock or hourglass in their works. Since the Renaissance, we find a huge number of allegorical personifications of time in the figure of Father Time, a scarcely clad old man with angel wings, a scythe and an hourglass.[23] This iconography merged the figure of Chronos (later Saturn), as a personification of time who symbolized eternal, inescapable circularity, with the figure of Kronos, Zeus's father who devoured his children, as well as with the notion of time as *kairos* (right moment; opportunity). Representative of a cosmos well regulated by a wise creator, the clock came also to represent a society well ordered by wise political leaders. We find examples of this iconographic tradition even up to the present. Additionally, already in

21 Parker, Jo Alyson: Narrating Against the Clockwork Hegemony. Tristram Shandy's Games with Temporality, in: ead.: Narrative Form and Chaos Theory in Sterne, Proust, Woolf, and Faulkner, New York 2007, pp. 31–59, p. 32.

22 Jonathan Swift: Gulliver's Travels, ed. by Allan Ingram, London 2012, Part 1, ch. 2, p. 81.

23 Panofsky, Erwin: "Father Time", in: id.: Studies in Iconology. Humanistic Themes in the Art of the Renaissance [1939], New York 1972, pp. 69–94; Macey, Samuel L.: The Changing Iconography of Father Time, in: Fraser, Julius T. (ed.): The Study of Time. Proceedings of the First Conference of the International Society for the Study of Time, vol. 3, New York 1978, pp. 540–575; on the conflicting iconographic concepts of time as a destroyer and time a benevolent old man, see Cohen, Simona: Transformations of Time and Temporality in Medieval and Renaissance Art, Leiden 2014, ch. 6, pp. 116–171.

the 16th century, clocks and watches figured in portraits of aristocrats and members of the bourgeois as a means of claiming a virtuous, temperate and orderly lifestyle while also showing off material wealth. From here, the development of the iconography becomes a bit vague. One might interpret clocks as always symbols of temperance, vanity or an ordered life, however, by the 18th century they had all but lost their symbolic meaning and had become commonplace objects.[24]

The majority of Hogarth's *c.* 250 paintings and *c.* 100 first-hand engravings show traditional subjects: individual and family portraits, stage decorations, et cetera. A small number of the paintings and some of the engravings belong to the genre of 'history painting' or 'comic history painting', the latter a term he himself introduced. Traditionally, these are serials, mostly from the Bible, illustrating moral exemplars – e.g. the parables of the Good Samaritan, the Prodigal Son and the Ten Virgins. Hogarth takes up this tradition by transferring such scenes to the everyday life of contemporary Londoners, thereby mocking academic art and its connoisseurs. In what he called *Modern Moral Subjects*, he uses stories from current newspapers or popular stage plays. To ensure authenticity, he carefully utilizes details from 'real life', for example, the names of well-known politicians, criminals and locations. Interiors and the furniture and paintings that decorate them, as well as the dress of the figures, are all realistic, but at the same time often reveal the pretensions and hopeless social aspirations of his fellow citizens. The almost cinematic presentation combining traditional moral exemplars with artistic and social satire made Hogarth one of the founding fathers of political caricature and of the modern comic strip.

In terms of social history, by the 'Age of Hogarth' we mean the appearance of a growing social class of merchants, shopkeepers, small employers, 'middling men', apprentices, clerks: a new bourgeois class and an urban culture that supplanted aristocratic culture almost completely. These people of some means became a paying public, making it possible for writers and artists to make a living by selling their works in great numbers, and thus to be no longer dependent upon royal or aristocratic patronage. William Hogarth took this new urban culture as his preferred subject and his market. Moreover, he successfully combined art and commerce: with the purchase of an entrance ticket, people could view the paintings in his shop, after which he offered for purchase engravings of these paintings. The editions easily reached two thousand copies, not counting later reprints and pirated copies.[25]

Like many other artists, Hogarth perpetuated a traditional iconographic repertoire. However, the wealth of details and the many more or less hidden and often ambiguous

24 Einberg, Elizabeth: William Hogarth. A Complete Catalogue of the Paintings, New Haven/New York 2016, no. 161 (*The Graham Children*); cf. no. 162.

25 Einberg 2016 (see footnote 24); Paulson, Ronald: Hogarth's Graphic Works [1965], New Haven/London 1989.

allusions in his work almost immediately provoked extensive commentaries in print.[26] Attempts to explain Hogarth have never ceased, even until the present day. Georg Christoph Lichtenberg's *Extensive Explanations of Hogarth's Prints* (1794–1799), a work of four hundred pages, was especially famous.[27] Lichtenberg, an academic physicist in Göttingen fully aware of new trends in social time and scheduling, highlighted particularly Hogarth's manifold engagement with temporal indications. The artist's first highly detailed satirical critique of the horrors of the Seven Years' War (1756–1763) is called *The Times* (1762–1763).[28] Even where time is not explicitly the subject matter,[29] it is always, in Sean Shesgren's words, "just there, obsessively present and inescapable".[30] Apart from attacks on 'high art' and certain ironic approaches to the traditional iconography of time, time and timepieces are omnipresent in Hogarth's work, as was noted already by contemporary commentators such as Lichtenberg. Hogarth imitates Christian iconography, but he also plays with such iconographical traditions to mock erudite connoisseurs.[31] Most allusions in the artist's graphic works are highly charged, referring to both texts and images, what Peter Wagner calls "iconotexts".[32] Apart from indications of times of day through the representation of sunlight and shade, we find a number of explicit references to dates, months and years as well as to sundials, clocks and watches. Additionally, in Hogarth's work we find for the first time specific clock hours mirroring and commenting upon the narratives depicted by the artist.[33]

His engraving *The Sleeping Congregation* (1736, painting 1728) shows a church scene with a rural community having fallen asleep during a lengthy sermon. A common hourglass is attached to the pulpit to time the sermon, to no avail.[34] Laying the foundation for Hogarth's widespread fame, the series *A Harlot's Progress* (1730–1732) was

26 John Trusler: Hogarth Moralized, London 1768; John Ireland: Hogarth Illustrated, 3 vol., London 1791–1798.

27 Ausführliche Erklärung der Hogarthischen Kupferstiche, in: Georg Christoph Lichtenberg: Schriften und Briefe, 6 vol., Munich 1968–1692, vol. 3, Munich 1972, pp. 657–1060; The World of Hogarth. Lichtenberg's Commentaries on Hogarth's Engravings, transl. by Innes and Gustav Herdan, Boston 1966.

28 Paulson 1989 (see footnote 25), no. 211–212; Hinz, Berthold/Krug, Hartmut (eds.): William Hogarth 1697–1764, exh.-cat. Berlin, Staatliche Kunsthalle, Gießen 1980, pp. 231–234.

29 Einberg 2016 (see footnote 24), no. 39–40, 41–42 (*Before and After* I/II); no. 104–107 (*The Four Times of the Day*).

30 Shesgren 1973 (see footnote 1), pp. XVIII–XX; Paulson 1989 (see footnote 25), no. 211.

31 Busch, Werner: Nachahmung als bürgerliches Kunstprinzip. Ikonographische Zitate bei Hogarth und in seiner Nachfolge, Hildesheim et al. 1977.

32 Wagner 2001 (see footnote 1), p. 22.

33 For examples see Shesgren 1973 (see footnote 1), p. XIX.

34 Einberg 2016 (see footnote 24), no. 7; Paulson 1989 (see footnote 25), no. 140. Cf. the engraving *Enthusiasm delineated*, published as *Credulity, Superstition and Fanaticism*; cf. the extensive commentary in Krysmanski, Bernd W.: Hogarth's Enthusiasm Delineated. Nachahmung als Kritik am Kennertum. Eine Werkanalyse und zugleich ein Einblick in das sarkastisch aufgeklärte Denken eines "Künstlerrebellen" im englischen 18. Jahrhundert, 2 vol., Hildesheim et al. 1996, vol. 1, Hildesheim 1996, pp. 42–59 and 271; Dohrn-van Rossum 1996 (see footnote 3), p. 260.

immensely popular and was copied in countless versions.[35] The engravings show the decline of an innocent country girl, Moll Hackabout. She goes to London, to the Bell Inn in Cheapside, where she becomes a prostitute and, for awhile, spends her days in the criminal underworld. Ultimately, she ends up in jail, and dies miserably of a venereal disease. In the series of six scenes, Hogarth illustrates a social history of 18th-century London by carefully placing allusions in the form of objects and more or less recognizable personages.

On the left side of the first scene, we see Moll's father studying a letter, probably one of application to the bishop of London. On the opposite side, at right, is the lustful Colonel Charteris. Nicknamed 'Rape-Master General', he is a client of Mother Needham, the procuress and brothel keeper shown interacting with Moll in the centre foreground. Hanging from Moll's girdle is a pair of scissors, symbolizing her expectation to become a seamstress. By resembling male genitals, scissors were also an erotic symbol. Closed blades would evoke chastity, open blades promiscuity.[36] The watch that hangs from Mother Needham's girdle reads about a quarter past eleven: the progress of Moll's life in London is moving towards twelve noon, that is, towards a decisive moment. Even the dead goose in the basket, in the right foreground, points to her fate. In the third plate of the series (fig. 1), it is a quarter to twelve (11:45 am). Justice Gonson enters a modest room to arrest Moll, who by now has become a common prostitute. Lichtenberg, in his famous commentary, underscores the difference between social time and the natural times of the day: "It is a quarter to twelve in the morning according to the sun, but since breakfast is only just being served, it is still very early, about seven o'clock according to the 'fashionable time' they keep here".[37]

Moll listens to a repeating pocket watch, perhaps loot from the previous night, dangling from her left hand. Lichtenberg, like many others, here reads clock time as an omen of her fate: "But listen – the [eleventh] hour has struck! Much is lost, but not yet everything". The earlier painting of this third scene was lost in a fire in 1755. We might speculate that, if Hogarth failed to account for the reversal in the engraving process, the time should actually read a quarter past the hour (12:15 pm). *The Grub Street Journal* of 6 August 1730 indeed reported that the famous Kate Hackabout, on which the character of Moll was likely modelled, was among some prostitutes arrested between noon and one o'clock. We might therefore amend Lichtenberg by saying: "The hour has struck! All is lost". Producing her watch, Moll prepares to address her prosecutor, while her maid pours liquid from a jug into a teapot. Michael Godby pointed to the emblem-

35 Einberg 2016 (see footnote 24), no. 21–26; Paulson 1989 (see footnote 25), no. 121–26.

36 Santesso, Aaron: William Hogarth and the Tradition of Sexual Scissors, in: Studies in English Literature 1500–1900 39/3, 1999, pp. 499–521; Krysmanski, Bernd W.: Hogarth's Hidden Parts. Satiric Allusion, Erotic Wit, Blasphemous Bawdiness and Dark Humour in Eighteenth-Century English Art, Hildesheim et al. 2010, p. 161.

37 Lichtenberg 1966 (see footnote 27), p. 28. 'Fashionable time': German *Unzeit*, which also means untimeliness.

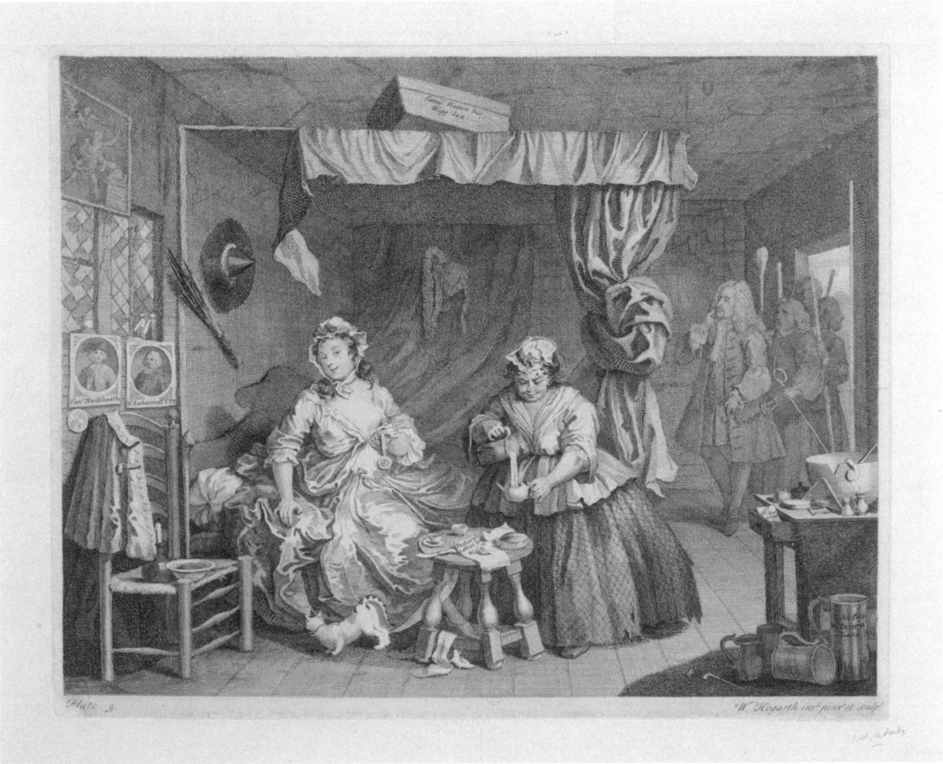

1 William Hogarth, *A Harlot's Progress (plate III)*, 1730–1732

atic aspect of this arrangement, which resembles the allegory of the virtue of Temperance.[38] Hogarth's two female figures thus combine a dual iconographic tradition, even if only artistically educated connoisseurs would recognize this as a parody both of traditional iconography and of the 'Grand Manner' of the Old Masters. Above the bed is the wig box of James Dalton, a famous convicted highwayman. Among her heroes pictured on the wall is MackHeath, a rogue from *The Beggar's Opera* of 1728. This character was also later adapted as Mackie Messer in Bertolt Brecht's *Threepenny Opera* (1928). On the table are medicine bottles, hinting at Moll's syphilitic disease. Hogarth doubles the eroticism of the scene by adding a cat in heat.

In an aristocratic gambling scene in the painting *Piquet: or Virtue in Danger*, also known as *The Lady's Last Stake* (1758–1760),[39] after a play by Colley Cibber (1707), a

38 Godby, Michael: The First Steps of Hogarth's Harlots Progress, in: Art History 10/1, 1987, pp. 23–37, p. 27; for the adaptions from Christian iconography in this scene cf. Krysmanski 1996 (see footnote 34), p. 369.

39 Einberg 2016 (see footnote 24), no. 234; cf. Cooling 2018 (footnote 1), p. 537.

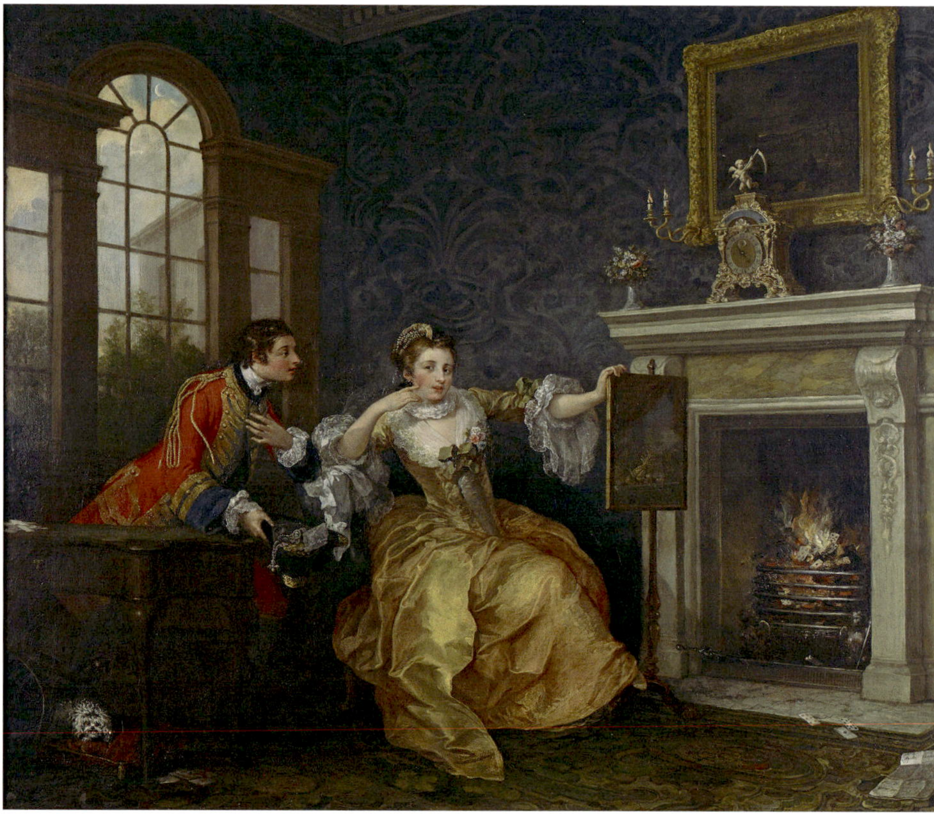

2 William Hogarth, The Lady's Last Stake, 1758–1760, Buffalo, Albright-Knox Art Gallery

young lady has just lost all her valuables, and the army officer proposes one last game (fig. 2). He offers to restore her losses in exchange for her virtue. When the picture was exhibited in May 1761, a long but not directly related poem accompanied it. It suggests that there was also a watch in the scene: "Her brilliant necklace soon she bets, She fears her watch, but can't resist, [...] At last both watch and trinkets go, a prey to the devouring foe".[40] On the mantel is a bracket clock topped with the figure of time as a winged putto holding a scythe. The putto stands on a base, the front of which bears the motto *NUNC NUNC* (NOW NOW). The clock reads 4:55 pm, thus placing the moral decision of her virtue at a difficult time of the day and perhaps also pointing to her waning youth.

40 L.M. Stretch: The Beauties of History, Or: Pictures of Virtue and Vice, Drawn from Real Life, London 1770, p. 268.

Untimeliness

In Hogarth's *A Midnight Modern Conversation* (1732–1733), we look into the private room of a tavern, and at eleven men in various stages of drunkenness.[41] The clock reads four in the morning, and the candles are nearly burned out. Dawn is beginning to illuminate the room, as evident in a window reflected in the bottle on the table. In 1793, John Ireland commented on the time shown on the wall clock: "Even the clock is like the company, irregular; for the minute-finger and hour-hand do not agree".[42] This refers to the fact that the hour hand stands between three and four o'clock, even though the minute hand is squarely at twelve. One year later, Lichtenberg offered a shrewder explanation:

> "It is four o'clock in the morning according to the sun. [...] The explanation is this: in England, by which we understand for the most part London, they keep time by the sun as in the rest of the world, and set their clocks accordingly. But in addition there is another entirely different sort of time; one might call it the wrong-time [untimeliness], and that is the time by which the population really lives."[43]

The term 'untimeliness' (*Unzeit*) denotes, on the one hand, the disorderliness attributed to certain social groups in 18th-century by moralizing sources (such as Hogarth) and, on the other, the growing discrepancies among the daily schedules of the different social strata. From the late Middle Ages onwards, the aristocracy's schedule of late rising and late meals was often portrayed in social criticism and satire as a godless and unnatural inversion of the natural order of the day.[44]

Untimeliness is also highlighted in the second plate in the series *Marriage à la Mode* (*The Tête à Tête*, 1743–1745), which takes as its subject the upper levels of British society (fig. 3).[45] Tired after an excessive night, a noble couple lounges in a pair of chairs. On the floor are the remainders of the party. At far right, a steward exits the room holding a stack of unsettled bills. In a further room in the background, we see a deck of cards strewn on the floor and an obscene painting, partially covered by a curtain, on the wall. In the left foreground, above the seated man, is a wall clock absurdly ornamented with

41 Einberg 2016 (see footnote 24), no. 57/57a; Paulson 1989 (see footnote 25), no. 128; Arburg 2006 (see footnote 1).
42 Ireland 1791–1798 (see footnote 26), vol. 1, London 1791, p. 100. The bracket clock on the sideboard in the earlier painting (Yale Center for British Art) also shows approximately four in the morning.
43 Lichtenberg 1966 (see footnote 27), pp. 174–175.
44 See for example: Jan Steen, The Topsy Turvy Word/The Dissolute Household, 1663, Vienna, Kunsthistorisches Museum, inv. no. Gemäldegalerie, 791, and The Dissolute Household, 1661–1664, London, Apsley House, Wellington Museum, inv. no. WM. 1514–1948, where – in the upper right corner – a monkey lifts the weights of a wall clock signifying the "untimeliness" of the feasting company.
45 Einberg 2016 (see footnote 24), no. 170; Paulson 1989 (see footnote 25), no. 158–163, no. 159; Georg Christoph Lichtenberg: Hogarth on High Life. The Marriage à la Mode Series, from Georg Christoph Lichtenberg's Commentaries, trans. and ed. by Arthur S. Wensinger with W.B. Coley, London 1970.

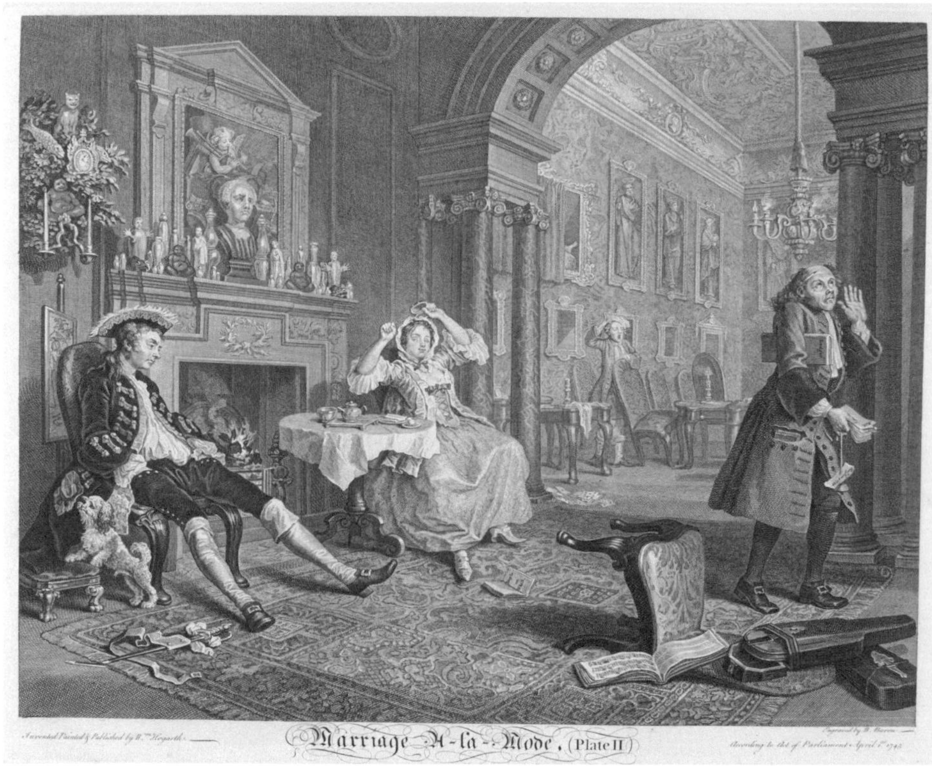

3 William Hogarth, *Marriage à la Mode (plate II)*, 1743–1745

figurines of a cat, a fish and a Buddha within foliage. Lady Squanderfield, as the wife is introduced on the first plate of the series, has just been served breakfast. The clock, reading 1:20 pm, attracted the attention of early commentators such as John Trusler: "The clock tells us, 'tis noon. We are to suppose, then, by the candles still burning, that the day has been shut out, and, converted into night, a circumstance not a little characteristic of the irregularity and disorder that reigns within the house".[46] Lichtenberg adds a conjecture: "From [the husband's] coat-pocket there hangs an object of muslin and ribbon [...] apparently, the whole substitute for purse and watch".[47] On plate VI of *Marriage à la Mode*, Lady Squanderfield commits suicide after her husband is killed and her lover hanged. The clock on the wall shows 11:10 am.[48] Whether in all these instances

46 Trusler 1768 (see footnote 26), p. 60.

47 Lichtenberg 1966 (see footnote 27), pp. 95–101. The translators use "plebeian's business" for the German "Bauern-Sonne" (peasants' sun) and thus emphasize the urban setting. In any case, a reading of the entire comment on plate II is recommended.

48 Einberg 2016 (see footnote 24), no. 174; Paulson 1989 (see footnote 25), no. 163; Shesgren 1973 (see footnote 1), no. 56: "reversed should be 1.56 P.M".

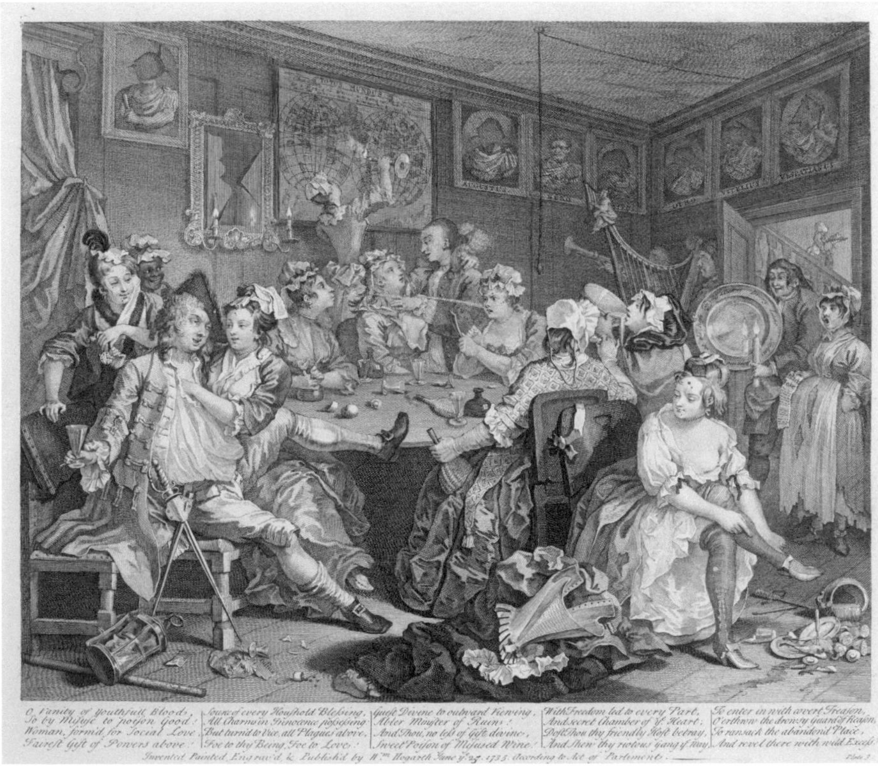

4 William Hogarth, *A Rake's Progress (plate III)*, 1733–1735

Hogarth used clock time intentionally is hard to say, especially because there are sometimes variations between the paintings and the engravings, and between different states of the engravings.[49]

In the series *A Rake's Progress* (1733–1735), Hogarth adapts the biblical parable of the Prodigal Son, omitting the happy ending.[50] The third scene depicts Tom Rakewell enjoying an inebriated evening at the Rose Tavern on Drury Lane (fig. 4). He is surrounded by prostitutes, one of whom has lifted his watch from his pocket and is handing it to an accomplice. A scene from Abraham Bosse's *Histoire de l'Enfant prodigue* (1636), a possible model for Hogarth, makes clear that stealing pocket watches was already a familiar artistic subject in the 17th century. Watches often replaced purses as the preferred prey of pickpockets.

49 Lichtenberg used copies of Hogarth's prints by the engraver Ernst Ludwig Riepenhausen, which were often reversed and have slight alterations.

50 Einberg 2016 (see footnote 24), no. 74–81; Paulson 1989 (see footnote 25), no. 132–139.

Industry and Idleness and Puritan Conceptions of Time

We find deranged daily schedules and watches in the wrong hands also in Hogarth's crudely moralistic series *Industry and Idleness* (1747).[51] However, this series deals with the awareness and employment of time in a rather different way. The series consists of twelve engravings not based on prior paintings. Shown just beneath the scenes themselves are explanatory or foreshadowing texts from the Bible, for example, from Proverbs. It tells the parallel stories of two apprentices, one climbing and the other descending the social ladder. The industrious apprentice Francis Goodchild works diligently, marries the daughter of his master and ultimately becomes Lord Mayor of London. Meanwhile, the idle apprentice Thomas Idle, lazy and addicted to gambling, gets involved in the criminal underworld, becomes a robber himself and ends up in the gallows in Tyburn, London's place of public executions.

In plate I, *The Fellow 'Prentices at their Looms*, the two apprentices display their respective characters (fig. 5). In the background, Francis Goodchild is busy at his loom, using a shuttle, with his copy of *The Prentice's Guide* at his feet and various excerpts from wholesome literature, such as *The London Prentice*, tacked on the wall behind him. In the foreground, Tom Idle leans dozing against his inactive loom, probably an effect of the huge beer mug at his side. A cat is busy with the shuttle. Tacked to the wall is the ballad of *Moll Flanders*, and his *Prentice's Guide* lies discarded on the ground in a filthy and shredded state. In this plate, the copies of the *Prentice's Guide* stand in for a flood of booklets with similar titles, such as *The Tradesman's Calling*, *The Tradesman's Daily Companion*, *The Young Accomptant's Compasse*, *Vade Mecum or Necessary Companion*, *The Apprentice's Faithful Monitor*, *The Pious Prentice*, *The Apprentice's Time Entertainer*, amongst others. Well known are Benjamin Franklin's bestsellers *Poor Richard's Almanack* (1739) and *Advice to a Young Tradesman* (1748).

The market for and content of these books and pamphlets are immediately obvious. Almost without exception, these materials deal with the use of one's time – both one's daytime and lifetime. They extol the husbanding of time and warn against the squandering of time. Although measuring or quantifying labour time was still extremely rare,[52] the time-money equation is nevertheless always implicitly present. Losing time and accounting for one's use of time still have a clear religious ring in such texts. Some deal with rules of conduct, for example, advising against pulling a watch from one's pocket while in public. The topic of time always represented an opportunity to incorporate clock metaphors, as Daniel Defoe did in 1725: "A tradesman's books are his repeating clock, which upon all occasions are to tell him how he goes on, and how things stand

51 Shesgren 1973 (see footnote 1), no. 60–71; Paulson 1989 (see footnote 25), no. 168–179.

52 Linebaugh's contention that in the 18th century watches were used to measure labour time or to quantify 'idleness' obviously transfers statements by Karl Marx and Edward P. Thompson too far back in time; cf. Linebaugh, Peter: The London Hanged. Crime and Civil Society in the Eighteenth Century, London 1991, p. 225.

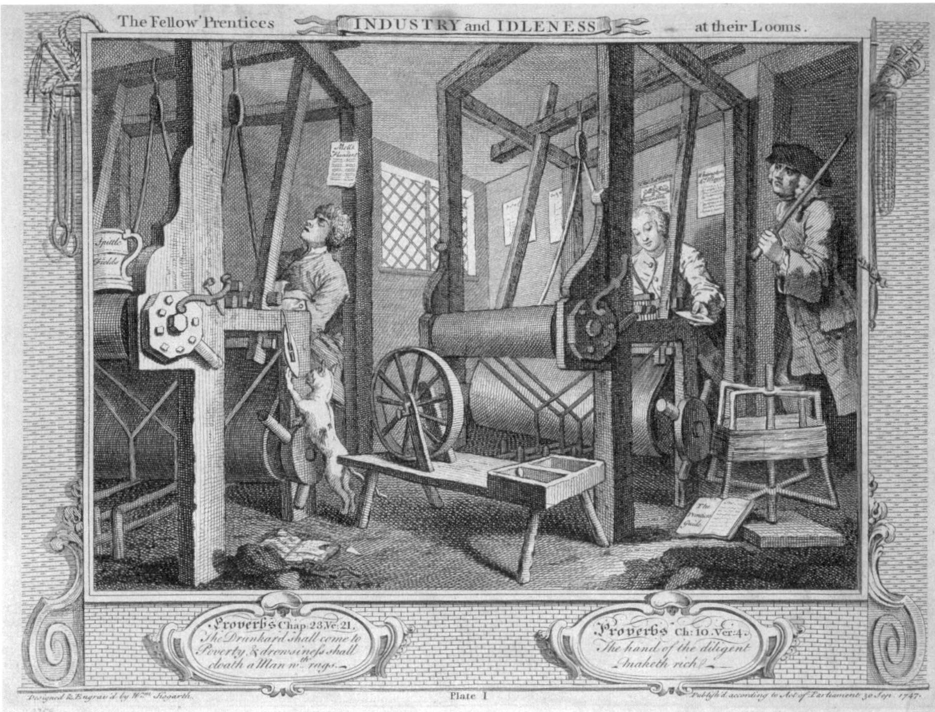

5 William Hogarth, *Industry and Idleness (plate I: The Fellow Prentices at Their Looms)*, 1747

with him in the world: there he will know when it is time to go on, or when it is time to give over; and upon his regular keeping […]".[53]

As Max Weber showed, an important source of this Puritan conception of time was Richard Baxter's *Christian Directory* (1673).[54] "To whom belongs the time?" was an old question. The familiar answer: time belongs primarily to God, it is a gift from God and is to be used in his service. Baxter specified that God had delegated the power of the disposal of time to worldly authorities, to fathers and to masters. Accordingly, Samuel Richardson argued that "spending time in leisure activities is a form of theft, a defrauding of the master".[55] In trade and conduct manuals, the verse "The hand of the diligent maketh rich" (Proverbs 10:4) is quoted again and again, however, over the course of time these texts push God to the background. To instil the value of constant discipline,

53 Daniel Defoe: The Complete English Tradesman [1725], ed. by William and Robert Chambers, Edinburgh 1839, ch. I, p. 9.
54 Max Weber: The Protestant Ethic and the Spirit of Capitalism [1905], transl. by Talcot Parsons, London 1930.
55 Samuel Richardson: The Apprentice's Vade Mecum, London 1734, p. 25, cf. 9, 15 and 27.

self-control and self-evaluation is their main objective. In his series *Industry and Idleness*, Hogarth displays such booklets to support an entertaining moral exhortation.

From the beginning of the 18th century, diligence, thrift, industry and idleness thus developed as key time-related concepts in the mentality of the middle classes. Clocks and clock time were both the practical and the figurative means of buttressing this mentality. Plate IV of Hogarth's series bears the title *The Industrious 'Prentice a Favourite, and entrusted by his Master*. In the background, we see a row of women working at looms, and one at a spinning wheel. Clearly Goodchild's industry and piety are paying off. He no longer works the loom, but rather manages his master's business: he holds a day book, the keys to the workshop and a pouch of money. In the lower right corner, a copy of the *London Almanack*, a kind of merchants' calendar, is tacked up, displaying the allegorical figure of the genius of Industry grabbing Father Time by the forelock. This is clearly the business version of Time as *kairos* (opportunity), catching the right moment.

In plate VII, entitled *The Idle 'Prentice return'd from Sea, & in a Garret with a common Prostitute*, Thomas Idle's female company is playfully examining an array of watches, either stolen or accepted as payment for her services. In IX, *The Idle 'Prentice betrayed [by his Whore], & taken in a Night-Cellar with his Accomplice*, Idle has gone from highway robbery to outright murder for petty gain. He is shown inspecting the effects, including the watches, of a dead man, while another man pitches the body down a trap door. They are all totally oblivious to the men of the law entering the room, with Idle's prostitute being given a coin for her denunciation.

As valuable objects, clocks and watches are quite often substitutes for money. The money-watch equation, particularly suggestive in the visual arts, is a theme operative still today. In the painting of plate VI of Hogarth's series *A Rake's Progress*, a wealthy gentleman gambler stakes his watch; the print version shows instead a £500 bet on the table. The engraving *The Cockpit Royal* (1759) shows, projected onto the crowded cock-fighting table, the shadowy outline of a man suspended in a basket for not paying his debts; he offers his watch as a barter.[56]

Time as a Destroyer and the End of Time

Hogarth's use and abuse of traditional time-related iconography is expressed in an emphatic way in his *Time Smoking a Picture* (1761) (fig. 6).[57] In defence of modern art, Hogarth uses the maxim *tempus edax rerum* (Time, the devourer of all things) to char-

56 Einberg 2016 (see footnote 24), no. 77 and 79; Shesgren 1973 (see footnote 1), no. 31 and 33; Paulson 1989 (see footnote 25), no. 135 and 137 (*The Rake's Progress*); Shesgren 1973 (see footnote 1), no. 93; Paulson 1989, no. 206 (*The Cockpit Royal*).

57 Arndt, Karl: Chronos als Feind der Kunst. William Hogarth und die barocke Allegorie, in: Nederlands Kunsthistorisch Jaarboek 23, 1972, pp. 329–342.

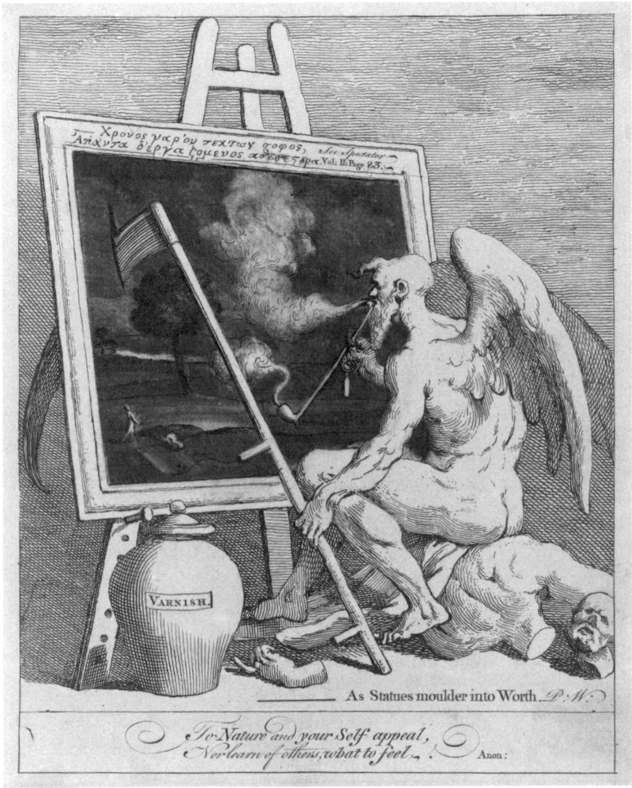

6 William Hogarth, Time Smoking a Picture, 1761

acterize time as a destroying force, and to mock the veneration of old, dark, time-worn pictures and decayed ruins. His Chronos is seated, in the posture of a painter, however, on a broken statue. He pierces the canvas with his scythe while darkening it with the smoke from his pipe, a joint action that makes clear that darkening with varnish neither improves pictures nor adds to their value. To his left we see a jar of varnish. On the frame, he reverses the meaning of the Greek motto "Time is a wise builder, but all its works are very perishable", stating instead that "Time is not a wise builder for all its works are perishable".

In his final engraving, *Tail Piece* or *The Bathos, or Manner of Sinking, in Sublime Paintings, inscribed to the Dealer in Dark Pictures* (1764) – finished in the year of his death and described in the *St. James Chronicle* as a key to all his works – Hogarth expands the concept of time as a destroyer into a gloomy panorama of decay and destruction. There have been many exhaustive interpretations of the engraving.[58] We

58 Paulson 1989 (see footnote 25), no. 216; Müller, Götz: William Hogarths Finis, in: Riedel, Wolfgang (ed.): Jean Paul im Kontext. Gesammelte Aufsätze, Würzburg 1996, pp. 165–171; Bedenk, Jochen: Myths of Nothingness. The End of the World and the Beginning of Aesthetics in Hogarth und Jean

see the dying Chronos or Father Time exhaling *FINIS* (The End) in the smoke from his pipe, his last will and testament in his right hand. As Jochen Bedenk notes, "An entire landscape lies in ruins; the whole scenery is sparsely illuminated as the sun has been eclipsed (Phoibos Apollon lies dead on his broken chariot), and the moon, which looks like a face staring into darkness, is on the wane".[59] In addition, Father Time is surrounded by numerous objects common to the traditional iconography of time. Here, they have become trashy emblems of decay and of the end of all things: the hourglass and the scythe are broken. Also shown in various states of destruction are a bell, a tombstone, a gin bottle, an empty purse, a gun and a painting palette. A dial without hands is fixed on the face of a tower in ruins. Pictures within the picture show a globe in flames, and Hogarth's political print *The Times* is about to be consumed by a candle.

Conclusion

No other artist pictured clocks and clock times so emphatically. Hogarth's work marks a culmination of a tradition of time-related iconography developed in the Renaissance. Indications of clock time boost his narratives. At the same time, his play with customary iconography demonstrates the end of its attractiveness and its persuasive power. Examples from literature and the visual arts attest to the attractiveness of new techniques for measuring time, and to a preoccupation with the use of social time, which has remained a prominent issue even up to the present. Many technical developments in the field of clock- and watchmaking laid the groundwork for these social developments. In the long run, the mass diffusion of timepieces reduced artistic interest in these innovations.

Paul, in: Görner, Rüdiger/Nicholls, Angus (eds.): In the Embrace of the Swan. Anglo-German Mythologies in Literature, the Visual Arts and Cultural Theory, Berlin/New York 2010, pp. 187–210, p. 209: "The sheer quantity of the assembled symbols and allusions does not enhance the creation of meaning, but rather takes something away from the seriousness of the picture".

59 Bedenk 2010 (see footnote 58), p. 190.

Marie-Agnès Dequidt

De l'acquisition au réglage

L'horlogerie parisienne du XVIIIe siècle et ses usages

L'horlogerie et ses usages sont des objets de discussion dès le XVIIIe siècle. C'est dans les pas de François Béliard, maître horloger de Paris en 1749 et horloger du roi, auteur en 1767 de *Réflexions sur l'horlogerie en général*, que nous nous plaçons ici. À l'occasion d'une demande de soutien au gouvernement, il décrit en effet sa vision des utilisateurs et des usages principaux de l'horlogerie. Notons que, sous sa plume, l'astronomie, la navigation, la géographie, les machines de précision dépendent de l'horlogerie pour progresser, mais pas l'homme dans sa vie quotidienne :

> « [...] les progrès de l'astronomie et de la navigation dépendent de sa perfection ; elle fournit à l'une les moyens d'observer avec précision les temps des mouvemens et des révolutions des astres ; à l'autre elle lui donnera, et tout l'annonce, les moyens d'avoir à la mer l'heure du lieu d'où on est parti ou autrement d'y avoir la longitude. L'horlogerie sauvera par cette découverte la vie à des milliers d'hommes, et fournira un moyen si facile de déterminer la position des lieux, qu'en trente ans on perfectionnera plus la géographie du globe qu'on ne le feroit en cent avec les méthodes ordinaires. »[1]

Malgré les hésitations de Béliard quant aux usages des garde-temps dans la vie quotidienne, cet article voudrait explorer la diffusion sociale des montres et les pratiques dans lesquelles elles s'inscrivent. Les recherches sur l'histoire de la mesure du temps, qui s'appuient sur des ouvrages bien connus, comme *L'histoire de l'heure* de Gerhard Dohrn-van Rossum, mais aussi *L'heure qu'il est* de David Landes ou *Clocks and Culture, 1300–1700* de Carlo Cipolla[2], ont attiré l'attention sur l'intérêt d'étudier l'horlogerie et ses utilisations. En France, l'analyse des objets et de leurs usages, dans le cadre des grands dépouillements d'inventaires après décès à l'origine d'ouvrages novateurs comme *Le peuple de Paris* de Daniel Roche et *La Naissance de l'intime* dirigé par Annik

1 Béliard, François : *Réflexions sur l'horlogerie en général et sur les horlogers du Roi en particulier*, La Haye/Paris 1767, p. 1.

2 Dohrn-van Rossum, Gerhard : *L'histoire de l'heure. L'horlogerie et l'organisation moderne du temps* [1992], Paris 1997 ; Landes, David S. : *L'heure qu'il est, la mesure du temps et la formation du monde moderne* [1983], Paris 1987 ; Cipolla, Carlo : *Clocks and Culture, 1300–1700*, Londres 1967.

Pardailhé-Galabrun, a montré l'essor au XVIIIe siècle d'un marché des montres ouvert désormais aux couches sociales moyennes[3].

Pour comprendre les modes de consommation des garde-temps, il est intéressant d'explorer cette problématique à partir d'une perspective différente, celle des horlogers, qui, malgré diverses biographies consacrées aux grands noms de cet art, tels Ferdinand Berthoud (1727–1807), Abraham Louis Breguet (1747–1823) ou Jean-Antoine Lépine (1720–1814)[4], est restée longtemps inexplorée. Nous aborderons ici l'utilisation au quotidien des objets de la mesure du temps et l'influence réciproque entre leurs usages et les productions des horlogers, à travers un dispositif documentaire qui mobilise les livres de compte déposés par les horlogers lors des faillites et les inventaires après décès, mais aussi les archives de l'académie des sciences et les petits traités publiés par les horlogers à l'usage de leurs clients. Dans un premier temps, nous nous occuperons de la consommation des garde-temps et, plus largement, des circuits d'acquisition de l'horlogerie, plus précisément à Paris et au XVIIIe siècle. Puis nous analyserons les usages de ces objets, tels que promus par les horlogers qui les produisent et les règlent.

Nous avons choisi de concentrer cette étude sur Paris, qui est au XVIIIe siècle à la fois un grand centre de consommation, voire un modèle du goût européen puisqu'« au XVIIIe siècle, c'est Paris que l'on imite »[5], et un centre important de production horlogère[6], même s'il est de plus en plus concurrencé, notamment par la région de Neuchâtel en Suisse, puis, dès la fin du XVIIIe siècle, par tout l'arc jurassien.

Une large gamme pour une clientèle diversifiée

Pour comprendre la clientèle de l'horlogerie et ses intérêts, il faut d'abord connaître les objets disponibles sur le marché, leur quantité et leurs fabricants. Les horlogers parisiens sont regroupés au XVIIIe siècle dans une communauté de métiers dont les lettres patentes remontent à 1544. Les règles de la communauté sont très strictes quant à la primauté donnée aux fils de maîtres parisiens, qui n'ont pas besoin de suivre d'apprentissage, alors que les autres prétendants doivent se former auprès d'un maître parisien pendant huit ans avant de pouvoir obtenir leur maîtrise par la réalisation d'un chef-d'œuvre et le

3 Roche, Daniel : *Le peuple de Paris. Essai sur la culture populaire au XVIIIe siècle*, Paris 1998 ; Pardailhé-Galabrun, Annik : *La naissance de l'intime. 3000 foyers parisiens. XVIIe–XVIIIe siècles*, Paris 1988.

4 Musée international d'horlogerie : *Ferdinand Berthoud, 1727–1807. Horloger mécanicien du roi et de la marine*, La Chaux-de-Fonds 1984 ; Breguet, Emmanuel : *Abraham-Louis Breguet. Horloger depuis 1775. Vie et postérité d'Abraham-Louis Breguet, 1747–1823*, Paris 1997 ; Chapiro, Adolphe : *Jean-Antoine Lépine, horloger, 1720–1814. Histoire du développement de l'horlogerie en France, de 1760 à l'Empire*, Paris 1988.

5 Verlet, Pierre : *La Mesure du Temps*, Paris 1970, p. 75.

6 Dequidt, Marie-Agnès : *Horlogers des Lumières. Temps et société à Paris au XVIIIe siècle*, Paris 2014, chapitre 2.

paiement d'un droit d'admission de 500 livres. Ces règles sont cependant très largement contournées. Par exemple, le nombre de maîtres horlogers est encadré par un *numerus clausus* fixé à 72 en 1646 alors que l'on compte environ 400 horlogers à la fin du XVIIIe siècle[7], à la suite de dérogations données par la Couronne elle-même contre la création de nouvelles taxes permettant de couvrir une partie de ses besoins financiers. Ces dérogations font entrer dans la communauté des hommes n'ayant pas suivi d'apprentissage à Paris, dont certains vont contribuer à la réputation de l'horlogerie parisienne, comme Ferdinand Berthoud, Jean Romilly (1714–1796), Jean André Lepaute (1720–1789) ou Jean Antoine Lépine.

Concernant le volume de la production, le dépouillement des inventaires après décès livre des informations sur la quantité d'objets disponibles sur le marché parisien. Daniel Roche précise ainsi que si 13% des inventaires de domestiques et 5% des inventaires de salariés mentionnent une montre pour homme vers 1700, ils sont respectivement 70% et 32% en 1790. Il conclut : « Voilà une conquête fondamentale où le domestique montre le chemin : avec une montre, c'est un autre univers temporel qui commence, une façon plus raisonnée et plus mécanisée de lire l'écoulement du temps, une manière différente de le créer et de le fabriquer »[8]. Toujours dans les inventaires après décès, Annik Pardailhé-Galabrun constate elle aussi l'augmentation de la possession tant de montres que de pendules, quel que soit cette fois le statut social de la personne décédée[9]. En 1788, Louis Sébastien Mercier (1740–1814) prend acte avec ironie de la multiplication des pendules :

> « On met une pendule sur toutes les cheminées ; on a tort ; mode lugubre. Il n'y a rien de si triste à contempler qu'une pendule : vous voyez votre vie s'écouler, pour ainsi dire, et ce balancier vous avertit de tous les moments qui vous sont enlevés et qui ne reviendront plus. On a placé dans tous les appartements de ces pendules, et personne ne craint d'envisager une pendule, quoi qu'elle vous trace bien distinctement la suite des heures [...]. »[10]

Pour pouvoir cerner les possesseurs de garde-temps avec plus de précision, il est utile d'étudier les livres de compte déposés par les horlogers lors de faillites et les inventaires après décès. Une voie consiste à consulter la liste des débiteurs. Prenons l'exemple de Henry François Verneaux (maître en 1758) et de son livre de commerce déposé en 1774[11]. Ses clients comprennent un orfèvre, un marchand de vin, un joaillier, un chirurgien, un bourgeois de Coulommiers, un receveur de la capitation, un procureur du roi, trois abbés, le trésorier des menus, deux maîtres d'hôtel, deux secrétaires de marquis et deux Américains, mais une large majorité est constituée de grands noms, notamment le duc d'Orléans, mais aussi le comte de Coigny, la comtesse de Boisgelin ou le marquis de

7 Dans la *Liste des noms et demeures des maîtres en l'art de l'horlogerie de Paris*, dressée par la communauté elle-même, 385 maîtres sont recensés en 1773, 406 en 1781 et 409 en 1786.

8 Roche 1998 (cf. note 3), p. 302.

9 Pardailhé-Galabrun 1988 (cf. note 3), p. 396 sq.

10 Mercier, Louis Sébastien : *Tableau de Paris*, 2 vol. [1783/1788], Paris 1994, p. 1517 sq.

11 Archives Nationales (désormais Arch. Nat.), Minutier Central (désormais MC), XXXIV/696, 19 octobre 1774.

Montres or	Peintre doreur des bâtiments du roi (frère de l'horloger)	2 montres, 250 livres chaque
	Tailleur pour femme	240 livres
	Dentiste suivant la cour	190 livres
	Orfèvre	178 livres
	Domestique	164 livres
	Maître menuisier	160 livres
Montres argent	Domestique	120 livres
	Marchand de laine	100 livres
	Menuisier à Versailles	96 livres
	Vigneron	72 livres
Montres cuivre	Imprimeur	18 livres
Hasard Argent	Serrurier	63 livres
	Cocher	54 livres
	Domestique	48 livres
	Carreleur	48 livres
Hasard cuivre	Maître serrurier	18 livres
Pendule	Maître miroitier (pendule à secondes)	320 livres
	Marchand de vin	250 livres
	Arpenteur au Coudray	120 livres
	Marchand boucher (pendule à poids)	96 livres
Réveil	Peintre à Versailles	36 livres

1 Clientèle de l'horloger Achille René Thévenot

Polignac. Les nobles sont principalement des hommes (69%). Comtes et comtesses sont les plus nombreux, ce qui peut s'expliquer du fait de la notoriété des Verneaux père et fils, qui n'est cependant pas suffisante pour entrer directement dans le cercle royal. Les débiteurs ne constituent évidemment pas l'intégralité des clients de Verneaux, mais ils sont sans doute représentatifs de sa clientèle.

L'inventaire après décès de l'horloger David Louis Courvoisier daté de 1793 inclut quant à lui dans les billets, mémoires et autres comptes, les noms de clients tels que le duc de Cossé, la Marquise de Saulard, le marquis de Chasteigner, plusieurs mousquetaires gris et noirs, des abbés et séminaristes, des capitaines de régiments, la plupart à Paris, mais également à Granville, Bayeux ou Saint-Flour[12].

Ces deux documents doivent impérativement être complétés par d'autres qui témoignent de clientèles beaucoup plus étendues, parmi lesquelles figurent des personnes aux métiers plus communs. Par exemple, le livre d'Achille René Thévenot (maître en 1756) daté de 1773, inclut des objets aussi peu chers qu'une montre de cuivre d'occasion à 18 livres et présente une clientèle très variée (fig. 1)[13].

12 Arch. Nat., MC, XXXIV/690, 24 mai 1773, inventaire après décès de David Louis Courvoisier.
13 Archives du Département de Seine (désormais Arch. Dép. Seine), D5B6/2166.

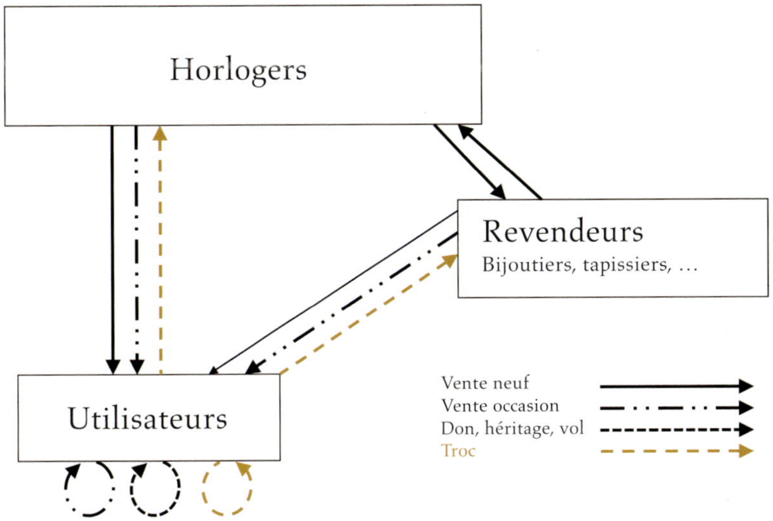

2 Les circuits d'acquisition

Les différents modes d'acquisition de l'horlogerie

Si l'on passe du point de vue de l'horloger à celui du client, force est de constater que l'acquisition des objets d'horlogerie suit parfois un chemin complexe (fig. 2). En effet, deux possibilités coexistent. La vente d'horlogerie neuve se fait soit directement chez un horloger soit par l'intermédiaire d'un revendeur – mercier, tapissier ou bijoutier – lui-même approvisionné par un horloger, parisien ou non. À la suite de ce premier achat, la circulation des objets se poursuit : revente et achat d'occasion, legs et don, troc et même vol. En d'autres termes, les voies d'entrée en possession sont multiples et cela permet à l'horlogerie d'atteindre des couches de population hors de la sphère de la première acquisition.

Pour atténuer l'effet du prix, l'achat se fait à crédit le plus souvent, pour le neuf comme pour l'occasion. Le livre de comptes daté de 1777 de l'horloger Jean Gabriel Imbert (maître en 1776) en donne un exemple[14]. On y découvre que les délais de paiement sont habituellement de l'ordre du mois, mais s'étirent parfois sur une période plus longue, six ou sept mois, voire près de trois ans. On remarque d'ailleurs que les horlogers ne rechignent pas à faire se côtoyer leur propre production et la production d'autres horlogers en seconde main.

14 Arch. Dép. Seine, D5B6/2606.

Les montres et pendules apparaissent en tant que *présents du roi* parmi les cadeaux diplomatiques, qui présentent le sommet à la fois artistique et technique des savoir-faire du pays, comme l'explique Berthoud : « on sait que de telles machines envoyées en présent par le gouvernement d'une grande nation à des princes étrangers, peuvent servir, en leur faisant connoître les productions des arts chez cette même nation, à établir des relations utiles au commerce, etc. »[15]. Dans ce cas, la décoration et les complications horlogères sont particulièrement importantes pour impressionner le destinataire. Dans la même optique, la corbeille des mariées princières, si ce n'est royales, comprend souvent de nombreuses montres qui sont distribuées lors de la cérémonie comme signes d'appartenance au cercle princier ou royal. Le but est à peu près le même que dans le cas des cadeaux diplomatiques : impressionner, cette fois par la prodigalité.

Montres et pendules sont sujettes en tant qu'objets de décoration aux variations de goûts, et donc susceptibles d'être remplacées si elles sont jugées démodées. Le troc permet alors de se procurer un autre objet, neuf ou de qualité supérieure. Par exemple, dans les papiers de commerce laissés par les horlogers Lenoir père et fils, on apprend que la duchesse de Villeroy acquiert une nouvelle pendule auprès d'eux, qu'elle paie en partie grâce à la reprise d'une autre pendule. On lit : « Vendu et livré une pendule sonnante à quinze jours en cartel de bronze doré de notre façon pour la somme de trois cent soixante livres/Pris en troc une pendule sonnante à quatre pieds et sa console de notre façon pour la somme de deux cent soixante-quatre livres/Reçu en espèce la somme de quarante-huit livres acompte »[16]. Le troc permet donc une diminution du prix d'achat du nouvel objet, autrement dit, facilite l'acquisition.

Une autre circulation se fait par le biais des héritages. Les testaments en contiennent maints exemples. Les montres sont souvent léguées à des domestiques, la plupart du temps en remerciement pour leurs services et parfois accompagnées des meubles ou autres ustensiles liés au service de la maison. Au-delà de la famille, les confrères, les amis, tous sont susceptibles de recevoir un tel objet, qui représente alors autant un souvenir qu'un objet utilitaire. L'objet passe donc de main en main, de génération en génération. On peut imaginer que non seulement il représente l'ancien propriétaire aux yeux du nouveau, mais contribue également à rappeler que le temps passe et conduit inexorablement vers la mort.

Enfin, le vol constitue également une voie d'acquisition. Ce sont surtout les montres qui sont convoitées, à cause de leur petite taille alliée à leur grande valeur et à la facilité de revente[17]. Les vols peuvent avoir lieu dans de nombreuses situations, dont celle de l'escroquerie au jeu. Parmi les exemples cités par Francis Freundlich[18], les « escroqués »

15 Berthoud, Ferdinand : *Histoire de la mesure du temps par les horloges*, 2 t., Paris an X/1802, t. 2, Paris an X/1802, p. 178.

16 Arch. Dép. Seine, DE1 Papiers 13, papiers Lenoir, pour Madame la duchesse de Villeroy, 23 juillet 1764. Les 48 livres restantes sont versées le 2 février 1766.

17 Peveri, Patrice : Les pickpockets à Paris au XVIIIe siècle, in : *Revue d'histoire moderne et contemporaine* 29/1, 1982, p. 3–35.

18 Freundlich, Francis : *Le monde du jeu à Paris 1715–1800*, Paris 1995.

dépouillés de leurs montres ont des profils très disparates (bourgeois de Paris, marchand boucher, marchand des Flandres, garçon boulanger), et de même les escrocs (domestique sans condition, journalier, soldat aux gardes françaises). De façon générale, de nombreux procès-verbaux témoignent de vols dans les lieux publics ou privés. Citons encore Mercier, qui décrit une procédure de vol avec sa verve habituelle :

> « [les filous] trouvent le moyen, ou de fixer votre attention sur un objet, ou de vous susciter un embarras, ou de vous imprimer un mouvement favorable à leur coup de main ; et le voleur adroit et subtil a déjà pincé votre tabatière, votre montre, votre bourse [...]. Quand on fait la visite chez l'un de ces drôles-là, on lui trouve cinquante-six montres, trente tabatières, vingt étuis, c'est une boutique de la foire. »[19]

L'entrée en possession de ces objets étant à présent mieux cernée, il nous faut désormais examiner de plus près leurs usages et l'impact de ceux-ci sur les horlogers, de même que l'impact des productions horlogères imaginées par les horlogers sur la clientèle.

L'influence des usages sur la production

Parce que montres et pendules sont à la fois objets d'apparat et instruments de mesure, les usages imaginés par les horlogers et les pratiques des utilisateurs sont à considérer. Si l'apparence des garde-temps est de première importance au moment de leur acquisition, c'est parce qu'elle peut contribuer à la caractérisation sociale du possesseur, à tel point qu'elle est mentionnée dans les planches de l'*Encyclopédie* :

> « Les montres ne sont pas seulement des machines pour mesurer le tems, elles servent encore d'ornement et de parure, font partie des bijoux, et sont une marque d'opulence. C'est la raison pour laquelle l'on enrichit les boîtes de montres par des gravures, peintures en émail, et diamants. L'on emploie aussi toutes sortes de cailloux pour les boîtes. En un mot tout ce qu'on emploie pour orner les bijoux, est employé pour les montres et réciproquement l'on enrichit les bijoux en y plaçant des montres. »[20]

Les horlogers sont donc amenés à prendre cet aspect en compte avec grand soin. Loin d'être anecdotique, le travail sur l'apparence se retrouve jusque dans les demandes – et les obtentions – d'approbation auprès de l'Académie des Sciences, en s'inscrivant ainsi dans un processus d'innovation. Sont alors mises en avant les qualités esthétiques, tels que de nouveaux cadrans pour améliorer la lisibilité ou un échappement qui permet de fabriquer une montre plus petite[21].

19 Mercier 1994 (cf. note 10), p. 91.

20 Diderot, Denis/d'Alembert, Jean Le Rond (dir.) : *L'Encyclopédie. Horlogerie. Recueil de planches sur les sciences, les arts libéraux et les arts méchaniques* [1751–1780], Paris 1987, p. 13.

21 Académie des Sciences, *Histoire de l'Académie royale des sciences avec les mémoires de mathématique et de physique tirés des registres de cette Académie*, Paris 1702–1797, volume de 1755, p. 138 et p. 143, volume de 1770, p. 114.

De façon générale, les inventions horlogères représentent une part très importante de l'ensemble des inventions approuvées par l'Académie des Sciences. Pour la période entre 1750 et 1772[22] à titre d'exemple, nous pouvons répartir les inventions en plusieurs catégories qui témoignent des champs de recherche des horlogers, même s'il y a là une part d'arbitraire puisqu'il n'existe pas de critères de répartition dans les documents mais qu'il s'agit ici d'un choix personnel. Si 11% des inventions portent sur des critères esthétiques, 26% portent sur la présentation de nouveauté, critère difficile à définir mais dans lequel on compte le montage d'une pendule grâce au courant d'air qui entraîne un moulin ou une montre sans barillet ni fusée, 34% sur la simplification du mécanisme et 29% sur l'amélioration de la justesse, même s'il faut noter que simplification et amélioration de la justesse sont souvent intimement liées.

Dans leurs écrits, les horlogers indiquent les usages de l'horlogerie. Nous avons cité Béliard, qui mentionne l'utilité de la justesse pour l'astronomie et la navigation. Dans ses *Étrennes chronométriques pour 1811,* le célèbre horloger Antide Janvier (1751–1835) commence par lister les avantages de l'horloge publique pour des usages communautaires, « elle donne le premier signal de la prière, fait ouvrir les portes des villes, convoque les assemblées, annonce tous les travaux à mesure qu'ils se succèdent ; elle est enfin la règle de la société »[23], et poursuit en indiquant les usages des montres et pendules à secondes « dans les sciences positives ou d'expérience ». Janvier nomme à ce propos le champ de l'hydraulique, pour mesurer les débits des cours d'eau, les vitesses de remplissage des bassins ou l'estime de la vitesse des bateaux ; les usages dans la mécanique, pour évaluer la vitesse d'un cheval, la production d'une machine ou une force motrice ; puis les usages en astronomie et navigation maritime, pour calculer le point ; en géographie, pour établir les cartes ; et enfin pour la guerre, pour connaître l'étendue d'un camp, la distance à une forteresse ou pour lancer des attaques simultanées. Dans le domaine médical, Janvier met en avant l'utilité des montres pour mesurer la fréquence des « accès » (convulsions, épilepsies, vapeur) ou pour prendre le pouls.

Dans le domaine particulier de la navigation maritime[24], la justesse des montres de marine, nécessaire pour la détermination de la longitude en vue d'un positionnement des navires dans l'espace, est un des grands défis techniques des horlogers des Lumières. De plus, du fait de leur difficulté d'exécution et de leur prix, le nombre de ces objets se limite à quelques dizaines d'exemplaires par an[25], principalement utilisés par la marine

22 1772 est la dernière année pour laquelle les « Inventions et machines approuvées par l'Académie » figurent dans les recueils de l'*Histoire de l'Académie royale des sciences.*

23 Janvier, Antide : *Étrennes chronométriques pour l'an 1811 ou précis de ce qui concerne le tems, ses divisions, ses mesures, leurs usages, etc.*, Paris 1810, p. 121 sq.

24 Sobel, Dava : *Longitude : The True Story of a Lone Genius Who Solved the Greatest Scientific Problem of His Time,* New York 1995 ; Chapuis, Olivier : *À la mer comme au ciel, histoire maritime,* Paris 1999.

25 Par exemple, Louis XV en a commandé quatre par an à compter de 1772 et Louis XVI en a acheté 16 en 1782. Marguet, Frédéric Philippe : *Histoire de la longitude à la mer au XVIIIe siècle en France, étude couronnée par l'Académie des Sciences,* Paris 1917, p. 272.

de guerre à la fin du XVIIIe siècle puis par la marine marchande au début du siècle suivant.

Pour un public plus large, la justesse et la précision doivent permettre de connaître exactement l'heure qu'il est, ce qui correspond à savoir se situer dans le temps. Or, si les horlogers sont confiants dans leur capacité à produire des montres justes, ils le sont parfois moins dans celle de leurs clients à savoir maintenir voire estimer cette justesse. Les écrits des horlogers à ce sujet sont nombreux ; parmi eux, celui de Lepaute qui déplore en 1755 le manque de connaissance des utilisateurs :

> « Il seroit cependant à souhaiter que tous ceux qui font usage des pendules et des montres les connussent assez pour être en état de les conduire, d'en apprécier la valeur, d'en connoître la justesse ou les dérangemens.
> Par ce moyen on éviteroit également un excès de confiance dans de mauvais ouvrages, et l'espèce d'injustice que l'on commet souvent, faute de connoître les bons. »[26]

Ce point stimule la volonté didactique des horlogers, qui souhaitent faire comprendre à leurs clients comment juger de la qualité d'une montre ou d'une pendule. Cette démarche est pourtant intéressée puisqu'elle vise à s'assurer le commerce des réparations[27], important en volume, en présentant les horlogers comme les seuls capables d'ajuster correctement les bonnes montres qu'ils produisent. Berthoud écrit ainsi un livre spécifiquement dédié à l'apprentissage de l'usage des dispositifs de mesure du temps : *L'art de conduire et de régler les pendules et les montres, à l'usage de ceux qui n'ont aucune connaissance d'Horlogerie*[28], dont la première édition de 1759 sera rééditée en 1761, 1805 et 1811. Une fois montres et pendules ajustées par l'horloger au moment de la vente, encore faut-il savoir comment les régler pour en entretenir le bon fonctionnement sur la durée. Le plus simple pour un particulier semble de se caler indifféremment soit sur l'heure indiquée par l'horloge publique la plus proche (celle d'une église le plus souvent), soit à midi pile, sur des systèmes qui marquent le soleil au zénith (comme le canon du Palais Royal). Or, ici réside une erreur car les deux principes ne sont pas équivalents. En effet, l'heure solaire qui, jusqu'à 1826[29] est l'heure légale, donc officielle, diffère de l'heure régulière de la mécanique horlogère et donc de celle des horloges publiques. Ceci est dû à la forme elliptique de l'orbite terrestre qui a pour conséquence que le soleil ne met pas exactement 24 heures pour revenir au zénith, mais un peu plus ou un peu moins, avec une variation allant jusqu'à un quart d'heure selon la saison. Ce fait n'est pas connu de tous les utilisateurs et certains confondent heure solaire et heure régulière, comme le souligne Berthoud :

26 Lepaute, Jean André : *Traité d'horlogerie contenant tout ce qui est nécessaire pour bien connoitre et pour régler les pendules et les montres*, Paris 1755, p. XII.
27 Hilaire-Pérez, Liliane : *La pièce et le geste. Artisans, marchands et savoir technique à Londres au XVIIIe siècle*, Paris 2013.
28 Berthoud, Ferdinand : *L'art de conduire et de régler les pendules et les montres, à l'usage de ceux qui n'ont aucune connaissance d'Horlogerie* [1759], Paris 1811, p. V.
29 Hartmann (sans prénom) : *Le Temps vrai et le temps moyen*, Paris 1827, p. 5.

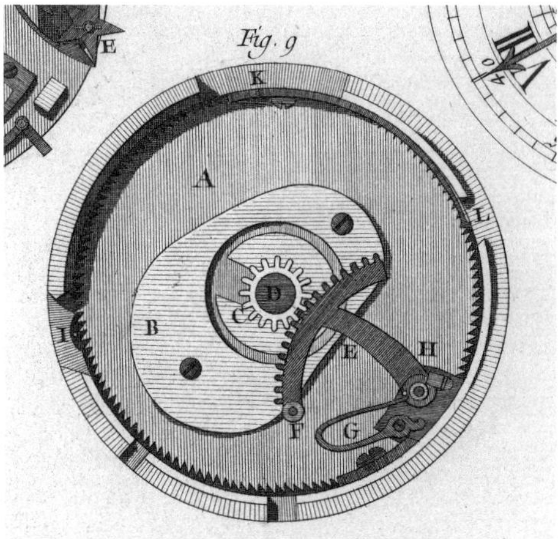

3 Denis Diderot, Jean Le Rond d'Alembert (dir.): *Recueil de planches sur les sciences, les arts libéraux, et les arts méchaniques, avec leur explication*, Paris 1765, t. 4 [troisième livraison], 3e suite de la planche X, détail

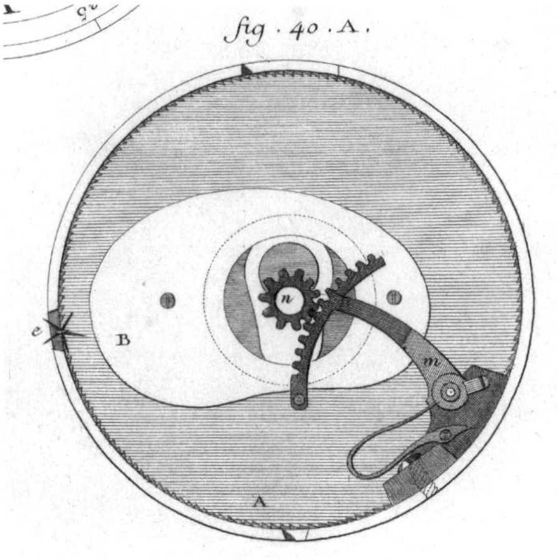

4 Cf. fig. 3, 4e suite de la planche IX, détail

> « On croit communément que, dès que l'on a fait l'acquisition d'une montre, et qu'on l'a une fois mise à l'heure, il ne s'agit plus que de la remonter chaque jour, [celle-ci] devant dès-lors marcher avec une justesse constante, sans qu'il soit besoin d'y toucher. Il y a même des personnes qui prétendent que ces machines doivent aller comme le soleil ; d'autres enfin qui croient que leurs montres s'étant rencontrées deux fois avec le méridien, elles vont en effet comme le soleil. »[30]

La différence entre le temps dit vrai ou apparent (ou solaire) et le temps dit moyen (celui de l'horlogerie) s'appelle l'équation. Des tables d'équation donnent le décalage en minutes entre le midi vrai et le midi du temps moyen. On le voit, être précis à la minute près demande une bonne compréhension de plusieurs outils : la montre ou la pendule, la table d'équation qu'il faut se procurer, et son usage qui demande de connaître le jour de l'année (et la latitude de l'observateur) et de comprendre les subtilités des variations du soleil.

La question des différences d'affichage a stimulé les recherches des horlogers, qui ont mis au point les pendules et montres dites « à équation », c'est-à-dire suivant la progression du soleil, en adoptant une forme spécifique pour une des pièces, un ovale irrégulier au lieu d'un cercle (fig. 3–4).

La recherche et le travail sur la complexité de cette pièce sont justifiés par les horlogers non pas comme un élément purement technique, mais comme répondant à la volonté de suivre précisément le soleil pour régler les « devoirs de la société », comme l'écrit Lepaute :

30 Berthoud 1811 (cf. note 28), p. V.

> « La propriété de suivre le temps vrai m'a toujours paru un avantage inestimable dans les pendules et les horloges ; le temps vrai est le seul donné par la nature, tracé par le soleil sur nos méridiennes et nos cadrans, le seul qui soit en possession de marquer tous les devoirs de la société, et le seul que les horloges ordinaires ne donnent point, si ce n'est à force d'être avancées ou retardées tous les jours. »[31]

Toutefois, la majeure partie des possesseurs de montre a davantage besoin de mesurer des durées ou de pouvoir se coordonner avec d'autres pour des rendez-vous ou un travail, aller à la messe ou au marché, que de connaître une heure déterminée très précisément. Ce dernier point apparaît comme un stimulant pour Lepaute qui invente la pendule *polycamérique* ou *polycamératique* en 1767. Celle-ci, comme son nom le laisse entendre, indique l'heure dans plusieurs lieux (ou chambres, de *camera*) à la fois. La description qu'en donne l'*Encyclopédie Méthodique* lui attribue un rôle de coordination entre un maître et ses domestiques :

> « Parmi les nouvelles inventions de notre temps, la pendule polycamérique dont M. le Paute [*sic*] est l'auteur, mérite d'être citée. Elle remplit plusieurs objets à la fois, et sert en même temps à plusieurs appartemens de différens étages.
>
> Placée dans un des appartemens du maître de la maison ou du château, et y faisant même un très-beau meuble, elle donne en même temps le mouvement à des cadrans sur des jardins et sur des cours : elle fait sonner les heures et les demies au-dessus du bâtiment sur des timbres de deux cents pesant s'il le faut ; de sorte que le maître peut la remettre à l'heure, et d'un tour de clef fixer l'heure tout à-la-fois au dedans et au dehors, en donnant l'ordre à sa maison, sans être exposé à la multiplicité de pendules qui ne sont jamais d'accord. »[32]

C'est une telle pendule que mentionne l'inventaire du marquis de Marigny, directeur et ordonnateur des bâtiments du Roi[33]. Il semble toutefois que la nécessité de coordination interne n'était pas assez importante dans le dernier quart du XVIIIe siècle pour susciter un grand engouement pour ce type de pendule. Nous n'en avons trouvé qu'une seule autre mention : une pendule commandée à Antide Janvier par les Menus-Plaisirs (organisation des cérémonies et spectacles de la cour) pour le pavillon de l'École lyrique ou de chant, situé dans l'enceinte de l'hôtel des Menus-Plaisirs à Paris dans le faubourg Poissonnière[34].

Il ne faut pourtant pas négliger d'autres habitudes de vie qui stimulent les inventions horlogères, comme l'importance que prend la nuit au cours du XVIIIe siècle, puisque le temps d'activité s'étend désormais au-delà des périodes diurnes[35]. Pour connaître

31 Lepaute, Jean-André : *Description d'une nouvelle pendule policamératique : pour servir de supplément au traité d'horlogerie*, Paris 1767, p. 9.

32 Panckoucke, Charles-Joseph (dir.) : *Encyclopédie méthodique : Arts et métiers mécaniques*, Paris 1784, « Horlogerie », p. 282.

33 Plantet, Eugène : *La Collection de statues du Marquis de Marigny, directeur et ordonnateur général des bâtiments, jardins, arts, académies et manufactures du Roi, 1725–1781, catalogue descriptif*, Paris 1885, p. 103.

34 Augarde, Jean-Dominique/Ronfort, Jean Nérée : *Antide Janvier. Mécanicien-astronome Horloger ordinaire du Roi*, Paris 1998, p. 17.

35 Cabantous, Alain : *Histoire de la nuit, XVIIe–XVIIIe siècle*, Paris 2009.

l'heure sans devoir la lire à la lumière sur le cadran de la montre, deux solutions sont proposées. Tout d'abord, la montre à répétition, qui « sonne » l'heure par un coup sur un timbre ou sur le fond de la boîte. Son inconvénient est d'être un mécanisme cher et peu discret. Silencieuse, la montre à tact permet, quant à elle, de lire l'heure tactilement par repérage de l'aiguille protubérante des heures. Sans mécanisme ajouté mais avec utilisation d'ergots, cette montre est moins chère d'exécution. La première recensée est approuvée par l'Académie des Sciences en 1761 : « Une Montre de nuit, au moyen de laquelle on peut, par le simple tact, connoître l'heure qu'elle marque [...]. Cette invention si simple et si ingénieuse est due à S.A.S. Mgr le prince de Conti, qui l'a fait exécuter par M. le Roy »[36]. En 1796, Breguet en met une autre au point, commercialisée à partir de 1799[37]. Il utilise le principe de montre de souscription à aiguille unique en y adaptant une boîte avec fond mobile ou dotée d'une aiguille en forme de flèche dont la rotation est bloquée dans un sens par un petit ergot.

L'enregistrement de données temporelles dans les actes notariés du XVIIIe siècle offre un autre exemple intéressant de l'usage de l'heure. Si ces actes notariés portent toujours mention du jour, parfois de la demi-journée (avant ou après-midi), l'heure y est rarement précisée, et la demi-heure n'apparaît qu'au XIXe siècle. L'indication, complétée par une heure de fin ou une durée, sert surtout au calcul du coût des vacations effectuées par les notaires, une vacation durant trois heures environ lors des inventaires après décès par exemple. La formule consacrée, « Il a été vacqué depuis ladite heure de neuf jusqu'à midy *sonné* à tout ce que dessus[38] », fait alors référence aux cloches plus qu'aux montres. Presque rituellement, les inventaires après décès commencent à neuf heures du matin ou à trois heures « de relevée »[39]. De la même façon, les actes officiels établis pour les faillites sont enregistrés avec mention du jour et de l'heure. L'heure indiquée est toujours la même dans tous les dossiers – trois heures de relevée – et cette indication est sujette à discussion quant à sa précision à cause de sa systématisation. Les procès-verbaux de comparution, de même que les testaments, couvrent pour leur part une amplitude horaire plus large, même si celle-ci est toujours donnée en heures rondes indiquant par exemple sept heures du matin ou cinq heures de relevée. Il s'agit alors non seulement de déterminer une durée de rédaction d'acte, mais encore de pouvoir prouver une éventuelle antériorité en cas de contestation. Pour trouver une précision en dessous de l'heure, il faut attendre le XIXe siècle. Parmi les dépôts de bilan, un document contenu dans une liasse de 1848 est daté du 16 août « midi et demi », un autre ailleurs mentionne

36 Académie Royale des Sciences 1702–1797 (cf. note 21), 1761, p. 157.
37 *WatchTime Magazine*, édition spéciale À la découverte de Breguet, hors-série, automne 2004, p. 16.
38 C'est nous qui soulignons.
39 La relevée correspond à l'après-midi, comme le précise l'*Encyclopédie* : « Signifie le tems d'après-midi. [...] L'étimologie [*sic*] de ce terme peut aussi venir de ce que les juges s'étant levés après la séance du matin, se relèvent une seconde fois après la séance du soir. » Diderot/d'Alembert 1751–1772 (cf. note 20), article « Relevée ».

une assemblée de concordat à « midi trente minutes » et une remise à huitaine à « midi trente minutes »[40].

Les limitations temporelles ne sont pas seulement perçues comme une contrainte, mais aussi comme un mode d'organisation. Un exemple d'encadrement des durées est celui qui régit les marchés d'approvisionnement de Paris. Reynald Abad montre que des mesures strictes concernant l'horaire d'ouverture des marchés sont prises pour des raisons d'ordre public et, plus particulièrement, pour assurer que tous les bouchers pourront acheter de chaque viande[41]. L'organisation des transports s'appuie elle aussi sur une coordination temporelle. Dès l'invention des horloges portatives apparaissent les montres de carrosse, pour lesquelles le mot « montre » est quelque peu trompeur, puisque, comme le précise l'*Encyclopédie méthodique*, « on appelle montre de carrosse, des horloges qui sont aussi grosses que certaines pendules »[42]. Quelques années plus tôt, Jean Romilly dans le texte des planches de l'*Encyclopédie*, explique que la montre de carrosse est « celle qui est environ trois fois plus grosse que les autres montres. Elle est pour l'ordinaire à sonnerie, et sert pour courir la poste, en la suspendant dans la chaise »[43]. Les montres de carrosse permettent aux voyageurs de se repérer dans le temps entre le point de départ et le point d'arrivée. Par ailleurs, l'horaire des diligences est non seulement affiché, publié et lu, mais plus encore, il est respecté, ce dont témoignent les guides de voyage, qui incluent de plus en plus d'informations sur les heures et la durée des itinéraires, comme le célèbre *Indicateur* de Claude Sidoine Michel et Louis Charles Desnos (1725–1803) en 1764 ou celui de Louis Dutens (1730–1812)[44].

Montres et pendules du XVIIIe siècle sont des instruments de mesure du temps mais leur usage est beaucoup plus large que la seule connaissance de l'heure. Ces objets sont aussi appréciés pour leur valeur et la qualité de leur décoration qui stimulent le développement artistique. Ils sont parfois plus utilisés pour évaluer des durées que pour indiquer l'heure. La disponibilité d'instruments suffisamment précis permet une meilleure coordination temporelle. La justesse, si elle est assurée par un bon réglage et un entretien correct, peut servir au positionnement dans l'espace comme dans le cas des montres marines. Le renforcement de l'usage de l'heure légale encourage le perfectionnement

40 Arch. Dép. Seine, D11U3 110/8392, Eugène Bergeret, 7 août 1848 et D11U3 108/8309, Jean Georges Stock, 15 juin 1848.

41 Abad, Reynald : *Le grand marché. L'approvisionnement alimentaire de Paris sous l'Ancien Régime*, Paris 2002, p. 208–210.

42 Panckoucke 1784 (cf. note 32), p. 28.

43 Diderot, Denis/d'Alembert, Jean Le Rond (dir.) : *Recueil de planches sur les sciences, les arts libéraux et les arts méchaniques avec leur explication* [1762–1772], Horlogerie, Paris 2001, p. 12.

44 Michel, Claude Sidoine/Desnos, Louis Charles : *L'Indicateur fidèle, ou Guide des voyageurs*, Paris 1764 ; Dutens, Louis : *Itinéraires des routes les plus fréquentées ou journal d'un voyage aux villes principales de l'Europe. Où l'on a marqué, en heures et minutes, le temps employé pour aller d'une Poste à l'autre*, Paris 1775. Voir aussi Roche, Daniel : *Humeurs vagabondes. De la circulation des hommes et de l'utilité des voyages*, Paris 2003, p. 81 ; Studeny, Christophe : *L'invention de la vitesse, France XVIIIe–XXe siècle*, Paris 1995 et, dans ce volume, les articles de Catherine Herr-Laporte sur les montres de carrosse et de Nicolas Verdier sur Louis Dutens.

technique telle l'équation qui permet d'afficher une heure qui suit les variations du soleil. Les horlogers peuvent proposer de nouvelles productions pour stimuler le marché ou se laisser influencer par de nouvelles habitudes pour offrir de nouvelles réponses aux besoins. Tous ces exemples mettent en évidence les influences réciproques des usages et des facteurs sociaux et culturels sur la conception et la production de dispositifs techniques tels que les montres et pendules.

Gerrit Verhoeven

Time Technologies

Londoners and Their Timepieces (1775–1825)

In the *Mémoires et observations faites par un voyageur en Angleterre* (La Haye 1698), the French *emigré* and writer François Maximilien Misson observed that:

> "there are not a great many large [i.e. tower] clocks in London, so you have little advantage by them in your houses, but the art is so common here, and so much in vogue, that almost everybody has a watch, and few private families are without a pendulum."[1]

Misson's observations not only suggest that clocks and watches were already widespread in early modern London, but they also hint at a rather mature and deep-rooted sense of time that percolated throughout all layers of society. Time technology has always played a major role in the historiography of time awareness. Classic texts by Thompson, Landes, Cipolla and a variety of other experts have emphasized the role of clocks in fostering a new, modern and razor-sharp sense of time.[2] According to this view, the dissemination of pocket watches, alarms and other personal timekeepers in the late 18th century created a radically new sense of time that dispensed with the more hazy, elusive and imprecise time consciousness of the *Ancien Régime*. Natural and social benchmarks of time – the stations of the sun, the passing of the seasons, the calendar of feasts and holidays – were abruptly washed away by the tide of clock time in the early 19th century. Factory labourers were also thrust into a new time-oriented mentality through the use of time clocks and horns, which enforced what Thompson referred to as an iron "work discipline" in textile mills, coal mines, steelworks and other industrial plants.[3]

1 Henri Misson de Valbourg: Memoirs and Observation in his Travels over England, London 1719, pp. 36–37. Courtesy to Gerhard Dohrn-van Rossum for this reference.

2 Thompson, Edward P.: Time, Work-Discipline, and Industrial Capitalism, in: Past & Present 38, 1967, pp. 56–97. Time technology often takes centre stage in studies of time awareness. For instance: Landes, David S.: Revolution in Time. Clocks and the Making of the Modern World [1983], Cambridge 2000, pp. 231–241; Cipolla, Carlo: Clocks and Culture, 1300–1700 [1967], New York 2003, pp. 72–79 and 116–117; Whitrow, Gerald J.: Time in History. The Evolution of Our General Awareness of Time and Temporal Perspective, Oxford 1989, pp. 126–131; Sauter, Michael J.: Clockwatchers and Stargazers. Time Discipline in Early Modern Berlin, in: American Historical Review 112, 2007, pp. 685–709.

3 Thompson 1967 (see footnote 2), pp. 56–97.

Thompson's hypothesis may have inspired a whole generation of historians; it also met some serious opposition, namely in its latent technological determinism. New research has cast doubt on the idea that groundbreaking technologies – and more specifically pocket watches – inevitably created a new sense of time. In reality, the link appears to be much more complex.[4] Drawing on the assizes papers and the ledgers of pawnbrokers, the British historian John Styles has put forth the thought-provoking hypothesis that pocket watches – even in the late 18th century, when they came to be adopted widely even within the lower tiers of society – were not really used as everyday implements for measuring time, but rather were deemed posh accessories or scientific gadgets.[5] The material features of these timepieces are telling. They were usually made of silver or gold, with less precious material such as 'pinchbeck' (a cheaper alloy of zinc and copper) being frowned upon. According to Styles, the trickle-down effect should not be overestimated. Watches were most frequently stolen from upper- and middle-class owners. When lower-class victims cropped up, they were most often journeymen, retailers, sailors or domestic servants. Factory labourers rarely, if ever, appeared in court to report such thefts. The data on crime scenes is further indicative of the actual use of time technology in everyday life. Watches were hardly ever stolen at work; thieves mostly seized their chances at inns, and timepieces were also frequently stolen by prostitutes. Together, the evidence seems to suggest that pocket watches were not really used to keep track of time, especially not among the lower and middle ranks of society that feature prominently in Thompson's hypothesis. They rather served as expensive instruments embodying wealth and a masculine technological savvy. Encased in gold and silver, they were a means of showing off for one's family, colleagues and peers.[6]

Even though Thompson's and Styles's models are well argued, both are built on indirect evidence. Unfortunately, the impact of new time technology on everyday time awareness has hardly ever been examined in a more straightforward way. To provide a fresh perspective in this debate, this article turns to the proceedings of the Old Bailey (London's supreme court of criminal justice), a source that has already been successfully tapped by the economic historian Hans-Joachim Voth to unearth rich details on everyday time use. During cross-examination, eyewitnesses were forced to provide all sorts of detail on the initial crime scene, itemizing a specific date, time and duration. This enables us to uncover the temporal horizon of a (relatively) wide swath of the London population in detail. Obviously, time awareness is a complex and multi-layered concept that can refer to everyday timekeeping (using natural, social or horological bench-

4 For a more critical interpretation of the link between time technology and time awareness: Glennie, Paul/Thrift, Nigel: Shaping the Day. A History of Timekeeping in England and Wales, 1300–1800, Oxford 2009, pp. 28–30; Blondé, Bruno/Verhoeven, Gerrit: Against the Clock. Time Awareness in Early Modern Antwerp, 1585–1789, in: Continuity & Change 28, 2013, pp. 213–244; Ogle, Vanessa: Time, Temporality, and the History of Capitalism, in: Past & Present 243, 2019, pp. 312–327.

5 Styles, John: The Dress of People. Everyday Fashion in Eighteenth-Century England, New Haven 2007, pp. 97–107.

6 Styles 2007 (see footnote 5), pp. 97–107.

marks), time use (the balance between work, leisure and sleep) and time consciousness. In this article, I will zero in on this first, basic layer. More than two thousand statements have been analysed in order to trace evolutions in everyday timekeeping between 1774 and 1825 and to assess the potential impact of new time technology.[7] First of all, the article will focus on evolutions in everyday time awareness. Was clock time really on the march in the late 18th century, as the classic historiography suggests? What about natural and social benchmarks of time? The article will then focus on time technology in the Georgian era. Did pocket watches and other clocks really foster a new, razor-sharp sense of time? How were timekeepers actually used in everyday life? Were they more than posh gadgets? Finally, the article will turn to social differences in order to identify various time regimes. Was a keen sense of time a privilege of the rich and the famous, or did it also apply the lower tiers of society?

Weighing Pro & Contra

Thomas Hillier gave evidence in court in the summer of 1775 about a case of highway robbery. According to his statement, he had been walking – or riding, on this detail the proceedings are not very clear – between Hampstead and London on the 3rd of July, when he was tailed by a pack of guttersnipes. That was "about a quarter after nine at night". It did not take long before the muggers struck: in less than "a minute or a minute and a half" they were upon him. The spoils were not bad, but Hillier was forced to hand over his "double-case silver watch [...]. It had a steel chain, a seal and a brass key".[8] Hillier's case is illustrative of the information that can be gleaned from Old Bailey proceedings. Literally thousands of eyewitnesses were questioned in a uniform way. They provide insight into how ordinary Londoners located events in time (specifying moments in time, dates and duration). As time was considered a crucial piece of evidence, temporal details were meticulously recorded. However, cross-examinations were always a dialogue, whereby interviewers could pose all sorts of suggestive questions. Methodological interference cannot be ruled out. Therefore, it remains unclear whether these files evoke the temporal horizon of the interviewee or that of the interviewer.[9] After all, Hillier's questioner challenged the time schedule: "Might it not have been half past nine o'clock?" Thomas retorted that he "would not swear for a few minutes", but

7 From the original documents on www.oldbaileyonline.org we took two samples, 1774–1775 (697) and 1824–1825 (1560), with 2257 testimonies in total. The methodology is inspired by previous research of Hans-Joachim Voth, who used the same proceedings to measure evolutions in time management, see: Voth, Hans-Joachim: Time and Work in Eighteenth-Century London, in: Journal of Economic History 58, 1998, pp. 29–58; Voth, Hans-Joachim: Time and Work in England during the Industrial Revolution, Cambridge 2012.

8 OBP, T 17750913-39, *Testimony of Thomas Hillier*, 3 July 1775.

9 More background on this methodological issue: Blondé/Verhoeven 2013 (see footnote 4), pp. 213–244.

that he would stick to his story nonetheless.[10] During the late 18th century, the Old Bailey proceedings evolved from a rather sloppy miscellanea of quotes and extracts into a more detailed report in which the statements of the eyewitness were increasingly recorded verbatim.[11] Even though some manipulation cannot be ruled out, it seems safe to assume that the proceedings shed light on everyday time awareness and timekeeping in late 18th-century London.

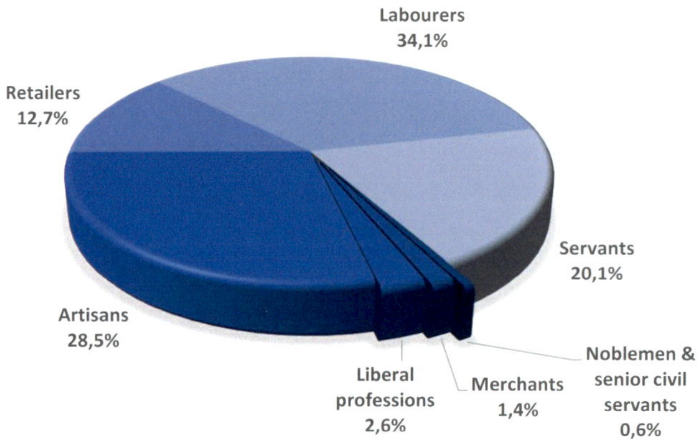

1 Occupations of the eyewitnesses in the Old Bailey proceedings (n=498)

Another methodological caveat is the social 'bandwidth' of these sources, as 18th-century courts predominantly sought testimony from male, well-off and more senior witnesses.[12] Roughly one in five eyewitnesses called to the bench to testify was female, whereas male eyewitnesses were ubiquitous.[13] Moreover, the lion's share of testimonies were made by youths, adults and the elderly, as children were only exceptionally questioned.[14] Finally, the data was skewed towards certain occupations. Merchants, civil servants and liberal professions were more frequently convened than their absolute numbers would suggest, while labourers, domestic servants and journeymen were somewhat underrepresented in court (graph 1). Yet, depending on need, virtually anyone could end

10 OBP, T 17750913-39, *Testimony of Thomas Hillier*, 3 July 1775.

11 Shoemaker, Robert: The Old Bailey Proceedings and the Representation of Crime and Criminal Justice in Eighteenth-Century London, in: Journal of British Studies 47/3, 2008, pp. 559–580.

12 More information on this social bias: Blondé/Verhoeven 2013 (see footnote 4), pp. 213–244; Houston, Robert: Literacy in Early Modern Europe. Culture and Education, 1500–1800, Harlow 2000, pp. 132–134.

13 78.3% of the witnesses in our sample (or 1763) were male, against 21.7% (or 488) women. The gender bias was even more serious than in Antwerp. See Blondé/Verhoeven 2013 (see footnote 4), pp. 213–244.

14 Age is not systematically registered in the OBP, save some exceptional cases in which children were questioned. OB t18250113-92, *Deposition of George Fizgerald*, 5 January 1825; OB t18250217-17, *Deposition of William Henry Mason*, 4 February 1825; OB t18250217-68, *Deposition of George Blackman*, 21 January 1825.

up in the witness box. Despite the obvious biases, the Old Bailey proceedings shed light on the temporal horizon of a relatively large swath of the London population.

Time Awareness

Thomas Hillier had a keen sense of time, as he used minutes, quarters and dates to find his bearings in time. It is tempting to link his razor-sharp timekeeping to time technology and, more specifically, to the double-case silver watch in his pocket. Misson's claim, that such personal timekeepers were already widespread in the late 17th century, is supported by several other sources.[15] Clocks and watches were increasingly listed in post-mortem inventories. According to Lorna Weatherill, barely 11% of all London households had a clock in 1675; thirty years later this number had rocketed to 57%.[16] A similar trend can be gleaned from the Old Bailey proceedings, as pocket watches were increasingly reported as stolen goods in the late 17th century. In the 1730s, there was an absolute spike. Later, in the late 18th century, after a short stasis, the number of stolen watches soared again. During the 1770s, more than 10% of all cases handled by the Old Bailey related to the theft of clocks.[17] At the same time, the price of these items fell drastically. Over the course of the century, their average value decreased by more than 75%.[18] Watches may have become mass-consumption goods, yet their actual impact should not be overestimated. Despite the surge in new technology, the overall sense of time remained rather rough-hewn (graph 2).

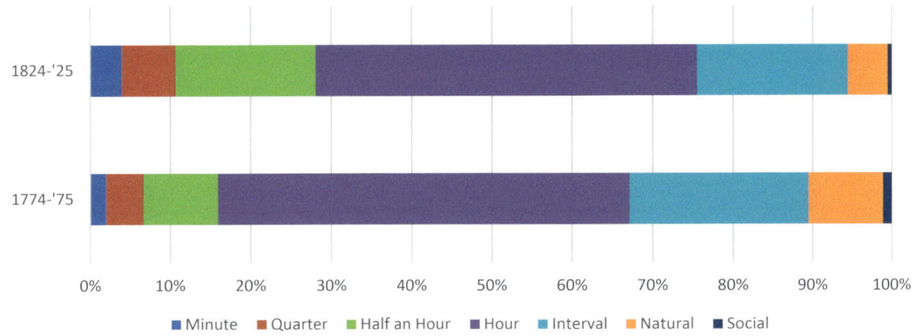

2 Timekeeping of the Old Bailey eyewitnesses (n=2069)

15 Misson de Valbourg 1719 (see footnote 1), pp. 36–37.
16 Detailed figures can be found in: Weatherill, Lorna: The Meaning of Consumer Behaviour in Late Seventeenth- and Early Eighteenth-Century England, in: Brewer, John/Porter, Roy (eds.): Consumption and the World of Goods, London 1993, pp. 206–227, p. 221.
17 Styles 2007 (see footnote 5), pp. 97–98.
18 Estimates of these prices in: Kelly, Morgan/Ó Gráda, Cormac: Adam Smith, Watch Prices, and the Industrial Revolution, in: Quarterly Journal of Economics 131/4, 2016, pp. 1727–1752.

Minutes and quarters are not frequently mentioned in the statements, even though the technology to measure them was already widely available during the late 18th century.[19] Thomas Hillier seems to have been a *rara avis* in this regard. Little change occurred by the early 19th century, as these more fine-grained units hardly took hold.[20] On the other side of the spectrum, the more traditional ways of keeping track of time proved remarkably resilient. Natural and social benchmarks of time obviously lost some ground between 1775 and 1825, but even in the early 19th century more than 5% of the eyewitnesses still held onto these classic markers of time. In the winter of 1825, Edwin Alderman fell victim to a pack of thieves, who stole the signboard in front of his shop. To the judges, he asserted "it was dark, but I do not know the time".[21] Actually, the most important evolution occurred somewhere in the middle. 19th-century statements decisively include more references to half hours, while the use of less precise intervals – such as "between two and three o'clock" – decreased (graph 2). Looking at the graph, two overall features stand out. First of all, it seems clear that everyday time awareness did not change radically in the manner suggested by Thompson, Landes and other experts.[22] Clock time rather gained momentum at a sluggish pace or, in the words of Glennie and Thrift, in a series of slow-burn evolutions.[23] Secondly, if the new time technology had any noticeable effect, it was limited to the more rough-hewn units of time (half hours, hours and intervals), while a more fine-grained sense of time (minutes and quarters) was not yet common.

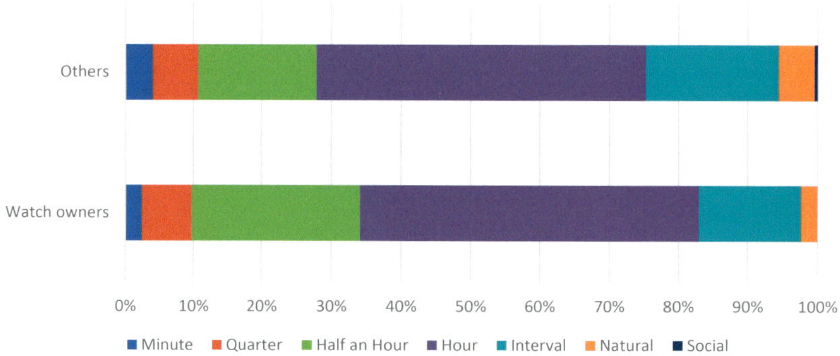

3 Timekeeping of watch owners and other eyewitnesses (1824–1825) (n=1423)

19 More background on the technology: Landes 2000 (see footnote 2), pp. 133–139; Glennie/Thrift 2009 (see footnote 4), pp. 40–42; Sauter 2007 (see footnote 2), p. 691.

20 Between 1775 and 1825, the number of references to minutes in the OBP increased from 2 to 4%, while quarters evolved from 4.6% to 6.7%. London was quite late in this regard, see: Blondé/Verhoeven 2013 (see footnote 4), pp. 213–244.

21 OBP, T 18250113-172, *Deposition of Edwin Alderman*, 8 January 1825.

22 Most of these models hint at a revolutionary change, usually situated in the late eighteenth century: Thompson 1967 (see footnote 2), pp. 56–97; Landes 2000 (see footnote 2), pp. 231–241; Cipolla 2003 (see footnote 2), pp. 72–79 and 116–117; Whitrow 1989 (see footnote 2), pp. 126–131.

23 Glennie/Thrift 2009 (see footnote 4), pp. 408–409.

New time technology, and more specifically the pocket watch, had a rather low impact on the overall sense of time – but what about the individual level? Was the basic sense of time of watch owners really poles apart from that of other Londoners who lacked a timepiece? Forty-one watches were stolen in the years 1824–1825. Together they provide a small yet valuable sample from which to measure the potential impact of time technology, as haves and have-nots can be compared. Differences were small, if even significant (graph 3). Watch owners referred somewhat more to half hours, somewhat less to intervals, and rarely, if ever, to natural and social yardsticks. The differences in the more fine-grained units of time, however, are trifling. Minutes and quarters did not pop up more frequently in the statements of the technological haves versus the have nots.[24] This seems once again to imply that the impact of watches and clocks initially honed more rough-hewn timekeeping, even if the technology for measuring time in a much more precise way – namely balance wheels and dials with two hands – was already widely available.[25] Obviously, the paradox raises some questions. Why did pocket watches and other personal timekeepers fail to make a serious dent in the everyday sense of time?

Time Technology

Testimonies such as Hillier's may offer insight into this question, as they evidence how watches and other personal timekeepers were actually used in everyday life. Thomas had his watch in his pocket when he was robbed on that unfortunate day in 1775. Apparently, he had recently checked it, for he was relatively sure that it had been a quarter past nine when he was assaulted. Yet, when the judge pressed the point he "would not swear for a few minutes".[26] These and other statements illustrate a common inconvenience, which was not really inherent to the technology itself, but was linked to its storage. To check one's watch, one had to pull it by the chain from a pocket in one's waistcoat, vest, trousers or any another garment. Moreover, to protect their glass and gilding, watches were often stored in a leather pouch or case, which would also have had to be opened before the time could be read.[27] Therefore, checking a 19th-century watch was less straightforward than it is today. This had a profound impact on the bearer's sense of time. Watch owners usually had to check their timepiece when asked for the exact

24 Watch owners (7.3%) referred somewhat more to quarters than did other witnesses (6.7%), while it was actually the other way around with minutes, respectively 2.4% against 4%.

25 Glennie/Thrift 2009 (see footnote 4), pp. 37–40; Landes 2000 (see footnote 2), pp. 133–139; Sauter 2007 (see footnote 2), p. 691.

26 OBP, T 17750913-39, *Testimony of Thomas Hillier*, 3 July 1775.

27 OBP, T 17750218-16, *Testimony of James Smith*, 16 January 1775; OBP, T 17750218-29, *Deposition of Reynold Davis*, 15 January 1774; OBP, T 17750426-61, *Deposition of William Pallett*, 9 March 1775.

time.[28] An illustrative example is that of George Mills, who gave evidence in a case of larceny in 1775, after his friend John Rawley had been robbed by some prostitutes. According to Mills, the group had been sharing some ale when he asked his companion what time it was. Rawley pulled out his silver watch ostentatiously and trumpeted that it was around one o'clock in the morning. Later on, the watch was lifted by one of the women.[29] Clearly, the technology was helpful for coming to better grips with hours and half hours ticking away; it was less efficient for keeping track of quarters or minutes, though. Checking a watch was likely too much of a hassle to yield a truly refined sense of time.

Evidently, the material rigmarole of checking one's pocket watch is only one possible explanation for the lack of conspicuous differences in time awareness between those who had a watch and those who did not. Another hypothesis relates to the expensive materials that these timepieces were made of. Watches were predominantly made of silver, save for some extremely expensive gold ones.[30] Other metal materials are also mentioned in the Old Bailey cases, although such basic watches were not necessarily much cheaper than the silver ones.[31] Even though the value of watches fell drastically over the 18th century, they remained pricey all the same.[32] Owners thus often hesitated to wear these expensive items to weekday activities. Joshua Muncey, a cowherd from Little George Street, maintained to the judges in 1825: "I went out on the 22th of January, with my milk, and left my watch on the chimney piece. I returned about three hours [later], and my servant said the watch had been stolen".[33] Muncey was not really an exception in this regard. Londoners frequently left their watches at home when they went out. Apparently, the mantel above the fire place was an ideal spot to store or display such a valuable item.[34]

The crime scene and the timing of the theft seem further indicative of the fairly limited use of these objects in everyday life. Watches were almost never stolen when their owners were at work; they were rather pinched at inns, brothels and other places of leisure.[35] The most opportune hours in which to steal a timepiece therefore fell largely outside of standard working hours (graph 4). Occurrences of theft rose after four o'clock in the afternoon, when craftsmen, retailers and public servants went for a drink. They peaked between eight and eleven o'clock, when inns, taverns and gin booths were crowded

28 Some other examples: OBP, 18250407-120, *Deposition of Thomas Higgenbotham*, 12 March 1825; OBP, T 17751018-50, *Deposition of Jacob Thomas*, 4 September 1775; OBP, t18250519-169, *Deposition of James Spear*, 11 May 1825.

29 OBP, T 17750913-88, *Deposition of George Mills*, 20 July 1775.

30 Styles 2007 (see footnote 5), pp. 98–100.

31 Some examples of these watches: OBP, T 17751206-6, *Deposition of James Bently*, 17 November 1775; OBP, T 17751206-16, *Deposition of John Williams*, 1 November 1755.

32 Kelly/Ó Gráda 2016 (see footnote 18), pp. 1727–1752.

33 OBP, T 18250217-54, *Deposition of Joshua Muncey*, 22 January 1825.

34 Other examples are: OBP, T 18250217-54, *Deposition of Robert Sunman*, 12 November 1824; OBP, T 18250519-111, *Deposition of Jemina Fayers*, 9 May 1825.

35 Styles 2007 (see footnote 5), pp. 102–104.

and prostitutes roamed the streets.[36] Crime reports slowly decreased after midnight, yet surged again around seven o'clock, when owners, after a good night's sleep, found that their watches had been stolen by burglars. A similar pattern emerges when weekly variations are analysed. Most watches were stolen on Saturday, Sunday and (Saint-) Monday (Monday was traditionally part of the weekend), while they were only rarely stolen on a weekday.[37] For most Londoners, watches were so valuable that they were only worn on special occasions. This might explain why their actual impact on everyday time awareness was rather low.

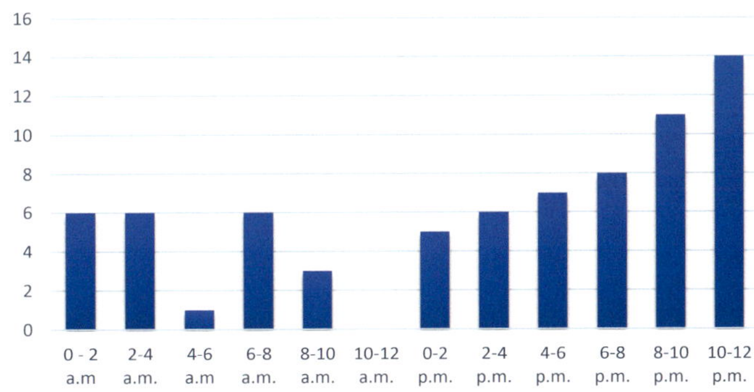

4 Number of stolen watches according to time (1775–1824) (n= 73)

A third hypothesis takes public markers of time into account. Time consciousness was not fuelled only by pocket watches and other private timepieces, as Thompson, Landes and other experts seem to suggest; it was also shaped by tower, church and gate bells. According to David Garrioch, these soundscapes became less important in the late 18th century, yet the Old Bailey proceedings provide evidence to the contrary.[38] Eyewitnesses referred to such public markers of time. A textbook example is John Wilkinson, a farmer, who had been talking with some friends on the green in the autumn of 1774 when he took out his watch and found that he had to hasten home, as it was already a quarter to nine. As he finally reached his fields, "the church clocks began to strike nine; I heard several of them strike".[39] Church bells were even more important for Londoners without a personal watch. Testimonies frequently referred to the sound of striking bells. Auditory signals were used to mark hours, half hours and even quarters.[40] These

36 More than 45% of all watches were stolen in this time slot. Thus, our figures neatly support Styles's findings: Styles 2007 (see footnote 5), pp. 102–104.

37 On average, three watches were stolen per weekend day, compared to only one per weekday.

38 Garrioch, David: Sounds of the City. The Soundscape of Early Modern European Towns, in: Urban History 30/1, 2003, pp. 5–25, here pp. 5–15. Due to the focus on personal pocket watches, these public markers of time have often been ignored in the classic historiography: Thompson 1967 (see footnote 2), pp. 56–97; Landes 2000 (see footnote 2), pp. 231–241.

39 OBP, T 17751018-12, *Deposition of John Wilkinson*, 2 October 1775.

40 Contrary to Garrioch, some experts have evidenced the lasting importance of temporal soundscapes. See Glennie/Thrift 2009 (see footnote 4), pp. 116–120; Sauter 2007 (see footnote 2), pp. 685–709;

auditory stimuli proved more important than visual ones, though some eyewitnesses also read dials. Thomas Hunter, a blacksmith, was summoned to court to testify in a case of larceny in 1775. In the witness box, he maintained that he had been: "going towards home; it then wanted but three of four minutes of twelve by the church clock".[41] Finally, the night watch remained an important reference point in time, even in the early 19th century. Cornelius Lovegrove gave evidence in a case of larceny in 1825. "When the watchman was crying half past eight o'clock", he heard some noise on the street. Lovegrove rushed outside and caught the thief red-handed, with the stolen candlesticks still in his hands.[42] Due to these public markers of time, the time awareness of Londoners without a personal clock was not poles apart from those with one. Data on occupations support this hypothesis.

Social Time

Thomas Hillier provided all sorts of information in the witness box, but his vocation was not registered. Fortunately, the clerks of the Old Bailey were more precise in other cases and recorded eyewitnesses' occupations in detail. Together these figures shed some light on the social dissemination of the new time technology. Watches were found among people from all walks of life, even though their dissemination should not be overestimated (graph 5). In fact, the results support the earlier research of John Styles, as most of the watches reported as stolen in the late 18th and early 19th centuries still belonged to upper-class owners (10.9%) or to master craftsmen (45.6%) including carpenters, tailors, hatters, shoemakers, weavers, printers, bakers and other skilled trades. Gold watches remained an exclusive upper-class toy, but even the silver and metal specimens did not percolate through all layers of society.[43] Time technology was obviously less widespread among retailers, labourers and servants, even though these categories were demographically speaking the most dominant ones. Little if any data suggests that factory labourers would have owned personal timepieces (graph 5).[44]

Furthermore, the majority of the unskilled labourers who sported a watch belonged to three broad categories. First of all, there were a lot of coachmen, who needed a personal timepiece for their trade, as they usually had to observe strict timetables for

Blondé/Verhoeven 2013 (see footnote 4), pp. 213–244. Some examples from the Old Bailey: OBP T 17751018-58, *Deposition of William Cooper*, 4 October 1775; OBP T 17250630-6, *Deposition of Swarton*, 22 May 1725.

41 OBP, T 17750712-1, *Deposition of Thomas Hunter*, 19 June 1775.

42 OBP, T 18250407-84, *Deposition of Cornelius Lovegrove*, 12 March 1825.

43 Some examples of these upper-class owners: OBP, T 18250217-194, *Deposition of William Thompson*, 15 January 1825; OBP, T 17750218-19, *Deposition of Hugh Boyd*, 20 August 1775.

44 Obviously, this counters Thompson's hypothesis, see Thompson 1967 (see footnote 2), pp. 56–97. For similar results read Styles 2007 (see footnote 5), p. 101.

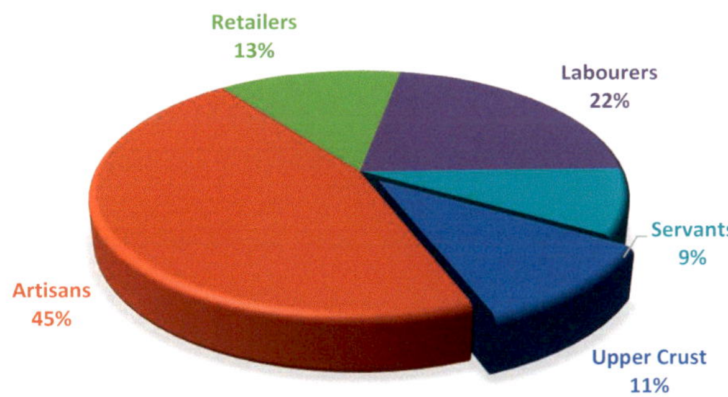

5 Occupation of watch owners (1774–1825) (n=46)

departure and arrival. Lateness was punished with heavy fines.[45] Marines and sailors were a second category, being – due to their restricted family life – relatively free to spend their yearly wages on all sorts of gadgets and 'new luxuries', such as a swanky timepiece.[46] Farmers were a last important category. Again, John Wilkinson is a textbook example. In the autumn of 1775, he fell prey to a pack of brigands. Their booty included Wilkinson's silver watch, worth three pounds. According to his statement, he had been walking through his fields, when they ambushed him: "I pulled out my watch there, and it wanted a quarter of nine".[47]

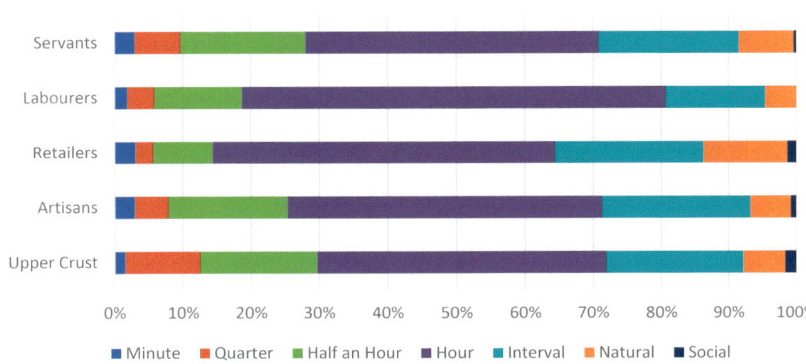

6 Timekeeping and occupation of Old Bailey witnesses (1774–1825) (n=979)

Ownership of time technology was socially skewed toward the upper and middle classes of society, yet everyday time awareness was less biased. Obviously, there were some class-bound differences, but the variations were small, even insignificant (graph 6). Upper-class eyewitnesses had the most fine-grained sense of time. They more fre-

45 An illustrative example is: OBP, T 17750531-48, *Deposition of Thomas Lund*, 2 May 1775. More background on this category in: Styles 2007 (see footnote 5), pp. 102–103.
46 Styles 2007 (see footnote 5), p. 101.
47 OBP, T 17751018-12, *Deposition of John Wilkinson*, 2 October 1775.

quently referred to quarters and half hours, and less often to natural and social benchmarks of time as well as to intervals. Yet, their sense of time hardly differed from that of domestic servants, who rarely, if ever, sported a watch (graph 5). Perhaps their time consciousness was sparked by the profusion of mantel clocks, alarms and other timepieces in their masters' residences, though even without them their temporal horizon was exceptionally accurate. Most likely, they relied predominantly on public markers to find their bearings in time. The same holds true for labourers. Their sense of time was only a shade less precise than that of craftsmen, although there were large differences in clock ownership between these two categories (graph 5). Once again, these findings seem to suggest that the impact of personal time technology on everyday timekeeping was rather low.

Conclusion

Time technology has been an important linchpin in the models of Thompson, Landes and other scholars, who have identified the late 18th and early 19th centuries as a historic turning point, in which new technology – more specifically, the surge of pocket watches – revolutionized traditional concepts of time and created a modern and razor-sharp time awareness. By drawing on the proceedings of the Old Bailey, this narrative can be debunked as a masterful example of technological determinism. In reality, the impact of such new time technology on everyday timekeeping was rather low. First of all, the evolution between the late 18th and early 19th centuries was less radical and less overnight than the historiography suggests. Time awareness rather evolved in a series of slow-burn or glacial evolutions. Secondly, our findings evidence that the sense of time of watch owners was not really different from that of individuals without watches. Last but not least, the social – and occupational – differences were small. If the flood of pocket watches in the late 18th century had any effect whatsoever, it was restricted to the more rough-hewn units of time (such as half hours, hours and intervals), and largely failed to induce a more fine-grained sense of time (quarters and minutes). This seems to be a paradox, all the more so since pocket watches became an item of mass consumption in the late 18th century. Why did personal time technology fail to make a serious dent in everyday time awareness?

An answer to this question can be found by analysing the actual use of the technology. In fact, the usefulness of watches as a tool for keeping track of time was restricted in two ways. First, watches remained expensive objects. Owners usually left their timepieces at home when they went out or only wore them on special occasions. Therefore, these items were predominantly stolen in the hours after work or on the weekends, which corroborates Styles's hypothesis that they were deemed posh accessories – not to say jewels – rather than practical instruments for finding one's bearings in time. Moreover, checking one's watch was a hassle. Usually, they were tucked in a pocket or a leather pouch, which made it virtually impossible to read them at a glance. This affected the accuracy of everyday time awareness. Findings not only suggest that the impact of personal timepieces should not be overestimated, but also evidence the lasting importance of public markers of time. Time awareness was, even in the early 19th century, profoundly influenced by church, tower and gate bells, which may further explain why the added value of personal time technology was rather low.

Nicolas Verdier

La montre et l'odomètre

À propos de l'*Itinéraire des routes les plus fréquentées* de Louis Dutens (1775)

En 1775 parait chez Pissot, libraire à Paris quai des Augustins, près de la rue Gît-le-Cœur, un *Itinéraire des routes les plus fréquentées ou journal d'un voyage aux villes principales de l'Europe, où l'on a marqué, en heures & en minutes, le tems employé à aller d'une Poste à l'autre ; les distances en milles anglois, mesurées par un* Odometre *appliqué à la voiture* […][1]. L'auteur, un certain Louis Dutens (1730–1812), membre associé libre étranger de l'Académie royale des Inscriptions & Belles-lettres, utilise pour son *Itinéraire* l'odomètre, un instrument de mesure de la distance, qu'il associe à une montre, pour mesurer le temps dans un même mouvement. Son ouvrage sera réédité dix fois en français, entre 1777 et 1793, et une fois en anglais, en 1782. Les premières de ces rééditions correspondent à l'ajout de nouveaux itinéraires. Ainsi sont publiés un voyage en Espagne en 1777, un voyage au Portugal en 1779 et un tour d'Angleterre en 1786. À partir de 1779, l'ouvrage sera accompagné d'une carte figurant les itinéraires. En 1789, une édition italienne en français paraît à Livourne, chez Masi et compagnie. Elle est dépourvue de carte et probablement publiée sans l'autorisation de l'auteur. L'ouvrage sera ensuite réédité trois fois pendant la Révolution, en 1791, 1792 et 1793. Cette série de publications, parues dans un intervalle de temps relativement court, prouve l'existence d'un marché.

Un livre à la réception similaire est l'*Indicateur Fidèle* de Claude-Sidoine Michel et Louis-Charles Desnos[2] qui, ne traitant que de la France et probablement bien plus coûteux en raison des cartes qui l'accompagnent, est pourtant édité au moins neuf fois entre 1764 et 1793. Comme l'*Itinéraire des routes les plus fréquentées*, il s'agit d'un ouvrage

1 Dutens, Louis : *Itinéraire des routes les plus fréquentées ou journal d'un voyage aux villes principales de l'Europe, où l'on a marqué, en heures & en minutes, le tems employé à aller d'une Poste à l'autre ; les distances en milles anglois, mesurées par un Odometre appliqué à la voiture ; le produit des contrées, la population des villes, les choses remarquables à voir dans les villes & sur les routes, les auberges, &c. &c. On y a joint, le rapport des Monnoies & celui des mesures itinéraires & linéales, ainsi que le prix des chevaux de poste des différents pays*, Paris 1775.

2 Michel, Claude-Sidoine/Desnos, Louis-Charles : *L'indicateur fidèle, ou Guide des voyageurs, qui enseigne toutes les routes royales et particulières de la France* […], Paris 1764.

utile au voyageur, se situant comme d'autres entre le cicérone et l'ouvrage technique, entre un guide érudit livrant une description inspirée des savoirs de l'Antiquité et un instrument permettant d'organiser moins le regard que la mobilité, moins la culture classique que le déplacement.

L'ouvrage de Dutens, comme celui de Michel et Desnos, s'inscrit en outre au sein d'un savoir plus large, celui de la géographie, qui fonde son enquête sur l'ici et l'ailleurs, l'intérieur et l'extérieur, l'orientation et la distance et fait référence à une tradition de descriptions littéraires, croisant savoirs de l'espace et savoirs de l'histoire dans un même modèle pédagogique. Ceci faisait dire à Abraham Ortelius (1527–1598), dans l'un des premiers atlas de son époque, le *Theatrum orbis terrarum* (1570)[3], que la géographie est « l'œil de l'histoire ». Par cet ouvrage, Ortelius affirmait en outre, à la suite des premières rééditions de la *Géographie* de Ptolémée et de façon encore plus forte que par le passé, la relation intime entre la géographie et la carte[4]. Au XVIIIe siècle, cette relation est explicitée d'une part par la multiplication des publications de livres de géographie contenant des cartes, et d'autre part par l'idée courante qui associe géographie et production de cartes, avant que le mot « cartographe » ne se mette en place dans le premier tiers du XIXe siècle[5].

Décrire la distance : l'espace et le temps confondus

En France, en dehors des descriptions érudites, le lien entre le guide en tant qu'ouvrage technique et la géographie réside essentiellement dans la question de la distance entre les lieux. Ceci relève d'un raisonnement qui passe, au moins à partir du milieu du XVIIe siècle, par la carte. Jean Boisseau publie ainsi en 1645 un *Tableau géographique des Gaules, ou Description generalle de la grandeur et estandüe du Royaume de France, sur laquelle est tracée la routte ou guide des chemins et postes pour aller de la ville de Paris, aux principales villes de ce Royaume* […][6]. Cette carte reprend « scrupuleusement, jusque dans les erreurs des noms »[7] l'un des premiers guides français, *La guide des chemins de France* de Charles Estienne (1504–1564), publié en 1552[8]. Sur la carte comme

3 Ortelius, Abraham : *Theatrum orbis terrarum*, Anvers 1570.

4 Verdier, Nicolas : The Spread of Maps and the Affirmation of Geographical Knowledge in France. The Paradoxes of Implementing the Use of Geographical Maps during the 18th Century, in : *L'espace géographique* 1, 2015, p. 38–56.

5 Verdier, Nicolas : *La carte avant les cartographes, l'avènement du régime cartographique en France au XVIIIe siècle*, Paris 2015.

6 Boisseau, Jean : *Tableau Géographique des Gaules ou Description generalle de la grandeur et estandüe du Royaume de France, sur laquelle est tracée la routte ou guide des chemins et postes pour aller de la ville de Paris, aux principalles villes de ce Royaume, et lieux circonvoisins de cet Estat*, Paris 1645.

7 Bonin, Serge : La France de Charles Estienne, in : *Annales Économies, Sociétés, Civilisations* 16/6, 1961, p. 1121–1130, ici p. 1121.

8 Estienne, Charles : *La guide des chemins de France*, Paris 1552.

dans l'ouvrage d'Estienne, le déplacement est décrit sous la forme d'itinéraires passant par une série de relais de poste, éloignés les uns des autres d'une heure de route. Du côté des ouvrages de géographie, traités et manuels – tel *La Connaissance et l'usage du globe* (1652) de Pierre Duval (1618–1683)[9] – enseignent à leurs lecteurs comment évaluer la distance entre deux lieux à partir d'une carte. La difficulté réside alors dans les calculs nécessaires, en consultant soit un globe, soit une carte construite à partir d'une projection géodésique. L'approche est la même dans les éditions successives de l'*Introduction à la géographie* de Guillaume Sanson (1633–1703)[10], ou encore dans les travaux du géographe genevois Pierre Viollier (1649–1715), lorsqu'il explique comment calculer la distance entre Genève et Paris :

> « Je veux savoir la distance qu'il y a de Genève à Paris, pour cet effet je prens une carte de France ; je pose une pointe de compas sur le Centre de la figure qui représente Genève, & l'autre sur le centre de la figure qui représente Paris, & je viens avec cette ouverture de compas sur les degrés qui sont aux côtés de la carte, & je trouve qu'elle comprend 3. degr. et 48 minutes ; je suppose […] que chaque degrés répond à 20 grandes lieuës de France, & ainsi je multiplie ces 3 degrés par 20. qui me rendent 60. lieuës, & je divise 48. minutes par 3 qui est le nombre qu'il en faut pour une lieuë, & elles me rendent 16 lieuës, qui ajoutées au 60 […] font la somme de 76 grandes lieuës. »[11]

La carte est donc également, pour un géographe, un moyen de connaître la distance entre les lieux. La proximité entre un guide accompagné d'une carte et un traité de géographie se révèle ainsi bien plus étroite qu'il n'y paraissait au premier abord. L'un des lieux de cette rencontre est la question du temps ou, plus précisément, celle de la relation longtemps inextricable entre durée et distance. Il convient ici de déplacer un instant le champ d'observation en ne s'intéressant ni au guide, ni à la géographie, mais bien plutôt au système de transport, la Poste aux Chevaux, dont il est question tant dans l'ouvrage de Charles Estienne que dans celui de Louis Dutens. Sans entrer dans les détails, précisons qu'il s'agit du système de transport (terrestre) de personnes le plus rapide de son temps. La Poste aux Chevaux est un service dont le tarif est fixé en fonction d'un calcul défini à partir de la distance entre deux relais de Poste : cette mesure s'appelle tout simplement la « poste ». Or, si l'on s'intéresse à la valeur de la « poste », on observe une confusion entre une distance sur le terrain et un temps mis à la parcourir. Le *Dictionnaire* de Furetière de 1690, après avoir travaillé la polysémie du terme « poste », en pré-

9 Duval, Pierre : *La connoissance et l'usage du globe, et des cartes de géographie par P. du Val d'Abbeville, Géographe du Roy*, Paris 1654.

10 Sanson, Guillaume : *Introduction à la Géographie où sont la Géographie astronomique qui explique la correspondance du Globe terrestre avec la Sphère, la Géographie naturelle qui donne les divisions de toutes les parties de la terre & de l'eau…, la Géographie historique qui considère la terre par les états souverains, par l'étendue des religions et par l'étendue des principales langues*, Paris 1682.

11 Viollier, Pierre : *L'usage de la sphère du Globe et des Cartes pour la Géographie, avec des Méthodes pour prendre la Distance des Lieux, par des tables des Méridiens, & des élévations de Pole, telles que sont celles que Messieurs de l'Académie Royale des Sciences nous donnent dans le livre de la connoissance des tems*, Genève 1704, p. 72 sq.

cise ainsi la définition : « se dit aussi de l'espace qui est entre les deux maisons de poste. Chaque poste est d'une lieue & demie, ou de deux lieues »[12]. Pour comprendre cette définition, il convient dès lors de s'interroger sur ce qu'est une lieue. Toujours selon le Furetière, la « lieue » est une « mesure des longueurs des terres, des chemins. Elles sont différentes selon les nations. En général on les estime à une heure de chemin »[13]. L'article se termine en indiquant que la poste « doit estre ordinairement de deux petites lieues, ou d'une bonne & grande lieue & demie ». Ce qui prime ici est la relation explicitée entre longueurs de terrain et temps, soit la distance. En effet, à lire ce dictionnaire, la « distance » est un « esloignement d'une chose à l'égard d'une autre, soit pour le temps, soit pour le lieu ou [*sic*] la qualité ». Dans le même ordre d'idée, le mot « loin » est décrit comme étant un « adverbe de lieu et de temps qui sert à marquer la distance ». Autrement dit, la lieue est la mesure de ce que l'on pourrait appeler aujourd'hui le cheminement, à une époque où la séparation entre le temps et l'espace, à propos de déplacement, était encore indistincte. Si le *ratio* entre la lieue et la poste reste imprécis, leur équivalence de nature apparaît évidente. Dès lors, la poste est elle aussi une mesure de cheminement, entre espace et temps[14].

Cette corrélation entre « distance temps » et « distance terrain » se retrouve chez certains géographes. Pierre Viollier établit ainsi cette relation en affirmant dans son livre de 1704 que « les grandes lieuës de France, […] sont châcune d'une heure de chemin »[15]. On pourrait donc supposer que lorsque Desnos et Michel publient l'*Indicateur fidèle* pour la première fois en 1764, leur méthode de calcul de la distance entre deux lieux est valable tant en temps qu'en espace. Les choses s'avèrent cependant plus compliquées. Dès le texte de Viollier de 1704, le ver est dans le fruit. En effet, après avoir estimé à 76 lieues la distance entre Genève et Paris, celui-ci remet très vite son calcul en cause car il a été fait « en ligne directe ». Or, les « détours de chemins par terre augmentent considérablement cette distance ». Viollier sait bien « qu'on ne peut pas la définir précisément, cependant [il] croi[t] qu'on ne s'éloigneroit pas beaucoup de ce qui est en effet, si on la contoit à 20% […] »[16]: « Que si la distance des 76. grandes lieuës […] en ligne directe à laquelle si l'on ajoute 15. lieuës, qui est la proportion des 20. ou environ pour cent […] que l'on pouvoit ajouter pour les détours que l'obliquité des chemins oblige de faire, on aura 91. grandes lieuës de France de Genève à Paris »[17].

12 Furetière, Antoine : *Dictionnaire universel contenant généralement tous les mots français tant vieux que modernes, & les termes de toutes les sciences et des arts*, La Haye/Rotterdam 1690, t. III, n. p., « poste ».

13 Ibid., t. II, n. p. « lieue ».

14 Sur ce point : Bretagnolle, Anne/Verdier, Nicolas : La mesure postale, reflet des évolutions dans le rapport au temps et à la distance au siècle des lumières, in : *Cahiers de Métrologie* 22–23, 2006, p. 63–74.

15 Viollier 1704 (cf. note 11), p. 72.

16 Ibid., p. 73.

17 Ibid., p. 89.

Odomètre et cartographie : l'espace et le temps séparés

La différence entre une distance calculée sur la carte et celle qui est réellement pratiquée sur le terrain est à l'origine d'une recherche de solution qui va s'appuyer sur des savoirs techniques et des instruments. L'abbé Meynier, un spécialiste d'horloges et chronomètres, présente ainsi devant l'Académie des sciences, en 1723, un projet par lequel il tente de résoudre la question de la figuration des distances à travers la production de cartes

> « où les [...] routes seroient marquées par des lignes ou des points, & le nombre de lieuës réduites, des toises trouvées & marquées par des chiffres sur les mêmes points ou lignes. On verroit par là avec assez de précision la quantité de chemin qu'il y a d'un endroit à l'autre, ce qui ne sçauroit être de même sur les cartes ordinaires, à cause que [...] les contours [n'y sont pas compris] : car dans les cartes de Géographie, on ne sçauroit être plus juste qu'en se servant pour la position des lieux de la latitude & de la longitude de ces mêmes lieux, sans entrer dans le détail des irrégularités des chemins ; de manière que l'on est sujet à trouver sur une carte, beaucoup moins de chemin qu'il n'y en a effectivement [...]. »[18]

Soucieux de l'exactitude de la carte, Meynier semble avoir hésité entre la déformer pour tenir compte des distances sur le terrain, ce qui aurait produit une anamorphose, et trouver un système de marquage qui conserve les coordonnées des lieux, tout en informant sur les distances. La première option sera adoptée par l'un des grands marchands de cartes de la deuxième moitié du XVIIIe siècle, Giovanni-Antonio Rizzi Zannoni (1736–1814), dans sa *Carte odographique de la France ou Tableau des distances des principales villes du Royaume à la Capitale* de 1766[19]. Quant à la deuxième option, finalement choisie par Meynier, elle s'appuie certainement sur les recherches en sémiologie graphique des producteurs de cartes, dont Jean-Baptiste Nolin qui, en 1695, utilisait un tireté pour marquer les distances réelles sur sa carte de Bretagne[20]. Meynier part de la *Carte de la Prevosté et Vicomté de Paris* qui vient d'être dressée par l'Académicien Guillaume Delisle (1675–1726)[21] et y teste son projet en parcourant les routes à l'aide d'un odomètre. Il conçoit pour ce faire une « détente » reliant les essieux, à l'extérieur de la caisse de la voiture, et l'odomètre, installé à l'intérieur où il est consultable aisément par le voyageur, dont il décrit la fabrication dans le détail[22]. Son objectif est d'offrir au public

18 Gallon, Jean-Gaffin : *Machines et inventions approuvées par l'Académie Royale des Sciences depuis son établissement jusqu'à présent*, 7 t., Paris 1735–1777, t. 4 : 1720–1726, Paris 1735, p. 101–104, ici p. 101–102

19 Verdier, Nicolas : Dal territorio alla carta : posta a cavallo e acculturazione dei rapporti col spazio tra la fine del settecento e l'inizio dell'ottocento, in : *Quaderni Storici* 131, 2009, p. 579–606.

20 Nolin, Jean-Baptiste : *La province ou duché de Bretagne divisée en Grandes Parties, qui sont la Haute, et la Basse Bretagne : le gouvernement general de Bretagne, comprenant les lieutenances generales de Bretagne et du Comté Nantois*, Paris 1695.

21 Delisle, Guillaume : *Carte de la prevosté et vicomté de Paris*, Paris 1711.

22 Gallon 1735–1777 (cf. note 18), p. 93–100 et p. 105–107.

un *Livre des routes des provinces* qui donnerait la distance « d'un endroit à un autre ». Par de nombreux aspects, ce projet de livre ressemble aux livres indiquant le nombre de postes, telle la *Nouvelle description de la France* de Jean Aymar Piganiol de la Force (1673–1753) qui vient alors d'être réédité[23]. Il s'en distingue cependant par une nouvelle prétention à la précision dans la description de la distance sur le terrain, à travers une distinction désormais stricte entre espace et temps.

Au XVIe siècle, l'odomètre avait été conçu pour mesurer des distances, ce qui permettait alors de dresser des plans et des cartes[24], voire, ce que tenta Jean Fernel (1497–1558) en 1528 en mesurant à l'aide d'un odomètre la distance de Paris à Amiens, de mesurer le méridien terrestre et donc de penser la projection cartographique[25]. Recourant à ce même objet technique, l'abbé Meynier transforme le rapport à la carte de qui veut connaître une distance. Cette évolution prend place dans une pratique scientifique qui s'appuie désormais à la fois sur l'idée de précision et sur celle d'expérimentation. On passe ici, pour reprendre la formule d'Alexandre Koyré, « du monde de l'à peu près à l'univers de la précision »[26]. Comme l'ont montré Christian Licoppe et Steven Shapin, l'expérimentation élaborée sur des instruments de mesure précis se construit alors et se diffuse dans une société relativement large d'« honnêtes hommes »[27].

L'odomètre est clairement un instrument de cette culture de la mesure. En dehors de ses attestations anciennes chez Archimède (IIIe siècle avant J.-C.), Vitruve (Ier siècle avant J.-C.) ou Héron d'Alexandrie (Ier siècle après J.-C.), celui-ci semble avoir été régulièrement réinventé. Il fut dessiné par Léonard de Vinci (1452–1519) au début du XVIe siècle, peu avant que Jean Fernel ne l'utilise pour mesurer un degré de méridien[28]. L'odomètre du « sieur Butterfield, ingénieur & fabricateur d'instrumens de Mathématique », qui en fait une longue description technique dans le *Journal des Sçavans* de 1678[29], avant une deuxième publication en 1681 pour le simplifier et le rendre aisément « applicable à un carrosse »[30], est plus proche de celui de Meynier. On trouve également de nombreux

23 Piganiol de la Force, Jean Aymar : *Nouvelle description de la France, dans laquelle on voit le gouvernement général de ce Royaume, celui de chaque province en particulier* […], Paris 1722.

24 On verra par exemple Boutier, Jean : L'Affirmation de la cartographie urbaine à grande échelle dans l'Europe de la Renaissance, in : Iachello, Enrico/Salvemini, Biagio : *Per un atlante storico del Mezzogiorno e della Sicilia. Omaggio a Bernard Lepetit*, Naples 1997, p. 107–127.

25 Levallois, Jean-Jacques : *Mesurer la Terre (300 ans de géodésie française. De la toise du Châtelet au satellite)*, Paris 1988.

26 Koyré, Alexandre : Du monde de l'à peu près à l'univers de la précision, in : *Critique* IV/28, 1948, p. 806–823.

27 Licoppe, Christian : *La formation de la pratique scientifique : le discours de l'expérience en France et en Angleterre*, Paris 1996 ; Shapin, Steven : «A Scholar and a Gentleman»: the Problematic Identity of the Scientific Practitioner in Early Modern England, in : *History of Science* 29, 1991, p. 279–327.

28 *Encyclopédie méthodique, Mathématiques*, 3 t., Paris 1784–1789, t. 2, Paris 1785, p. 84, « odomètre ».

29 Odomètre de la façon du sieur Butterfield, ingénieur & Fabricateur d'Instrumens de Mathématique. A Paris, ruë des Fossez S. Germain, in : *Journal des Sçavans*, 1678, p. 228–230.

30 Odomètre nouveau de la façon du Sieur Butterfield, ingénieur du Roi es Instrumens de Mathématique, à Paris sur le quai de l'Horloge, in : *Journal des Sçavans*, 1681, p. 172 sq.

pédo- ou podomètres, qui servent à compter les pas, comme celui qui est décrit dans le *Traité de la construction et des principaux usages des instrumens de mathématique* de Nicolas Bion (1652–1733) en 1709[31]. L'odomètre de Meynier est lui-même modifié en 1742 par l'abbé Outhier (1694–1774) qui, non seulement améliore son fonctionnement, mais propose aussi de corriger le système « d'application de l'odomètre à un carrosse », ce qui donne lieu à une approbation par l'Académie Royale des Sciences en 1745[32].

L'odomètre est ainsi de plus en plus employé en dehors du petit monde des savants. Dès 1763, Jérome Lalande (1732–1807), lors de son voyage en Angleterre, voit un odomètre fabriqué par un certain Watkins, vendu à 5 guinées[33]. La même année, Benjamin Franklin (1706–1790) en utilise un lors d'une enquête qu'il mène en tant que *Postmaster general* sur les routes entre Philadelphie et Boston[34]. Un « Odometre propre à placer dans une voiture pour en mesurer la marche », protégé dans une boîte en cuivre dotée d'un verre, se trouve dans le cabinet de curiosité du Marquis de Ménars (1727–1781), dont l'inventaire est publié lors de sa mise en vente en 1782[35]. Surtout, dès 1775, on trouve la trace d'un usage de l'odomètre lors d'un voyage : Johann Georg Sulzer (1720–1779), professeur de mathématiques à Berlin, en utilise un qui a été inventé par un certain Holfeld, ingénieur de Dresde[36]. Il en équipe son carrosse pour mesurer son trajet de Berlin à Nice, ce qui lui permet de consigner des informations précises sur ses déplacements dans son journal de voyage. Il décrit son itinéraire étape par étape en nombre de pieds, ce qui l'amène à discuter de la valeur variable des mesures officielles. La publication de ce voyage a-t-elle lancé une mode ? Cela reste difficile à déterminer. Quoi qu'il en soit, on trouve en 1783 un deuxième témoignage de l'usage de l'odomètre lors d'un voyage : Friedrich Nicolai (1733–1811), écrivain et libraire berlinois, éditeur de nom-

31 Bion, Nicolas : *Traité de la construction et des principaux usages des instrumens de mathématique, avec les Figures nécessaires pour l'intelligence de ce Traité. Dédié à son Altesse Royale, Monseigneur le Duc d'Orléans, par le Sr. N. Bion, Ingénieur du Roy pour les Instrumens de Mathématique, Quay de l'Horloge du Palais, où l'on trouve tous ces instrumens dans leur perfection,* Paris 1709, p. 93–96.

32 Gallon 1735–1777 (cf. note 18), t. 7 : 1734–1754 Paris 1777, p. 175–182.

33 Lalande, Jérôme : *Journal d'un voyage en Angleterre, 1763,* Oxford 1980, p. 42.

34 Coulson, Thomas : Benjamin Franklin and the Post Office, in : *Journal of the Franklin Institute, devoted to Science and the Mechanic Arts* 250/3, 1950, p. 191–212.

35 *Catalogue des différens objets de curiosités dans les sciences et arts, qui composoient le Cabinet de feu M. le Marquis de Menars, Commandeur des ordres du Roi, Conseiller d'Etat ordinaire d'Epée, Lieutenant général des Provinces de Beauce & d'Orléanais, par F. Basan & F. Ch. Joullain, dont la vente s'en fera vers la fin de Février 1782, en son Hôtel, Place des Victoires ; & sera annoncée dans les papiers publics,* Paris 1782, p. 135, lot. 733.

36 Sur Holdfeld, on lira : Account of the Odometer and the Inventor Hohlfeld, in : *Mechanich Magazine, Museum Register, Journal & Gazette* 34, 17 avril 1824, p. 92 sq.

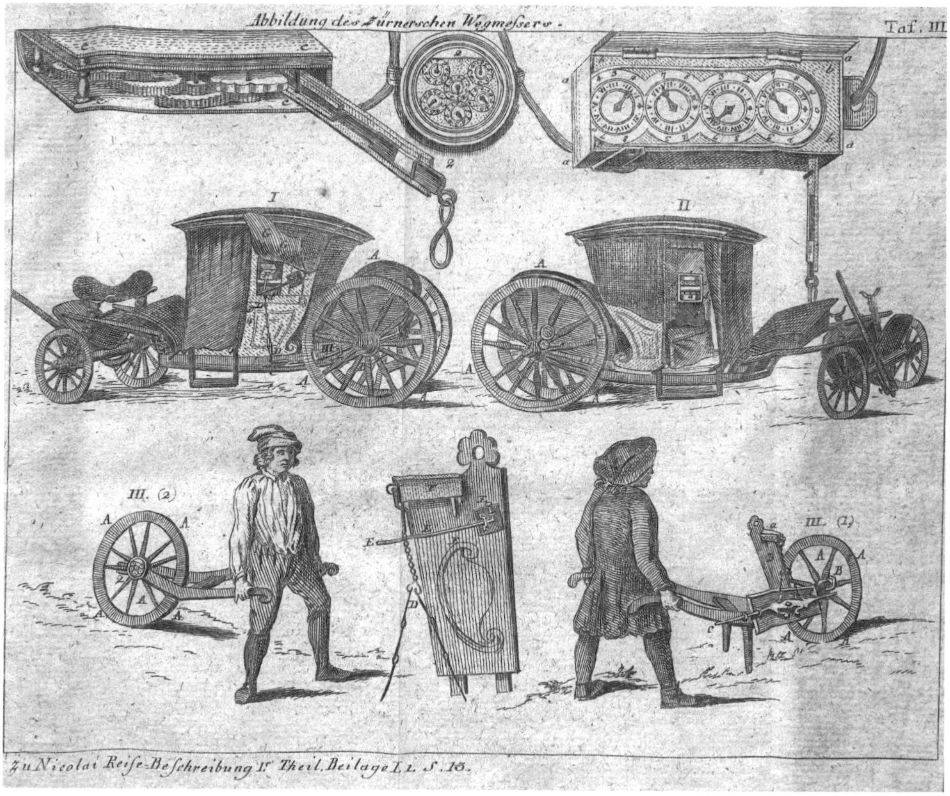

1 L'odomètre, dans Friedrich Nicolai : *Beschreibung einer Reise durch Deutschland und die Schweiz* […], Berlin 1783, pl. III

breux ouvrages de géographie[37], publie alors un livre à partir de son voyage en Suisse dans lequel il décrit et illustre le même type de pratiques (fig. 1)[38].

L'odomètre entrera finalement en littérature : Denis Diderot, en écrivant *Jacques le Fataliste* entre 1765 et 1784, relie les trajets de Jacques à sa gourde qui arrive toujours vide au lieu de destination, quelle que soit la distance parcourue. Diderot écrit à propos du personnage de son roman : « Il était si précis dans ses mesures ; que, pleine en partant, elle [sa gourde] était toujours exactement vide en arrivant. Messieurs des ponts et chaussées en auraient fait un excellent odomètre »[39].

37 Sur ce point, on verra Knopper, Françoise : Les ambitions de l'éditeur berlinois Friedrich Nicolaï (1733–1811) : entre encyclopédisme et patriotisme, in : Pigeaud, Jackie (dir.) : *Les voyages : rêves et réalités*, Rennes 2008, p. 187–201.

38 Nicolai, Friedrich : *Beschreibung einer Reise durch Deutschland und die Schweiz im Jahre 1781, nebst Bemerkungen über Gelehrsamkeit, Industrie, Religion und Sitten*, Berlin 1783.

39 Diderot, Denis : Œuvres de Denis Diderot, Romans et contes, 26 t., Paris 1821–1834, t. 2, Paris 1821, p. 442 sq.

La montre et l'odomètre : l'espace et le temps associés

Il est difficile de déterminer si Louis Dutens s'est inspiré de voyageurs ayant déjà manipulés les odomètres pour son *Itinéraire des routes les plus fréquentées* [...] de 1775, ou bien si c'est, au contraire, la publication puis les rééditions de son ouvrage qui en ont suscité la pratique. Le fait même que depuis 1758 Dutens fréquente le monde des salons dans toute l'Europe, toujours à l'affut de la nouveauté[40], mais aussi diffusant sa pratique odométrique et s'intéressant aux pratiques des autres voyageurs[41], rend cette question vaine. Le seul point certain est que ce moment est celui de la diffusion de l'odomètre en dehors des usages savants.

Surtout, et c'est en cela qu'il se distingue fortement des auteurs jusqu'ici repérés, Louis Dutens utilise l'odomètre en y associant une montre pour produire un tableau mettant en regard la distance sur le terrain et la distance dans le temps (fig. 2). Son livre peut être considéré comme un compte-rendu d'expérience dans lequel il indique précisément les protocoles employés. Il a également pour spécificité de juxtaposer des méthodes qui lui préexistent. Premièrement, sa « table de rapports des mesures itinéraires & des mesures linéales de toute l'Europe » correspond, dans son esprit au moins, à de nombreux travaux d'érudition menés sur le long terme sur la conversion des mesures antiques en mesures modernes. C'est par exemple le cas de Jean Baptiste Bourguignon d'Anville (1697–1782) dont le *Traité des mesures itinéraires anciennes et modernes* publié en 1769[42] est cité dans l'ouvrage de Dutens. Ce *Traité* correspond à la base du travail cartographique de Bourguignon d'Anville sur l'Antiquité. Deuxièmement, Dutens présente l'ensemble des déplacements sous la forme de tableaux qui voient se succéder des trajets décomposés en tronçons : il emprunte ici le cadre classique des livres de Poste, c'est-à-dire des ouvrages qui décrivent à la fois les trajets, les étapes et les tarifs de l'institution postale sous la forme de tables. Enfin, troisièmement, en continuant à mobiliser l'espace de la page sous forme tabulaire, Dutens y ajoute des commentaires sur les régions traversées, à la façon des nombreux guides de voyage de l'époque.

Ce qui est réellement neuf dans le cadre de déplacements personnels est l'ajout de références temporelles. Ayant expliqué comment il avait utilisé une chaise de poste anglaise munie d'un odomètre « pour mesurer la partie la plus fréquentée des routes de l'Europe en mille anglois »[43], et donné quelques informations techniques sur l'instrument[44], Dutens ajoute ainsi :

40 Dutens, Louis : *Lettres sur un automate qui joue aux échecs*, s. l. 1772.

41 Dutens, Louis : *Mémoires d'un voyageur qui se repose : contenant des anecdotes historiques, politiques et littéraires*, Paris 1806.

42 Bourguignon d'Anville, Jean-Baptiste : *Traité des mesures itinéraires anciennes et modernes*, Paris 1769.

43 Dutens 1775 (cf. note 1), p. iv.

44 « Instrument de méchanique, servant à mesurer les distances & composé de six roues, quatre pignons & un ressort. On le place sur l'aissieu du carrosse, d'où il répond à la grande roue », Ibid., note à p. iii.

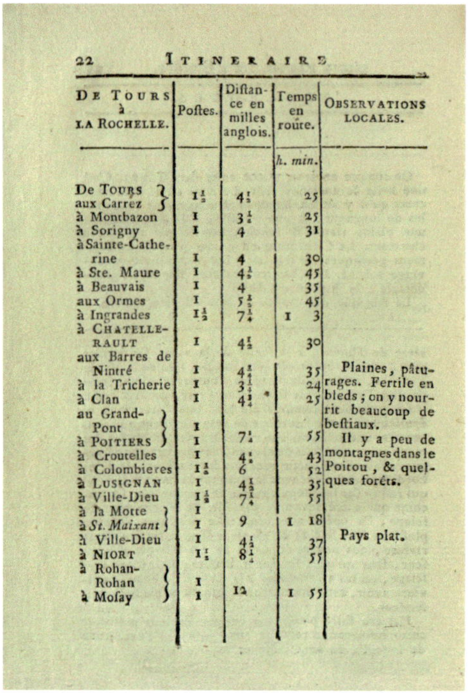

22 ITINERAIRE

De Tours à La Rochelle.	Postes.	Distance en milles anglois.	Temps en route.	Observations locales.
			h. min.	
De Tours aux Carrez	1½	4½	25	
à Montbazon	1	3½	25	
à Sorigny	1	4	31	
à Sainte-Catherine	1	4	30	
à Ste. Maure	1	4½	45	
à Beauvais	1	4	35	
aux Ormes	1	5½	45	
à Ingrandes	1½	7¼	1 3	
à Chatellerault	1	4½	30	
aux Barres de Nintré	1	4¾	35	Plaines, pâturages. Fertile en bleds; on y nourrit beaucoup de bestiaux.
à la Tricherie	1	3¼	24	
à Clan	1	4¾	25	
au Grand-Pont	1			
à Poitiers	1	7¼	55	Il y a peu de montagnes dans le Poitou, & quelques forêts.
à Croutelles	1	4½	43	
à Colombieres	1½	6	52	
à Lusignan	1	4½	35	
à Ville-Dieu	1½	7¼	55	
à la Motte	1			
à *St. Maixant*	1	9	1 18	
à Ville-Dieu	1	4½	37	Pays plat.
à Niort	1½	8¼	55	
à Rohan-Rohan	1			
à Mosay	1	12	1 55	

2 Itinéraire de Tours à La Rochelle, dans Louis Dutens: *Itinéraire des routes les plus fréquentées* […], Paris 1782, p. 22

> « On a cru de plus qu'il seroit à propos de donner un autre moyen de connoître les distances par le temps employé sur la route ; ce qui est encore plus utile que toute autre manière d'en juger, car les mêmes distances ne se parcourent pas dans un temps égal en tout temps & en tout pays ; & il est plus nécessaire en partant le matin de sçavoir combien d'heures il faut pour arriver à tel gîte, que d'être informé de la longueur du chemin : cela fait que l'on s'arrange en conséquence pour partir ou plus tôt, ou plus tard, selon qu'il est convenable. »[45]

On remarque qu'à aucun moment l'auteur ne ressent la nécessité de dépeindre sa montre, celle-ci étant probablement considérée, beaucoup plus que l'odomètre, comme une évidence.

Au travers d'un système tabulaire, Dutens offre une juxtaposition qui permet la comparaison de trois types de données : le nombre officiel de postes entre deux relais, la distance mesurée par l'odomètre en milles anglais et le temps mis pour parcourir le tronçon. Alors que l'usage de l'odomètre avait d'abord permis, en cassant la relation intime entre l'espace et le temps, de les autonomiser en deux discours, le système de comparaison mis en place par Dutens opère une recomposition de leur rapport pour dire la mobilité. Ce faisant, la comparaison tourne à l'avantage du temps : d'une part les postes sont variables d'un pays à un autre, d'autre part le temps est « encore plus utile »

45 Ibid., p. iv.

car il permet de s'adapter aux convenances du voyage. C'est ainsi le temps social plutôt que la distance qui doit régler le voyage.

Les multiples rééditions du livre de Dutens, et les nombreux guides qui en reprennent le principe durant les années qui suivent, vont assurer la diffusion du modèle. C'est ainsi le cas dès 1791 dans le *Guide des courriers utile à tous les voyageurs* […][46], en 1803 dans l'*Abrégé guide des voyageurs en Europe* […][47], et encore en 1820 dans la onzième édition du *Guide des voyageurs dans les Pays Bas* […][48].

En suivant ainsi l'odomètre entre la fin du XVIIe et le début du XIXe siècle, on assiste donc à un double processus qui s'est essentiellement construit sur une précision toujours croissante des objets techniques. Dans un premier temps, il existait une forme d'indécision, voire d'approximation, entre l'espace et le temps pour dire la distance. Mobilisé par Meynier, l'odomètre a contribué au processus de séparation de ces deux dimensions. Les dictionnaires montrent bien l'ampleur du phénomène. Alors que dans celui de Furetière en 1690 espace et temps étaient en partie analogues pour dire la lieue, en 1762, la quatrième édition du *Dictionnaire de l'Académie* enregistre les profondes modifications de la mesure. Le terme de lieue n'y est plus raccroché au temps. C'est

> « un espace d'une certaine étendue, qui sert à mesurer la distance d'un lieu à un autre & qui contient plus ou moins de toises, selon les différents usages des provinces & des pays. Les lieues communes sont de deux mille deux cents quatre-vingt-deux toises, à vingt-cinq lieues par degré. »[49]

La mesure s'est précisée : l'approximation a fait place à l'exactitude des subdivisions d'unités. La séparation entre l'espace et le temps pour dire le déplacement rend possible une réassociation selon de nouvelles modalités plus abstraites. Associant en 1775 l'odomètre à la montre pour traiter de voyages, Louis Dutens rebat les cartes en composant un tableau qui juxtapose des données sur l'espace et le temps sous forme de chiffres. Il en permet ainsi la comparaison, sans pour autant aller jusqu'à la construction de ce rapport mathématique qu'est la vitesse. Il s'agit cependant d'un pas important dans ce sens.

46 *Guide des courriers, utile à tous les voyageurs, contenant non seulement les routes ordinaires, mais encore toutes celles par lesquelles on peut aller en poste de Paris aux principales Villes de l'Europe ; avec la distance entre chaque station, suivant les mesures itinéraires en usage dans les Pays qu'elles parcourent*, Paris 1791.

47 Reichard, Heinrich August : *Abrégé du guide des voyageurs en Europe, avec l'itinéraire des routes de Poste et la carte itinéraire de l'Europe*, Paris 1803.

48 *Guide des voyageurs dans les Pays Bas et le Grand-Duché du Rhin*, Bruxelles 1820.

49 *Dictionnaire de l'Académie*, quatrième édition, Paris 1762 t. 2, « lieue », p. 37

Catherine Herr-Laporte

Les montres de voyage

Désignations, techniques et usages (1700–1830)

Au XVIIIe siècle, les mobilités européennes sont marquées par une accélération des déplacements[1]. Si cette lente conquête de la vitesse est la conséquence d'efforts pour améliorer le réseau routier[2], elle est aussi facilitée par une meilleure organisation temporelle des transports, qui permet de coordonner les acteurs et les différentes étapes d'un trajet. Pour ce faire, des horaires sont de plus en plus fréquemment instaurés pour organiser les mobilités[3]. Toute personne se déplaçant doit dorénavant se conformer à ces horaires et a pour cela besoin de connaître l'heure. Dans un guide adressé aux voyageurs, Léopold Berchtold (1738–1809) leur conseille de se munir d'une montre, qui doit leur permettre de respecter des échéances temporelles tout au long de leur trajet[4]. Cette recommandation s'insère dans un contexte précis, où les voyages sont souvent couplés à des observations et des expériences de mesures scientifiques[5]. Le temps mesuré, et avec lui une

1 Pour la France, voir notamment : Arbellot, Guy : La grande mutation des routes de France au milieu du XVIIIe siècle, in : *Annales ESC* 3, 1973, p. 765–791 ; Studeny, Christophe : *L'invention de la vitesse. France, XVIIIe–XXe siècles*, Paris 1995. Pour l'Angleterre : Bagwell, Philip : *The Transport Revolution from 1770*, Londres 1974 ; Barker, Theo/Gerhold, Dorian : *The Rise and Rise of Road Transport, 1700–1900*, Cambridge 1993. Pour le Brabant : Blondé, Bruno : At the Cradle of the Transport Revolution ? Paved Roads, Traffic Flows and Economic Development in Eighteenth Century Brabant, in : *The Journal of Transport History* 31/1, 2010, p. 89–111.

2 Arbellot 1973 (cf. note 1) ; Arbellot, Guy/Lepetit, Bernard (dir.) : *Atlas de la Révolution française*, 2 t., Paris 1987, t. 1 : Routes et communications, Paris 1987 ; Goger, Jean-Marcel : *La politique routière en France de 1716 à 1815*, thèse soutenue en 1988, non publiée ; Caron, François : *Histoire des chemins de fer en France*, t. 1 : *1740–1883*, Paris 1997.

3 Herr-Laporte, Catherine : Les horaires : un outil pour la mobilité (XVIIIe siècle – début du XIXe siècle), in : *Traverse* 3, 2020 (à paraître).

4 Berchtold, Léopold : *Essai pour diriger et étendre les recherches des voyageurs qui se proposent l'utilité de leur Patrie. Avec des observations sur les moyens de préserver la vie, la santé et les effets, dans les voyages par terre et par mer, pour les personnes qui n'ont pas acquis l'expérience des voyages*, t. 1, Paris 1797, p. 83.

5 Hafid-Martin, Nicole : *Voyage et connaissance au tournant des Lumières, 1780-1820*, Oxford 1995 ; Bourguet, Marie-Noëlle/Licoppe, Christian : Voyages, mesures et instruments. Une nouvelle expérience du monde au Siècle des lumières, in : *Annales. Histoire, Sciences Sociales* 52/5, 1997, p. 1115–1151 ; Bretagnolle, Anne/Verdier, Nicolas : La mesure postale, reflet des évolutions dans le rapport au temps et à la distance au siècle des Lumières, in : *Cahiers de métrologie* 22/23, 2004–2005, p. 63–74.

recherche de l'accélération, prennent une place importante dans les voyages et dans les mobilités en général au cours du XVIIIe siècle. Ce phénomène peut être exploré à partir de la culture matérielle dans laquelle il s'inscrit.

Si l'amélioration des infrastructures routières, le perfectionnement des moyens de transport ou encore l'émergence de savoirs spécifiques au rapport entre l'espace et le temps ont été étudiés dans de nombreux travaux[6], la culture technique de cette lente amélioration de la mobilité dans la perspective d'un gain de vitesse est encore largement méconnue. Les recherches sur la diffusion des horaires ont mis en évidence l'intérêt d'étudier l'apparition d'un outillage destiné à régler la coordination temporelle des voyages[7]. Le cas des montres de voyage dans un long XVIIIe siècle en est un pendant intéressant. Comment leur diffusion s'inscrit-elle dans de nouvelles pratiques de mobilité où le temps mesuré occupe une place croissante ? Témoignent-t-elles de l'émergence d'une nécessité de porter le temps sur soi lors d'un déplacement ?

Toute analyse de la culture matérielle des Lumières est confrontée à une problématique majeure concernant la désignation des produits, à laquelle les montres de voyage ne font pas exception. L'étude de ces garde-temps particuliers se heurte ainsi à l'absence d'un savoir qui les qualifie, d'une définition et d'une dénomination communes. Pour dépasser ces difficultés, il faut les aborder selon d'autres perspectives, notamment en s'intéressant à leurs spécificités techniques et à leurs usages.

Un éventail de dénominations

Léopold Berchtold, dans son ouvrage de 1797, ne caractérise pas la montre que les voyageurs doivent emporter lors de leur périple. Avec les progrès horlogers, les garde-temps mécaniques, devenus transportables, moins sensibles aux mouvements et plus précis, se multiplient et se diversifient[8]. Berchtold pourrait donc aussi bien faire référence à une montre de poche, utilisée quotidiennement, qu'à une montre de voyage. Cette dernière – attestée au moins depuis le XVIIe siècle, puisqu'une montre de calèche datant de 1630 est conservée au Victoria and Albert Museum de Londres[9] – se répand au XVIIIe siècle. Même

6 Sur ces sujets, voir notamment : Arbellot 1973 (cf. note 1) ; Bird, Anthony : *Roads and Vehicles*, Londres/Harlow 1973 ; Aldcroft, Derek H./Freeman, Michael J. (dir.) : *Transport in the Industrial Revolution*, Manchester 1983 ; Arbellot/Lepetit 1987 (cf. note 2) ; Goger 1988 (cf. note 2) ; Caron 1997 (cf. note 2) ; Roche, Daniel (dir.) : *Voitures, chevaux et attelages du XVIe au XIXe siècle*, Paris 2000 ; et dans ce volume, l'article de Nicolas Verdier.

7 Herr-Laporte 2020 (cf. note 3).

8 Von Bassermann-Jordan, Ernst/von Bertele, Hans : *Montres, pendules et horloges*, Paris 1964, p. 263 ; Landes, David : *L'heure qu'il est : les horloges, la mesure du temps et la formation du monde moderne*, Paris 1987, p. 135 sq., p. 181–189, p. 199 ; Dohrn-Van Rossum, Gerhard : *L'histoire de l'heure. L'horlogerie et l'organisation moderne du temps*, Paris 1997, p. 36 ; Gapaillard, Jacques : *Histoire de l'heure en France*, Paris 2011, p. 45 sq.

9 Von Bassermann-Jordan/von Bertele 1964 (cf. note 8), p. 119.

si les musées et les collectionneurs privés affirment en conserver divers exemplaires, leur identification n'est pas toujours facile en raison de la multiplicité de leurs dénominations tant dans les archives du XVIIIe siècle que dans les collections et travaux contemporains. En effet, dès leur apparition, ces montres sont désignées par différents termes, comme « montre de carrosses »[10], « montre pour les voitures »[11], « montre de voyage »[12] ou encore « petites pendules, dites de voyage ou de voiture »[13]. Les rares mentions de ces garde-temps dans les livres de compte des horlogers et des marchands de montre parisiens – à savoir chez Noël Heroy (1747–?) et dans la succession d'Étienne Lenoir (1699–1778) – concernent des « montres de carrosse »[14].

Cette pluralité de dénominations persiste dans la littérature contemporaine. Les auteurs travaillant sur ces montres de voyage n'utilisent pas de définitions systématiques communes pour désigner ces objets[15]. Lukas Stolberg les décrit comme « un genre de montres multiformes », qu'il décline ensuite en plusieurs catégories, telles que les montres de cou ou celles de sac, sans pourtant les caractériser[16]. Les montres de carrosse qu'il inclut dans son catalogue prennent différentes formes, allant de la grosse montre de poche à la pendulette à poser[17]. Joseph Fanelli, quant à lui, ne désigne par ce terme qu'« une petite horloge rectangulaire en laiton avec des panneaux de verre biseautés sur les quatre côtés […] et une poignée sur le dessus pour permettre à l'horloge d'être transportée facilement »[18], tandis que Fritz von Osterhausen les définit comme une « montre à gousset de grande taille […], utilisée comme montre de voyage dans les car-

10 Diderot, Denis/D'Alembert, Jean Le Rond : *Encyclopédie ou Dictionnaire raisonné des sciences, des arts et des métiers*, t. 10, Paris 1765 : « Montre (Horlogerie) », p. 691b–692a ; Duchesne, Henri-Gabriel : *Dictionnaire de l'industrie, ou Collection raisonnée des procédés utiles dans les sciences et dans l'art*, t. 4, 3ème édition, Paris 1800, p. 339 ; Berthoud, Ferdinand : *Traité des horloges marines, contenant la théorie, la construction, la main-d'œuvre de ces machines, et la manière de les éprouver*, Paris 1773, p. 36, p. 91, p. 456.

11 Duchesne 1800 (cf. note 10), p. 332.

12 Hammer, Christian : *Description succinte des collections relatives à l'histoire de l'art et du travail*, Stockholm 1871, p. 93.

13 Breguet, Abraham-Louis : *Horlogerie pour l'usage civil, chronomètres portatifs, horloges marines et astronomiques et autres instrumens d'observation*, Paris s.d. (première moitié du XIXe siècle), p. 12. Pierre Dubois utilise aussi le terme de « pendule de voyage » : Dubois, Pierre : *Histoire de l'horlogerie depuis son origine jusqu'à nos jours*, Paris 1849, p. 307, p. 345, p. 378.

14 Archives de Paris : D5B6/705 (Heroy) et DE1/13 (Papiers Lenoir). Je remercie Marie-Agnès Dequidt pour ces références.

15 Allix, Charles : *Carriage Clocks. Their History & Development*, Suffolk 1974 ; Ackermann, Hans Christoph : *Sammlung Carl und Lini Nathan-Rupp. Die Kutschenuhren*, Bâle 1983 ; Fanelli, Joseph : *A Century of Fine Carriage Clocks*, Bronxville 1987 ; Stolberg, Lukas : *Die Kutschenuhr. Satteluhren, Karrossenuhren, Alkovenuhren*, Munich 1993 ; Vitale, Linda/Vitale, Francis X. : *The Carriage Clock: 200 Years of Timely Allure*, Spring Lake 1994 ; Sénéca, Bernard : *La montre de carosse & temps mesuré du voyage. De Louis XI à Émile Loubet*, Arras 2013.

16 Stolberg 1993 (cf. note 15), p. 7 (traduction de l'auteure).

17 Hans Christoph Ackermann utilise la même acception du terme « montre de carrosse » : Ackermann 1983 (cf. note 15), p. 11.

18 Fanelli 1987 (cf. note 15), p. 216 (traduction de l'auteure).

rosses »[19]. Sous ces différents termes sont regroupés des objets à l'aspect extérieur varié : ils peuvent avoir la forme d'une grosse montre de poche, d'une petite horloge de table, être richement décorés, ou à l'inverse, être très sobres. Pour plus de clarté, nous emploierons ici le terme de « montre de voyage », qui semble plus adapté que l'appellation « de carrosse », puisqu'elle peut tout aussi bien être transportée dans une chaise à porteur ou une berline. Cette dénomination permet d'englober ces montres dans leur diversité.

Une pluralité de désignations pour un même objet est en fait typique du XVIIIe siècle et s'inscrit dans de nouvelles logiques liées à une économie de la consommation. Malgré une intensification de l'usage de l'écrit dans les transactions commerciales, les dénominations des objets vendus restent parfois vagues et surtout diverses[20]. Cette pluralité d'appellations « devient un instrument pour assurer la nouveauté commerciale et soutenir le rythme de la consommation » : elle permet aux fabricants et aux marchands de diversifier leur offre sans « véritable variation de produits »[21]. L'objet portatif, destiné au voyage, joue un rôle majeur dans ces logiques. En effet, le voyage étant l'un des phénomènes culturels centraux du XVIIIe siècle, il est aussi investi par les logiques de consommation. Si, d'une part, les micro-inventions permettant la portabilité des dispositifs destinés au confort des voyageurs se multiplient[22], d'autre part, l'appellation « de voyage » ou « portatif » est une dénomination à la mode, un « marketing mantra » de la consommation du XVIIIe siècle[23]. C'est dans ce contexte que l'on peut appréhender les montres étudiées ici : sans présenter beaucoup de différences avec les montres de poche et en utilisant des savoirs techniques déjà éprouvés, leur vente s'inscrit dans une mode des voyages au XVIIIe siècle et dans une pratique des mobilités désormais rythmée par des repères temporels. Néanmoins, dans la littérature de consommation, comme l'*Almanach sous-verre*, l'*Avant-coureur* ou encore le *Mercure Galant*, aucune mention n'est faite des montres de voyage. Elles ne semblent donc pas entrer dans ces circuits de communication[24].

19 Von Osterhausen, Fritz : *Dictionnaire de l'horlogerie*, Neuilly-sur-Seine 2014, p. 270.
20 Bernasconi, Gianenrico : *Objets portatifs au Siècle des lumières*, Paris 2015, p. 196–200.
21 Ibid., p. 197.
22 Ibid., notamment chapitre 8.
23 Ibid., p. 196–200. Une analogie peut ainsi être faite avec les conclusions de Colin Jones concernant l'appellation « de santé » : Jones, Colin : The Great Chain of Buying. Medical Advertisement, the Bourgeois Public Sphere, and the Origins of the French Revolution, in : *American Historical Review* 101/1, 1996, p. 13–40, ici p. 28.
24 Ces circuits ont été identifiés par les historiennes et les historiens de la consommation, comme : Roche, Daniel : *Histoire des choses banales. Naissance de la consommation dans les sociétés traditionnelles (XVIIe–XIXe siècle)*, Paris 1997 ; Hilaire-Pérez, Liliane : *L'invention technique au siècle des Lumières*, Paris 2000 ; Bernasconi 2015 (cf. note 20).

Les montres de voyage : analyse matérielle et spécificités techniques

Face à la difficulté de classifier les montres de voyage, il est utile de se tourner vers leur matérialité et leurs spécificités techniques. Les sources écrites fournissent aussi bien des informations sur l'aspect extérieur de ces garde-temps que sur leurs complications, illustrant ainsi leur grande diversité.

Dans l'*Encyclopédie* de Denis Diderot (1713–1784) et Jean Le Rond d'Alembert (1717–1783), les « montres de carrosse » sont définies comme des « horloges qui sont aussi grosses que certaines pendules », nommées ainsi à cause de « la ressemblance de leur forme et de leur construction à celles des montres ordinaires »[25]. Dans leur *Recueil de planches sur les sciences*, ils indiquent d'autres caractéristiques : une montre de carrosse « est environ trois fois plus grosse que les autres montres. Elle est pour l'ordinaire à sonnerie, sert à courir la poste, en la suspendant dans la chaise »[26]. Si dans l'*Encyclopédie*, les montres de voyage sont circulaires, comme les montres de poche – à l'image de celle réalisée par Abraham-Louis Breguet (1747–1823), horloger parisien, vers 1815 (fig. 1) –, d'autres sources décrivent des formes de pendulettes à poser ou à suspendre, s'inspirant davantage des horloges de table – comme celle fabriquée par Breguet vers 1810 (fig. 2). Dans l'*Ökonomisch-technologische Enzyklopädie*, il est ainsi expliqué que les montres de voyage « diffèrent des montres de poche uniquement par leur taille, autrement elles ont le même équipement et sont construites pareil, en ce que leurs roues sont horizontales. Le mouvement est placé dans un boîtier vertical en bois, en porcelaine ou en métal avec une ouverture ronde où se trouve le cadran de la montre […] »[27]. Breguet présente également, dans un catalogue où il liste les objets fabriqués dans son établissement, « de petites pendules, dites de voyage ou de voiture » qui sont « en forme de grosse montre, ou en carré long sur la hauteur, ou en forme de portique »[28]. Ernst von Bassermann-Jordan et Hans von Bertele divisent les montres de voyage en trois groupes : les grosses montres de poche rondes ; celles ressemblant aux horloges de table et pouvant être transportées dans des coffrets en bois, revêtus de cuir, ou dans d'autres réceptacles ; et les pendulettes rappelant les horloges-tours et les pendules à l'anglaise, à boîte en métal[29]. Elles sont toutes dotées d'un anneau ou d'une poignée et sont d'assez grande taille ; elles ne peuvent donc pas être portées sur le corps. Les sources écrites témoignent ainsi de la variété des formes des montres de voyage, que l'on retrouve en analysant ces objets. L'étude de leur matérialité, puisqu'elle « incorpore les savoirs

25 Diderot/D'Alembert 1765 (cf. note 10).

26 Diderot, Denis/D'Alembert, Jean Le Rond : *Recueil de planches sur les sciences, les arts libéraux, et les arts méchaniques, avec leur explication : Horlogerie*, Paris 1751–1780 : « Montre de carrosse ».

27 Krünitz, Johann Georg : *Ökonomisch-technologische Enzyklopädie*, t. 193, Berlin 1847, p. 260 (traduction de l'auteure).

28 Breguet (première moitié du XIXe siècle) (cf. note 13), p. 12.

29 Von Bassermann-Jordan/von Bertele 1964 (cf. note 8), p. 305 sq.

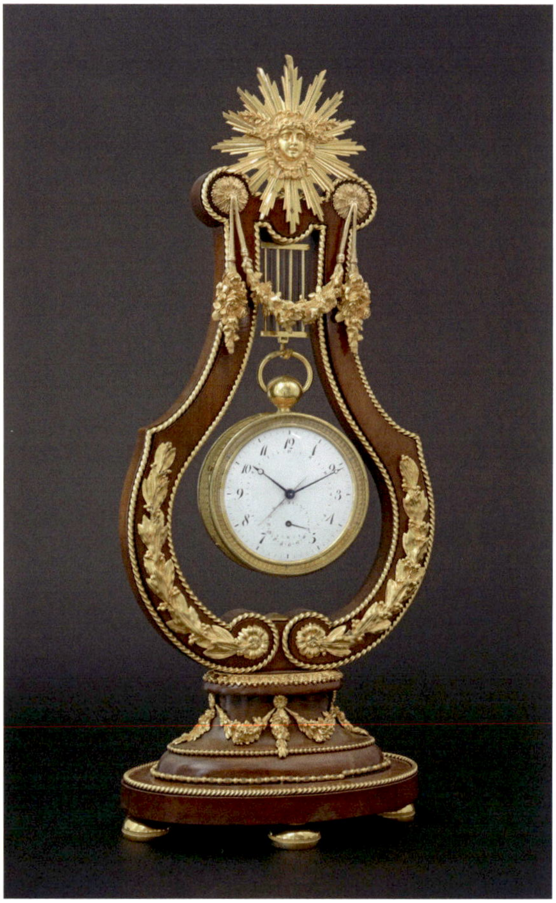

1 Abraham-Louis Breguet, montre de carrosse, vers 1815, La Chaux-de-Fonds, Musée international d'horlogerie

inhérents à la conception et à la construction des objets portatifs », permet de compléter les informations obtenues à partir des sources textuelles[30].

Quelle que soit leur forme, les montres de voyage peuvent être faites de différents matériaux, plus ou moins précieux : or, argent, laiton, bronze, cuivre ou encore acier. Une majorité est en argent : ce sont là des objets assez luxueux, ce qui pose la question de leur prix. L'horloger Noël Heroy informe l'un de ses clients, le 16 avril 1781, que « la montre de carosse […] pourra couter a peu près 5 à 600 livres tournois »[31]. Dans l'inventaire de succession de 1759 d'Étienne Lenoir figure une « Grosse montre de carrosse a

30 Bernasconi 2015 (cf. note 20), p. 45.
31 Archives de Paris, D5B6/705, fol. 166.

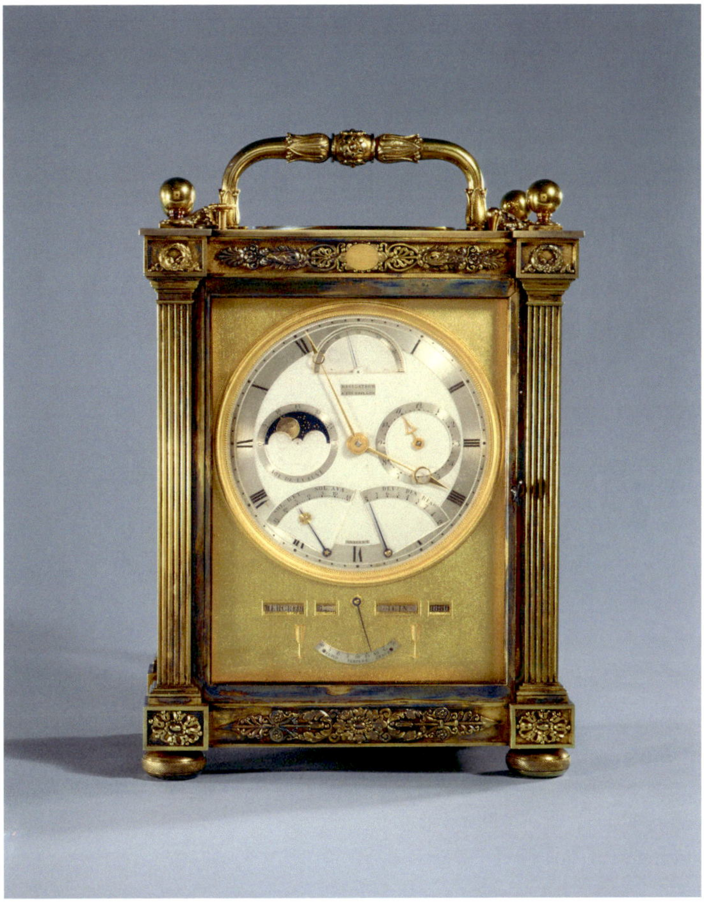

2 Abraham-Louis Breguet, pendulette de voyage, vers 1810, Oxford, Ashmolean Museum

Boette dargent a jour et a sonnerie et sans minuttes prisée a la somme de soixante douze livres »[32]. C'est une des seules montres de l'inventaire qui n'y apparaît qu'une seule fois, ce qui indique la rareté de ce type de garde-temps. Son prix reste toutefois proche de celui d'une montre de poche réalisée dans le même matériau, une montre d'argent à quadrant d'émail et aiguilles d'or étant estimée à 90 livres[33].

Au-delà des matériaux souvent précieux avec lesquels sont fabriqués les boîtiers de ces montres de voyage, leur richesse réside aussi dans leur décoration. L'intérieur est souvent gravé et ajouré, et l'extérieur, gravé, ajouré et repoussé. Des scènes peuvent être

32 Archives de Paris, DE1/13, fol. 51.
33 Ibid.

figurées aussi bien à l'intérieur qu'à l'extérieur de ces montres. Celle de Jeremie Gregory, datée de 1670–1680, qui se trouve au Historisches Museum de Bâle, est gravée et ajourée, dotée de motifs floraux et animaux sur le pourtour, et au milieu du cadran est gravée une scène de passation d'une ville[34]. Certaines de ces montres sont parfois encore plus luxueuses, telle une montre de voyage du milieu du XVIIIe siècle, conservée dans la même institution, qui est en or et possède un diamant au niveau du bouton fermoir[35].

L'étude des montres de voyage se heurte à une difficulté rencontrée par les historiens et les historiennes des objets : ceux que nous conservons aujourd'hui « ont déjà été triés par les usages et par le temps »[36], c'est pourquoi ce sont davantage les objets d'apparat que les objets du quotidien qui nous sont parvenus[37]. Les montres de voyage ne font pas exception : celles que nous connaissons sont luxueuses, mais nous ne pouvons affirmer que cette proportion est représentative des montres en circulation au XVIIIe siècle.

En parallèle de ces montres somptueuses, il en existe d'autres, plus sobres, tant dans les matériaux que dans les détails. Elles s'inscrivent dans les dynamiques d'imitation qui émergent avec l'intensification de la consommation au XVIIIe siècle et que Daniel Roche est le premier à avoir observé dans le cadre de son étude des pratiques vestimentaires[38]. Il note ainsi un brouillage des cultures de l'apparence : les vêtements cossus ne sont plus l'apanage des élites aristocratiques et un marché du demi-luxe se met en place[39]. Les montres de voyage en matériaux moins précieux, comme le métal doré ou le laiton, sont moins chères que les garde-temps plus luxueux, ce qui les rend accessibles à un plus grand nombre. Elles témoignent ainsi de l'émergence d'un marché destiné aux classes moyennes.

Parmi ces montres plus sobres, certaines, datant du XIXe siècle, relèvent d'une typologie particulière, comme la pendulette d'alcôve en laiton signée par Isaac Deonna[40]. Sa particularité est que son mouvement n'a pas été conçu pour être emboîté dans un habillage si grand (fig. 3), alors qu'habituellement dans les montres de voyage du XVIIIe siècle, le mouvement est adapté à la taille du boîtier[41]. Le mouvement de cette pendulette a été fabriqué dans les années 1780, tandis que la boîte date des années 1810[42]. Cette dernière n'a toutefois pas été conçue pour accueillir un mouvement plus grand que celui qu'elle renferme. En ce début de XIXe siècle, la mode était plutôt aux montres de poche plates. Or,

34 Ackermann 1983 (cf. note 15), p. 50–53.
35 Ibid., p. 98–101.
36 Roche 1997 (cf. note 24), p. 187.
37 Weatherill, Lorna : *Consumer Behaviour and Material Culture in Britain, 1660–1760*, Londres 1988, p. 32 ; Bernasconi 2015 (cf. note 20), p. 46.
38 Roche, Daniel : *La culture des apparences. Une histoire du vêtement (XVIIe–XVIIIe* siècles), Paris 1990.
39 Berg, Maxine : New Commodities, Luxuries and their Consumers in Eighteenth Century England, in : Berg, Maxine/Clifford, Helen (dir.) : *Consumers and Luxury. Consumer Culture in Europe, 1650–1850*, Manchester 1999, p. 63–85.
40 Pièce conservée au Musée international d'horlogerie de La Chaux-de-Fonds (Suisse), no I-1790.
41 Merci à Masaki Kanazawa d'avoir pris le temps d'expertiser cette montre.
42 Cette montre a été étudiée dans le cadre d'un travail de diplôme – dossier de restauration : Staehli, Tristan : *Restauration d'une pendulette d'alcôve signée « Isaac Deonna »*, 2015, non publié.

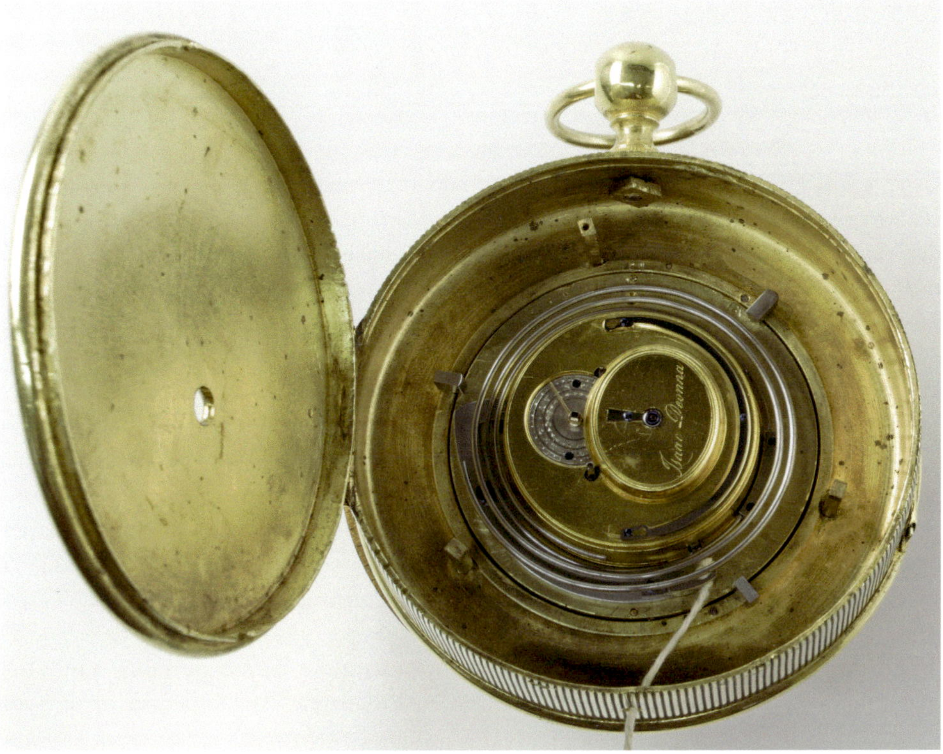

3 Isaac Deonna, pendulette d'alcôve, vers 1810 (mouvement: vers 1780), vue de l'intérieur, La Chaux-de-Fonds, Musée international d'horlogerie

les anciens mouvements étaient épais et n'intéressaient donc plus les clients : il est probable que, devenus obsolètes, ils aient été placés dans des habillages plus grands, au goût du jour en matière de montres de voyage. Cette requalification d'usage a ainsi permis de vendre ces mouvements passés de mode. D'autres cas similaires existent[43]. L'exemple de l'emploi d'un nouveau rhabillage confirme la flexibilité de la production horlogère au XVIIIe et au XIXe siècle, qui sait recomposer les pièces en fonction de l'évolution du goût[44].

Concernant les spécificités techniques, le prérequis à la fabrication des montres de voyage est l'introduction du ressort-moteur, qui permet la réduction de la taille des

43 Ibid.

44 Riello, Giorgio: Strategies and Boundaries. Subcontracting and the London Trades in the Long Eighteenth Century, in: *Entreprise & Society* 9/2, 2008, p. 243–280; Hilaire-Pérez, Liliane: *La pièce et le geste: artisans, marchands et savoir technique à Londres au XVIIIe siècle*, Paris 2013; Girardier, Sandrine: *L'entreprise Jacquet-Droz. Entre merveilles de spectacle, mécaniques luxueuses et machines utiles, 1758–1811*, Neuchâtel 2020.

garde-temps, et donc leur transport[45]. Mais pour qu'une montre puisse être qualifiée « de voyage », elle doit être dotée d'une spécificité technique qui apparaît à la fin du XVIIe siècle : le balancier spiral[46]. La date généralement retenue pour cette invention est 1675, année où Christiaan Huygens publie ses travaux sur cet organe régulateur qui, grâce à ses oscillations, rend les montres précises et moins sensibles aux secousses extérieures, leur permettant de fonctionner avec une certaine justesse pendant le transport[47]. Henri-Gabriel Duchesne (1739–1822), homme de lettres et naturaliste français, note, dans un article consacré à la « Montre pour les voitures » dans son *Dictionnaire de l'Industrie*, qu'une horloge fabriquée en 1724 par Sulli – il s'agit probablement de l'horloger Henry Sully (1680–1729) – avait été « suspendue dans une berline allant au trop [*sic*] sur un chemin pavé » et « n'avait retardé, au bout d'une heure et demie, que de quatre secondes, à l'égard de la pendule de l'Observatoire »[48]. Duchesne évoque aussi une montre conçue par Féron, qui était « particulièrement destinée pour les Voitures », c'est-à-dire construite « de manière à résister [...] au cahos [*sic*] de la voiture »[49].

D'autres défis ont dû être résolus par les horlogers pour permettre le bon fonctionnement des montres de voyage, et plus largement de toutes les montres portatives. Ferdinand Berthoud (1727–1827), horloger neuchâtelois devenu maître horloger parisien, puis horloger du roi, liste, dans plusieurs traités et manuels, toutes les causes de variations auxquelles une montre peut être soumise, comme celles liées aux différences de température, entraînant la dilatation ou la contraction des parties du mouvement qui perd ainsi en précision[50]. De manière générale, les montres de voyage doivent pouvoir fonctionner aussi bien lorsqu'elles sont tenues verticalement qu'horizontalement ; dans le *Krünitz*, il est ainsi rappelé que « comme ces horloges peuvent supporter tous les chocs [...] elles peuvent être tenues couchées ou debout, donc on les emporte aussi en voyage »[51]. Les montres de voyage deviennent ainsi portables à la suite d'innovations techniques horlogères, mais elles gagnent aussi en précision grâce à deux autres facteurs. D'une part, au XVIIIe siècle, le réseau routier est repensé et les routes sont peu à peu remises en état[52]. D'autre part, les véhicules, telles les berlines, sont dotés, à partir du

45 Landes 1987 (cf. note 8), p. 136.

46 Ibid., p. 194–199 ; Von Bassermann-Jordan/von Bertele 1964 (cf. note 8), p. 169.

47 Lettre adressée à J. Gallois, [février] 1675, publiée dans le *Journal des Scavans* du 25 février 1675 : voir Lettre n°2014, dans Œuvres complètes de Christiaan Huygens publiées par la Société hollandaise des Sciences, t. 7, *Correspondance 1670–1675*, La Haye 1897, p. 424 sq. ; Landes 1987 (cf. note 8), p. 199.

48 Duchesne 1800 (cf. note 10), p. 332, p. 339.

49 Ibid. Sur cette montre, voir : *Nouvelles de la république des lettres et des arts*, 22 février 1780, p. 131.

50 Berthoud, Ferdinand : *L'Art de conduire et de régler les pendules et les montres : à l'usage de ceux qui n'ont aucune connoissance d'Horlogerie*, Paris 1759 ; Berthoud, Ferdinand : *De la Mesure du temps, ou supplément au traité des horloges marines et à l'essai sur l'horlogerie*, Paris 1787. Sur les problèmes qui affectent les instruments scientifiques en général lors d'un déplacement, voir : Baker, Alexi : « Precision », « Perfection », and the Reality of British Scientific Instruments on the Move during the 18th Century, in : *Material Culture Review* 74/75, 2012, p. 14–29.

51 Krünitz 1847 (cf. note 27), p. 260 (traduction de l'auteure).

52 Cf. note 2.

milieu du siècle, de suspensions à ressort[53]. Ainsi, les déplacements sont plus confortables et les voyageurs et leurs montres sont soumis à moins de cahots.

Concernant leurs complications, ces montres peuvent être très simples ou au contraire très sophistiquées[54]. Chez Breguet, les montres de voyage sont parfois à « mouvement simple avec réveil, ou à répétition, avec sonnerie ordinaire, ou grande sonnerie des quarts, ou répétant l'heure à chaque quart avec pièce de silence, quantième simple, ou grand quantième, dit almanach, portant la date entière d'une lettre, secondes, équation, phases et jours de lune ; avec quelques-unes de ces fonctions, ou toutes réunies »[55]. Les montres de voyage sont presque systématiquement équipées d'un réveil et d'une sonnerie aux heures, voire d'une répétition pour les plus onéreuses, c'est-à-dire d'un mécanisme qui sonne l'heure à la demande, grâce à un poussoir. Le système de répétition peut sonner les heures et les quarts, comme c'est le cas pour une montre réalisée par Breguet vers 1815 (fig. 1), permettant ainsi de connaître l'heure même la nuit. Beaucoup de ces montres étaient vendues dans un étui ou un boîtier de protection qui laissait découverts le cadran et, le cas échéant, le bouton du poussoir pour la répétition. Certaines montres de voyage indiquent même les secondes, comme celle de Frédéric-Alexandre Courvoisier (1799–1854) datée de 1824 (fig. 4)[56]. Elles sont aussi souvent dotées de la petite sonnerie – qui sonne les heures et les quarts – et/ou de la grande sonnerie – qui sonne au passage des heures et des quarts en répétant les heures à chaque quart –, à l'instar d'une « horloge de voyage » conservée au Musée international d'horlogerie de La Chaux-de-Fonds, signée de Musy Père et Fils à Turin et datée des années 1820[57]. Comme d'autres modèles, celle-ci possède également un système de silence qui permet d'arrêter la sonnerie. Les montres de voyage indiquent souvent la date et certaines signalent même les phases de la lune – comme la pendulette de 1810 de Breguet (fig. 2) –, ce qui permet ainsi aux voyageurs de déterminer s'ils pourront continuer leur périple une fois la nuit tombée[58]. Certaines montres précisent les heures de lever et de coucher du soleil, tel un modèle du début du XVIIe siècle de Hans Schneeberger qui se trouve au Musée national de Copenhague[59]. Les montres de voyage de Breguet sont également parfois combinées avec un thermomètre (fig. 2), tandis que d'autres, comme une montre de voyage turque conservée au Historisches Museum de Bâle et datée du milieu du XVIIIe siècle, possèdent un astrolabe[60]. Les montres de voyage ne donnent donc pas

53 Roche 2000 (cf. note 6).
54 Fanelli 1987 (cf. note 15), p. 216.
55 Breguet (première moitié du XIXe siècle) (cf. note 13), p. 12. Sur les montres de Breguet, voir : Daniels, George : *L'art de Breguet*, Lausanne 1985, p. 69 sq.
56 Cardinal, Catherine/Jequier, François/Barrelet, Jean-Marc et al. (dir.) : *L'homme et le temps en Suisse, 1291–1991*, La Chaux-de-Fonds 1991, p. 212.
57 Cardinal, Catherine/Piguet, Jean-Michel : *Catalogue d'œuvres choisies. Du cadran solaire à l'horloge atomique*, La Chaux-de-Fonds 1999, p. 38.
58 Daniels 1985 (cf. note 55), p. 69.
59 Von Bassermann-Jordan/von Bertele 1964 (cf. note 8), p. 117.
60 Ackermann 1983 (cf. note 15), p. 104 sq.

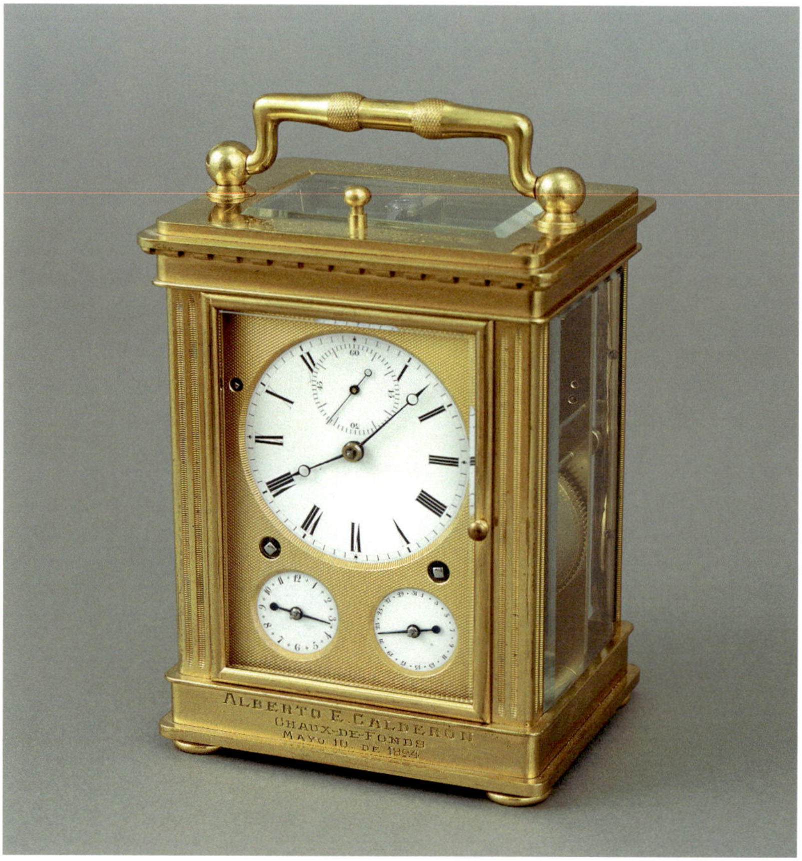

4 Frédéric-Alexandre Courvoisier, horloge de voyage, 1824, La Chaux-de-Fonds, Musée international d'horlogerie

seulement l'heure : elles présentent de nombreuses autres fonctions qui peuvent être utiles au cours d'un déplacement. Outre les matériaux précieux utilisés pour fabriquer ces montres, les complications de certaines contribuent à en faire des objets de luxe[61]. Cette multifonctionnalité est une caractéristique technique commune aux objets portatifs : le fait de combiner plusieurs fonctions au sein d'un seul objet permet de limiter le nombre d'instruments emportés lors d'un déplacement et en fait aussi une curiosité technique[62].

61 Sur la définition du luxe, voir Weatherill 1988 (cf. note 37), p. 14–16.
62 Bernasconi 2015 (cf. note 20), p. 52.

Des usages multiples

Les sources qui concernent la mobilité au XVIIIe siècle mettent en évidence le besoin croissant d'avoir l'heure pendant un voyage, notamment parce que les transports sont désormais régis par des horaires, qui sont affichés, publiés et doivent être respectés[63]. L'instauration d'une coordination temporelle par le biais des horaires permet en effet de ne pas perdre de temps lors des arrêts et de coordonner les différents acteurs liés au transport, et notamment les conducteurs de véhicules et les passagers. Au cours de la période, les horaires se multiplient et, en parallèle, gagnent en précision. Dès 1700, l'*Almanach royal*, qui est l'annuaire de l'administration française, communique – parmi d'autres informations pratiques, comme l'heure de lever et de coucher du soleil – le jour de départ des carrosses et messageries. Dans la section « Rues et demeures des messagers avec le jour de leur départ », sur 131 indications temporelles, le jour est donné 101 fois et l'heure à 22 reprises[64]. Dans l'édition de 1750, le jour et l'heure de départ sont systématiquement mentionnés pour les messagers, coches et carrosses, le temps de trajet est spécifié, ainsi que quelques fois l'heure d'arrivée[65]. L'heure est donc souvent déjà utilisée comme référentiel temporel dans ces horaires qu'il devient nécessaire de consulter pour se déplacer. D'autres horaires, à partir de la deuxième moitié du XVIIIe siècle, adoptent même une précision à la minute, à l'image de *L'Indicateur fidèle* de Louis Charles Desnos (1725–1805), qui donne les heures de départ des messageries à la demi-heure, voire au quart d'heure près[66]. Louis Dutens (1730–1812), quant à lui, indique la durée des trajets avec une précision à la minute dans son *Itinéraire des routes les plus fréquentées* de 1783[67]. Les référents temporels organisent désormais les mobilités, en ne s'adressant néanmoins qu'à ceux qui empruntent des voitures postales ; ceux qui veulent s'affranchir de cette contrainte horaire – et qui ont les moyens de le faire – peuvent emprunter des services parallèles, plus chers, partant à la demande[68].

Les voyageurs ont tout intérêt à respecter les horaires, car le postillon pourrait partir sans eux. En effet, pour limiter les retards – qui deviennent la crainte de l'administration[69] – Thomas Hasker, surintendant des postes anglaises, conseille aux conducteurs de ne pas attendre les passagers qui s'attarderaient aux relais[70]. Les voyageurs se plaignent d'ailleurs de devoir se dépêcher lors des arrêts. Une lithographie du XIXe siècle,

63 Herr-Laporte, Catherine : « Rien ne sert de courir ; il faut partir à point » : temps et mobilité dans un long XVIIIe siècle, in : *Artefact* 10, 2019, p. 119–142 ; Herr-Laporte 2020 (cf. note 3).

64 *Almanach royal, Pour l'année Mil sept cens* [...], Paris 1700, p. 71–80.

65 *Almanach royal, année M.DCC.L.* [...], Paris 1750, p. 399–419.

66 Desnos, Louis Charles : *L'Indicateur fidèle, ou Guide des voyageurs*, Paris 1765, feuilles II et IV.

67 Dutens, Louis : *Itinéraire des routes les plus fréquentées* [...], Paris 1783. Sur Louis Dutens, voir la contribution de Nicolas Verdier dans ce volume.

68 Herr-Laporte 2020 (cf. note 3).

69 Herr-Laporte 2019 (cf. note 63), p. 132–137.

70 Anderson, Roy Charles/Anderson, Joy Mary : *Quicksilver. A Hundred Years of Coaching, 1750–1850*, Newton Abbott 1973, p. 105 sq., p. 164.

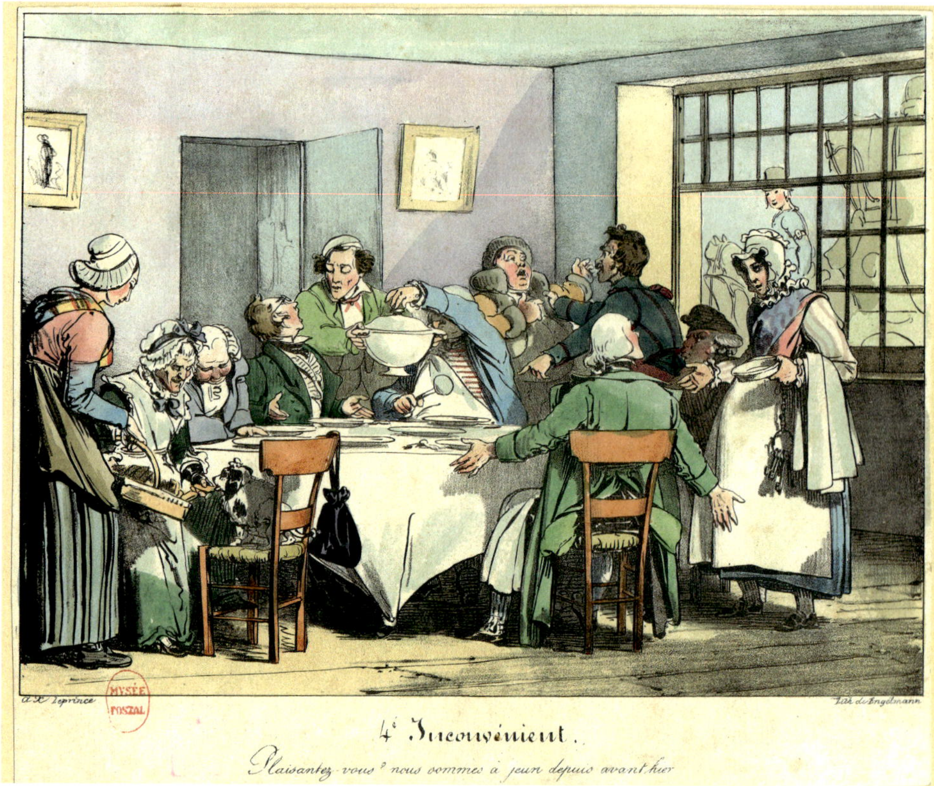

5 Godefroy Engelmann, d'après Auguste-Xavier Le Prince, *4e Inconvénient. Plaisantez-vous ? Nous sommes à jeun depuis avant-hier*, 1826

conservée au Musée de La Poste à Paris, représente ainsi des passagers essayant de se restaurer dans un relais mais n'ayant pas le temps de le faire, car la malle-poste, prête à partir, les attend déjà (fig. 5)[71].

S'ils constituent une contrainte, les horaires ont aussi une fonction organisationnelle[72]. Ils permettent de planifier les déplacements, les dîners, les étapes. Les passagers peuvent également anticiper les correspondances qu'ils auront lors d'un trajet. Par exemple, en 1829, pour aller de Genève à Marseille en passant par Lyon, quiconque consulte le bon horaire sait qu'il peut partir de Genève à 4 heures du matin et arriver le lendemain à la même heure à Lyon, d'où une voiture se met en route pour Marseille à

71 Engelmann, Godefroy, d'après la peinture d'Auguste-Xavier Leprince : *4ème inconvénient : Plaisantez-vous ? Nous sommes à jeun depuis avant-hier*, lithographie sur couleur en papier, 1826, Paris, Musée de La Poste, inv. 7459.

72 Herr-Laporte 2020 (cf. note 3).

8 heures[73]. Cette omniprésence des référents temporels explique que les montres de voyage possèdent par exemple des réveils, qui permettent à leur propriétaire de se lever à l'heure pour le départ de leur voiture.

Néanmoins, ce n'est pas parce qu'on note une diffusion des montres en général au XVIIIe siècle[74] que l'on peut affirmer qu'elles étaient réellement utilisées[75]. Même si cette période est marquée par une émergence de l'importance du temps mesuré dans la société – et notamment dans les transports –, les montres portatives jouent aussi le rôle d'accessoire et de bijou masculin prestigieux[76]. De plus, les travaux de Paul Glennie et Nigel Thrift ont mis en évidence le fait que l'heure était suffisamment indiquée dans les villes pour que tous et toutes puissent la connaître sans avoir besoin de posséder un garde-temps[77]. Mais dans le cadre d'un voyage, avoir une montre est le seul moyen de connaître l'heure pendant le trajet ou lors d'une nuitée en chemin, dans une auberge. En réalité, le fait de détenir un garde-temps, d'autant plus une montre de voyage luxueuse, ne répond pas uniquement au besoin d'avoir l'heure dans un système des mobilités où le temps occupe une importance croissante, mais s'inscrit aussi dans une pratique ostentatoire. Les objets portatifs en général, de la même manière que les vêtements, ont une fonction de marqueur du statut social de leur propriétaire[78]. Cette fonction est plus largement inhérente au luxe[79]. Les montres de voyage luxueuses jouent un rôle d'autant plus important dans les stratégies de distinction qu'un déplacement brouille les statuts sociaux en l'absence de personnes connaissant le statut des passagers[80]. Ainsi, les montres de voyage sont non seulement multifonctionnelles, mais elles présentent aussi une multiplicité d'usages : il s'agit à la fois d'un objet pratique, permettant de respecter les échéances temporelles imposées dans le cadre des mobilités, et d'un objet à la mode, ayant une visée ostentatoire, qui répond à une stratégie de distinction sociale[81].

73 Archives cantonales vaudoises, PP/1052/18.

74 Comme cela a été montré aussi bien en France qu'en Angleterre, à partir notamment des inventaires après-décès : Pardailhé-Galabrun, Annik : *La naissance de l'intime. 3000 foyers parisiens XVIIe–XVIIIe siècles*, Paris 1988, p. 149, p. 163, p. 396 sq. ; Roche, Daniel : *Le peuple de Paris. Essai sur la culture populaire au XVIIIe siècle*, Paris 1988, p. 302 ; Weatherill 1988 (cf. note 37), p. 25–28 ; Glennie, Paul/Thrift, Nigel : *Shaping the Day. A History of Timekeeping in England and Wales, 1300–1800*, Oxford 2009, p. 109 sq. ; Dequidt, Marie-Agnès : Comment mesurer l'intériorisation du temps ? (Paris, début du XIXe siècle), in : *Revue d'histoire du XIXe siècle* 45/2, 2012, p. 69–81.

75 Styles, John : *The Dress of the People. Everyday Fashion in Eighteenth-Century England*, New Haven/Londres 2007, p. 97–107.

76 Idem ; Blondé, Bruno/Verhoeven, Gerrit : Against the Clock: Time Awareness in Early Modern Antwerp, 1585–1789, in : *Continuity and Change* 28/2, 2013, p. 213–244.

77 Glennie/Thrift 2009 (cf. note 74), p. 100–177.

78 Bernasconi 2015 (cf. note 20), p. 211.

79 Weatherill 1988 (cf. note 37), p. 15.

80 Bernasconi 2015 (cf. note 20), p. 211 sq.

81 Ibid., p. 53.

Conclusion

L'étude de la matérialité et des spécificités techniques des montres de voyage permet donc de dépasser la multiplicité de noms et de définitions – variant selon les horlogers et les auteurs – attribués à ce type d'objet depuis sa création. Au-delà de la pluralité des formes, il est possible de se rattacher aux usages. Une montre de voyage peut ainsi être définie comme un dispositif technique portable donnant l'heure pendant un déplacement dans un véhicule. Ces garde-temps présentent souvent d'autres fonctions; ils peuvent indiquer l'heure de jour comme de nuit, servir de réveil, de calendrier ou encore de thermomètre. Ce sont non seulement des objets utiles, mais aussi des objets luxueux, qui s'inscrivent dans des logiques d'ostentation et de distinction sociale. C'est d'ailleurs peut-être cette diversité de fonctions et d'usages qui rend difficile leur définition. Ces garde-temps témoignent plus largement de la culture matérielle du voyage au XVIIIe siècle, qui se situe à la rencontre entre la nécessité d'aménager la mobilité – caractérisée par une accélération et une rationalisation des déplacements – en rendant les dispositifs horaires portatifs et une logique que l'on peut assimiler à la culture de l'apparence, et donc du luxe.

La diffusion des montres de voyage répond aussi à un nouveau besoin: celui d'avoir l'heure avec soi lors d'un déplacement, puisque toutes les étapes du transport sont peu à peu régies par des horaires au cours du XVIIIe siècle, ce qui s'inscrit plus largement dans un contexte où le temps devient précieux et où il faut donc l'économiser, notamment en se déplaçant plus vite[82]. De cette omniprésence des référents temporels auxquels les voyageurs doivent se soumettre – sous peine d'être abandonnés à un relais ou de manquer leur correspondance – découlent donc de nouvelles pratiques et de nouveaux objets. Les montres de voyage témoignent des usages, des gestes et des savoirs du temps.

82 Roche, Daniel: *Humeurs vagabondes. De la circulation des hommes et de l'utilité des voyages*, Paris 2003, p. 196; Marienstras, Élise: Les modalités du temps chez Benjamin Franklin, in: *Transatlantica* 2, 2009 [En ligne]; Blondé 2010 (cf. note 1), p. 100.

Grégoire Besson

Les voyageurs et leurs montres en Europe à la fin du XVIIIe siècle

Entre précision technique et flou temporel

Au XVIIIe siècle, le voyage devient une activité centrale dans les pratiques culturelles européennes[1]. Le contexte du renforcement de l'apparat étatique et les prémices de l'industrialisation favorisent un progrès technique des véhicules et un développement des réseaux de transport sans précédent, bien que loin d'être homogène en Europe[2]. L'amélioration rapide des conditions du déplacement va de pair avec l'augmentation marquée du nombre de voyages, motivés par des raisons variées, et selon des pratiques qui se diversifient. Au cours de la seconde moitié du XVIIIe siècle émergent alors des activités apodémiques relevant du tourisme[3].

Le perfectionnement et le développement des infrastructures et des moyens de transport permettent aux voyageurs de se déplacer à une vitesse croissante, diminuant de fait les temps de transport de manière progressive et soutenue tout au long de cette période[4]. Les conséquences se ressentent évidemment dans le voyage où le fait de se déplacer plus rapidement modifie le rapport à l'espace, donc le cadre spatio-temporel du voyageur. Le XVIIIe siècle témoigne en outre d'une nouvelle pénétration de la mesure du temps dans la société. Le perfectionnement des dispositifs de mesure, l'essor de la consommation de montres, la multiplication des horloges publiques participent à diffuser une conscience nouvelle du temps[5].

1 Pour aborder la question du voyage entre les XVIIIe et XIXe siècles, voir : Roche, Daniel : *Humeurs vagabondes. De la circulation des hommes et de l'utilité des voyages*, Paris 2003 et Venayre, Sylvain : *Panorama du voyage 1780–1920*, Paris 2012.

2 Sur la question spécifique des moyens et infrastructures de transport, voir : Livet, Georges : *Histoire des routes et des transports en Europe : des chemins de Saint-Jacques à l'âge d'or des diligences*, Strasbourg 2003.

3 Sur l'émergence de pratiques touristiques, consulter : Bertrand, Gilles : *Le Grand Tour revisité. Pour une archéologie du tourisme : le voyage des Français en Italie, milieu XVIIIe siècle – début XIXe siècle*, Rome 2008.

4 Studeny, Christophe : *L'invention de la vitesse : France, XVIIIe – XXe siècles*, Paris 1995.

5 Sur ce sujet, consulter : Landes, David : *Revolution in Time: Clocks and the Making of the Modern World*, Cambridge 1983 et Dohrn-Van Rossum, Gerhard : *Histoire de l'heure. L'horlogerie et l'organisation moderne du temps*, Paris 1997.

C'est dans le contexte de ces profondes mutations tant dans les pratiques de voyage que dans les cultures de la mesure du temps que s'inscrit cette étude, en interrogeant notamment l'utilisation des montres par les voyageurs. L'ambition de cette contribution est donc en premier lieu d'analyser l'importance que les voyageurs accordent à leurs dispositifs de mesure du temps. En second lieu, nous questionnerons les difficultés qu'ils rencontrent dans l'utilisation de leurs garde-temps lors des voyages, à travers trois exemples : le problème de la divergence entre l'heure solaire et l'heure moyenne des horloges et montres mécaniques, la différence horaire existant entre plusieurs points dans l'espace ainsi que la diversité dans la manière de compter les heures selon les pays.

Cet article se base principalement sur les récits de voyage, source qui permet d'appréhender les émotions, les perceptions et la vie quotidienne de voyageurs[6]. Les guides et manuels de voyage, ainsi que les traités savants d'astronomie ou d'horlogerie seront également mobilisés pour préciser les conditions de voyage et les problématiques inhérentes à la détermination du temps.

Le voyageur et sa montre

Malgré l'invitation aux voyageurs d'emporter « une bonne montre, ou un garde-temps précis »[7] par le comte Berchtold, les récits de voyages[8] ne portent que très peu d'évocations de garde-temps. Les rares mentions de montres ou d'horloges concernent presque à chaque fois un relevé et une inscription de l'heure dans leur journal[9]. S'ils écrivent parfois explicitement à propos de leurs montres, c'est davantage pour illustrer la diversité de la diffusion de la mesure mécanique du temps dans les différentes régions d'Europe que pour les décrire. Les voyageurs ne semblent donc pas accorder d'attention particulière aux caractéristiques spécifiques de ces objets, dont nous n'avons retrouvé aucune description parmi tous les récits étudiés.

Lorsqu'il traverse l'Espagne en septembre 1760, l'écrivain italien Giuseppe Baretti (1719–1789) est surpris par l'étonnement des enfants d'un village lorsqu'il consulte l'heure sur sa montre. Après en avoir fait écouter le bruit du mécanisme et expliqué le fonctionnement aux enfants, il conclut :

6 Cette contribution est issue de notre thèse : Besson, Grégoire : *Le temps du voyage : rythmes et perceptions du temps dans les pratiques du voyage en Europe, entre Lumières et romantisme*, Grenoble 2019.

7 Berchtold, Leopold : *Essay to Direct and Extend the Inquiries of Patriotic Travellers* [...], 2 t., Londres 1789, t. 1, Londres 1789, p. 76. Trad. Grégoire Besson.

8 Les cinquante récits analysés résultent de voyages internationaux effectués entre les années 1750 et 1800, pour des raisons variées (Grand Tour, voyage diplomatique, commercial, savant, d'agrément, …) sur le continent européen par des voyageurs (hommes et femmes) originaires de différents États d'Europe.

9 Besson, Grégoire : L'écriture du temps dans le récit de voyage entre Lumières et romantisme, in : *Viatica* 6, 2019 [En ligne].

> « Qui n'aurait jamais cru que j'eusse pu, si facilement & à si bon marché, les rendre tous heureux au moyen d'une chose de si peu de valeur que je portais sur moi ! Plusieurs hommes & plusieurs femmes, attirés par le bruit que faisaient ces petites créatures, m'ont pris pour un respectable Hidalgo à la simple vue de ma montre. J'ai passé de cette manière environ une heure, enchanté de leur surprise & de leur joie innocente. Jugez à présent de la proportion qu'il y a entre les connaissances de Londres, de Paris, ou de Rome, & celles du village de Talavera dans l'Estrémadure espagnole. »[10]

De la même manière, cinquante ans plus tard, le militaire français Jacques Vialla de Sommières (1764–1849) est également surpris par l'absence de montres au Monténégro :

> « Là, toutes les fois que je sortais ma montre pour regarder l'heure, je m'apercevais qu'on s'approchait de moi pour l'examiner avec une attention presque stupide. On me faisait à l'envi mille questions ; j'appris qu'il n'y avait que sept à huit ans qu'on se servait de montres au Monténégro, dans la partie limitrophe à la Dalmatie. Le reste du pays les connaît encore si peu, que dans les affaires de Castel-Nuovo [Herceg Novi] et Raguse [Dubrovnik], les Monténégrins qui s'attachaient à enlever à nos prisonniers tous leurs boutons et autres pièces de métal, se trouvèrent surpris, en tirant les chaînes, d'y voir des montres attachées. Ceux de la Zante, surtout, n'en avaient aucune idée, tellement que l'un d'eux, en entendant le mouvement de la première qu'il eût vue, lors du siège de Raguse, la jeta par terre avec effroi ; et croyant qu'il y avait un esprit malin caché, il la brisa à coups de pierre. »[11]

Les deux voyageurs cités en exemple semblent utiliser leur montre comme un révélateur de l'altérité vis-à-vis des peuples qu'ils rencontrent. Ils opposent l'étonnement que provoquent leurs montres aux habitants des pays qu'ils traversent à la banalité que ces objets représentent pour eux et leurs lecteurs. En effet, dans la seconde moitié du XVIIIe siècle, les voyageurs appartenant aux élites économiques et sociales ont probablement tous sur eux un garde-temps, dont la possession se banalise progressivement[12]. La consommation ordinaire de garde-temps peut expliquer, à l'instar des écrits de voyage étudiés, qu'une majorité de voyageurs ne semblent pas y prêter une grande attention, au point de ne les mentionner que rarement dans leurs récits.

L'exactitude mécanique d'une montre de qualité commune est de l'ordre d'une minute par jour au XVIIIe siècle[13]. Il est donc envisageable de penser que les voyageurs bénéficiaient d'une heure relativement précise affichée sur leur montre. Or, l'entretien nécessaire au bon fonctionnement et à la précision des instruments d'horlogerie au XVIIIe siècle est complexe et exige des soins attentifs[14]. Conscient de ces difficultés, le célèbre horloger Ferdinand Berthoud (1727–1807) explique à ses lecteurs dans un court et didactique ouvrage, intitulé *L'art de conduire et de régler les pendules et les montres* (1759),

10 Baretti, Giuseppe : *Voyage de Londres à Gênes. Passant par l'Angleterre, le Portugal, l'Espagne et la France*, 4 t., Amsterdam 1777, t. 2, Amsterdam 1777, p. 84 sq.

11 Vialla de Sommières, Jacques Louis : *Voyage historique et politique au Monténégro*, 2 t., Paris 1820, t. 1, Paris 1820, p. 156 sq.

12 70 % des inventaires après décès parisiens des années 1780 portent la mention d'une montre d'après Roche, Daniel : *Le peuple de Paris*, Paris 1998, p. 302.

13 Dequidt, Marie-Agnès : La qualité de l'horlogerie commune à Paris, à la fin du XVIIIe siècle, in : *Histoire & mesure* XVII/2, 2012, p. 137–164, ici p. 145.

14 Dequidt 2012 (cf. note 13), p. 146 sq.

comment procéder pour choisir une bonne montre, pour la régler et la faire fonctionner correctement. Ainsi, dans l'article VIII, il recommande par exemple un réglage fréquent :

> « Que les changements de frottements, l'épaississement d'huiles, l'affaiblissement du grand ressort, changent insensiblement la régularité d'une montre : ainsi, pour qu'elle continue à être réglée, il faut tourner l'aiguille de rosette, à proportion du retard que ces causes ont produit. Il faut donc que chaque personne conduise & règle sa montre ; & pour peu qu'elle soit bonne, elle ira constamment bien ; car une montre, qui est toujours entre les mains de la même personne, est sensiblement exposée tous les jours à la même température, mouvement, position, &c. Il ne sera besoin pour lors, que de la remettre tous les 8 à 10 jours à l'heure avec une bonne pendule ou un avec le Méridien. »[15]

La littérature technique, notamment Berthoud, s'intéresse à la montre du voyageur, qui peut être de deux types. Soit c'est une montre qui ne possède rien de particulier par rapport à la montre de poche classique mais qui doit être « bien composée et exécutée, [et qui] ne fait volontiers qu'une demi-minute d'écart par jour »[16]. Soit c'est une montre de carrosse[17] « environ trois fois plus grosse que les autres montres. Elle est pour l'ordinaire à sonnerie, et sert pour courir la poste en la suspendant dans la chaise »[18]. Dans les deux cas, il apparaît que les recommandations de Berthoud ne peuvent être suivies scrupuleusement en voyage. Les mouvements et cahots induits par de longs trajets en voiture hippomobile et par la navigation maritime comme fluviale ainsi que les variations thermiques associées au portage aggravent le dérèglement des montres. En outre, régler sa montre ou sa pendule en voyage n'est pas si aisé, car encore faut-il pouvoir trouver un garde-temps de référence sur lequel se synchroniser.

L'heure solaire : entre heure vraie, heure moyenne et équation du temps

Dans certaines régions d'Europe, notamment les campagnes les moins développées ou les plus faiblement peuplées, les montres et horloges pouvaient être rares au XVIIIe voire au début du XIXe siècle. Sans horloge de référence, il devient alors nécessaire d'utiliser un méridien ou un cadran solaire pour régler sa montre. Berthoud le sait probablement et c'est pourquoi il détaille comment régler sa montre avec le soleil au méridien et comment tracer un méridien propre à ce but[19].

Régler sa montre à partir d'un cadran solaire ou d'une méridienne peut à première vue sembler simple. Il suffit d'accorder son garde-temps avec l'heure indiquée par

15 Berthoud, Ferdinand : *L'art de conduire et de régler les pendules et les montres : à l'usage de ceux qui n'ont aucune connoissance d'Horlogerie*, Paris 1759, p. 30.

16 Berthoud 1759 (cf. note 15), p. 27.

17 À propos des montres de carrosses, voir la contribution de Catherine Herr-Laporte intitulée « Les montres de voyage : désignations, techniques et usages (1700–1830) » dans le présent volume.

18 Romilly, Jean : Horlogerie, in : Diderot, Denis/d'Alembert, Jean Le Rond (dir.) : *L'Encyclopédie ou Dictionnaire raisonné des sciences, des arts et des métiers*, Planches tome IV, Paris 1765, p. 12.

19 Berthoud 1759 (cf. note 15), p. 37–48.

l'ombre portée sur le cadran solaire ou attendre le midi solaire sur une méridienne. Or, le temps du soleil et celui des horloges ne sont pas les mêmes, ils sont incompatibles[20]. En effet, il ne s'écoule pas vingt-quatre heures entre deux midis solaires. Autrement dit, midi n'est pas toujours à midi. En effet, le temps de l'horloge mécanique est régulier, alors que le temps du soleil change selon la position de l'observateur sur terre et le jour de l'année du fait de l'orbite ellipsoïde de la terre et de sa vitesse de rotation inconstante. L'accroissement de la précision des horloges à la fin du xviie siècle a mis en évidence l'irrégularité du passage du soleil au méridien, déjà connue des astronomes de l'Antiquité[21].

Pour résoudre ce problème de décalage, les astronomes, savants et horlogers ont recours à l'« équation du temps »[22], reliant le temps vrai, c'est-à-dire le temps observé par le passage du soleil, au temps moyen. Le temps moyen est celui faisant coïncider le midi avec l'horloge, en espaçant précisément de vingt-quatre heures chaque passage du soleil au méridien du lieu, par le recours à l'équation du temps. L'équation du temps peut être définie comme la somme des retards et des avances du soleil vrai par rapport au soleil moyen. Elle permet de convertir le temps solaire vrai (celui du cadran solaire) au temps solaire moyen (celui des horloges), par la formule : temps solaire moyen = temps solaire vrai + équation du temps. Le décalage induit par l'équation du temps peut atteindre +14 minutes en février et -16 minutes début novembre[23].

Certains pendules à complication intègrent automatiquement l'équation du temps, mais le commun des possesseurs de garde-temps doit intégrer manuellement les minutes de décalage au cours du réglage de leur montre. Des publications astronomiques à l'instar de la revue *Connaissance des temps*, souvent reprises et simplifiées dans des almanachs, offrent au public les corrections à appliquer. Parallèlement à ces dispositifs, c'est probablement pour faciliter le travail des horlogers dans leur tâche de mise à l'heure, mais aussi pour les simples possesseurs de montre, alors que celles-ci se démocratisaient parmi les Français, que l'astronome Grandjean de Fouchy (1707–1788) eut l'idée d'incorporer l'équation du temps sur un cadran solaire vers 1730[24]. L'astronome et mathématicien Bedos de Celles (1709–1779), spécialiste des cadrans solaires, explique l'intérêt que cela représentait alors :

> « La méridienne du temps moyen est fort utile, et très commode pour régler une montre, une pendule ou une horloge avec grande facilité, sans être obligé d'avoir recours aux Tables d'équation, qui causent souvent quelques embarras à ceux qui ne conçoivent pas bien la différence du temps moyen et du temps vrai. La méridienne du temps moyen a été imaginée pour cet usage ; car si on met un jour quelconque la pendule à midi précis, au moment où le point de lumière du trou de la plaque tombe sur la courbe du mois où l'on est ; si cette pendule est bien réglée, elle

20 Gapaillard, Jacques : *Histoire de l'heure en France*, Paris 2011, p. 19.

21 Savoie, Denis : L'aspect gnomonique de l'œuvre de Fouchy : La méridienne de temps moyen, in : *Revue d'histoire des sciences* 61, 2008, p. 41–62, ici p. 43.

22 Pour une explication détaillée, voir : Gapaillard 2001 (cf. note 20), p. 18–39 (chapitre 2 : « L'équation du temps »).

23 Savoie 2008 (cf. note 21), p. 42.

24 Ibid., p. 48.

doit toujours suivre le midi du temps moyen, lorsque le point de lumière se rencontre sur la suite de la même courbe, et cela d'un bout à l'autre de l'année. Ainsi on pourra régler une pendule immédiatement sur la méridienne du temps moyen ; ce qui est bien plus simple que d'avoir recours à des expédients, qui demandent plus d'intelligence. »[25]

L'équation du temps et sa représentation sur une méridienne permettent de régler une horloge en un lieu fixe. Cependant, lorsque le possesseur de montre voyage, donc se déplace dans l'espace, il lui est nécessaire de régler à nouveau sa montre.

Latitude et variation de l'heure astronomique

La relation entre la latitude géographique, la longueur du jour et la différence entre les temps locaux étaient déjà communément admise par les personnes instruites et possédant quelques notions d'astronomie à l'instar d'un voyageur suisse anonyme faisant le trajet Genève-Paris en diligence au début de l'année 1791 :

« L'heure que nous donnaient nos montres à notre départ de Genève n'était plus d'accord avec celle des horloges du pays, ces dernières étaient en retard d'une demi-heure. Nous calculâmes cette différence, qui nous parut trop considérable : les 24 heures se divisant en 360 degrés, ne donnent que 4 minutes par degrés. Nous avions parcouru trois degrés à l'ouest, nous ne devions donc être en avance que de 12 minutes ; trois degrés étant la 120e partie des 1440 minutes, (ou des 24 heures) qui divisent les 360 degrés… Il y avait certainement une erreur dans notre calcul ; (ce que je ne crois pas) ou bien les horloges, ou nos montres étaient mal réglées. »[26]

Ce calcul est juste : il y a environ douze minutes de décalage horaire entre Genève et Paris. Les dix-huit minutes manquantes s'expliquent probablement par l'absence de considération de l'équation du temps dans l'horloge de référence du départ ou de l'arrivée. Au moment de ce voyage, en janvier, le décalage est d'environ 13 ou 14 minutes. Les quelques minutes restantes peuvent résulter de la marge d'erreur des horloges prises en référence ou encore du dérèglement des montres. L'exemple de ce voyageur suisse illustre les différents paramètres à prendre en compte ainsi que la complexité à garder sa montre précisément réglée lors d'un déplacement d'une distance d'à peine plus de quatre cents kilomètres.

Bien que certains voyageurs aient pu s'intéresser à ce problème, la lenteur des communications rendaient ces décalages assez imperceptibles et donc sans réels effets et conséquences dans la vie quotidienne du XVIIIe siècle[27]. Ainsi, bien que relevant ce décalage horaire, d'après la suite de son journal, le voyageur suisse n'en demeure pas perturbé outre mesure, car il lui a suffi, une fois arrivé à destination, de régler sa montre sur

25 De Celles, Dom Bedos : *La Gnomonique pratique ou l'art de tracer les cadrans solaires*, Paris 1760, p. 243.

26 Anonyme : *Journal d'un voyage de Genève à Paris, par la Diligence, fait en 1791*, Genève/Paris 1792, p. 115.

27 Dohrn-Van Rossum 1997 (cf. note 5), p. 337.

une horloge parisienne pour vivre selon l'heure de Paris. C'est au milieu du XIXe siècle, à la suite de l'invention de la télégraphie électrique et de la diffusion des chemins de fer, que ces différences horaires créent un problème pour coordonner les transports et la circulation des informations, ce qui donnera lieu au processus d'unification du temps à travers l'établissement de régions horaires[28].

La particularité des heures italiques

Lorsque le déplacement longitudinal devient important, le voyageur doit donc régler sa montre pour se mettre à l'heure du nouveau lieu. Cependant, dans certains États, la manière de compter les heures et les jours était bien différente du reste de l'Europe. En Italie ou en Bohême, l'heure et le jour calendaire se calculaient assez singulièrement d'après les voyageurs originaires d'autres États, ce qui pouvait leur poser un véritable problème.

Jusqu'au milieu du XIXe siècle, le nycthémère, c'est-à-dire une alternance jour/nuit, est divisé en une unique période de vingt-quatre heures en Italie et en Bohême, et non en deux périodes de douze heures comme dans le reste de l'Europe[29]. Cette première particularité concerne les cadrans de certaines horloges, gradués de I à XXIIII à l'instar de celui de la Tour de l'Horloge située place Saint Marc à Venise (fig. 1).

La seconde singularité de ce système consiste à faire débuter le comptage des heures une demi-heure après le coucher du soleil, soit en fonction d'un repère variant constamment au cours de l'année. Cette manière de compter les heures perturbe les voyageurs venant d'autres pays, habitués au système alors en vigueur dans le reste de l'Europe, qui est celui que nous utilisons toujours aujourd'hui. L'astronome français Jérôme de Lalande (1732–1807), spécialiste des éphémérides astronomiques et directeur de l'Observatoire de Paris, explique dans la préface de son *Voyage d'un François en Italie* (1769), qui devint par la suite un guide de référence, le fonctionnement de ce système de calcul des heures :

> « Les Heures telles qu'on les compte en Italie, sont souvent pour les Voyageurs un embarras sur lequel il est nécessaire de les prévenir, je crois que c'est ici le lieu d'en parler. Les Italiens comptent 24 heures de suite depuis un soir jusqu'à l'autre ; la 24ème heure, qu'on appelle souvent l'Ave-Maria, sonne une demi-heure après le coucher du soleil, c'est-à-dire, à la nuit tombante, & lorsque l'on commence à ne pouvoir lire qu'avec peine. Si la nuit dure 10 heures & le jour 14 heures, on dit que le soleil se lève à 10 heures & qu'il est midi à 17 heures. »[30]

28 Sur ces questions, voir : Bartky, Ian : *One Time Fits All. The Campaigns for Global Uniformity*, Stanford 2007 et Ogle, Vanessa : *The Global Transformation of Time 1870-1950*, Cambridge 2015.

29 Gapaillard 2001 (cf. note 20), p. 91.

30 De Lalande, Jérôme : *Voyage d'un François en Italie, fait dans les années 1765 & 1766*, 8 t., Venise/Paris 1769, t. 1, Venise/Paris 1769, p. xxxij–xxxiij.

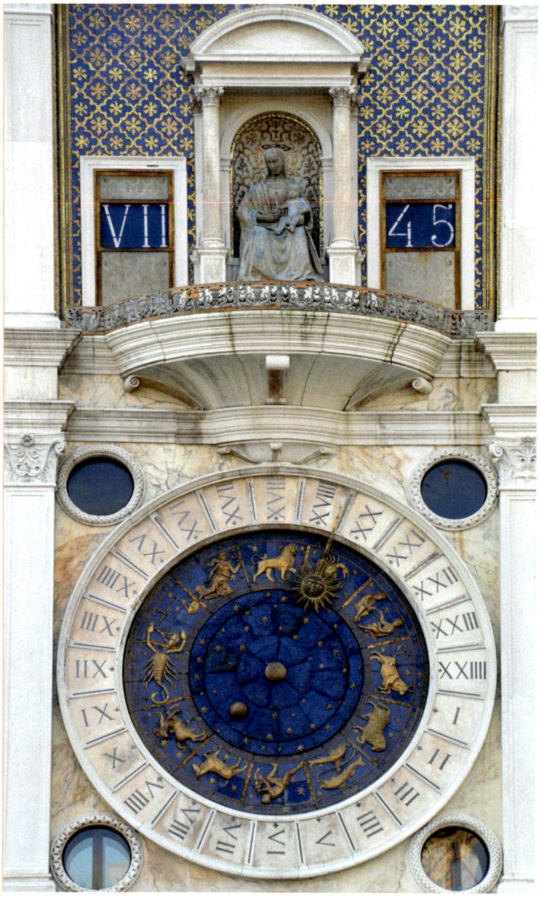

1 Tour de l'Horloge, Venise, place Saint Marc, 1496–1497, détail : cadran de l'horloge

Dans la suite du texte, il propose un tableau de conversion, probablement fort utile pour les voyageurs, lesquels peuvent facilement se tromper, devant plusieurs fois changer de système tant entre la France et l'Italie qu'entre différentes villes italiennes (Turin, Parme et Florence avaient déjà adopté le système des deux fois douze heures). Pourtant, l'exemple fourni par Lalande n'est pas sans complication :

> « Mais en attendant, j'ai cru faire plaisir aux Voyageurs, même aux Italiens, en leur donnant ici une table générale des heures italiques pour les cinq latitudes principales de l'Italie, qui servira sans erreur sensible pour les pays intermédiaires. On y voit pour les différents temps de l'année, quelle heure d'Italie on compte lorsqu'il est midi, en supposant que les 24 heures italiques finissent exactement 30 minutes après le coucher apparent du centre du soleil [...] Cette table servira aussi à trouver l'heure du coucher du soleil en heures françaises ; car il suffit de prendre ce qui s'en manque pour aller à 24 heures, & d'en ôter 30 minutes. »[31]

31 De Lalande 1769 (cf. note 30), p. xxxvj–xxxvij.

Bien qu'il ait existé des horloges capables d'afficher sur des cadrans complexes[32] simultanément les heures dites « françaises » et les heures dites « italiennes », les horlogers italiens devaient régler régulièrement les horloges sur le coucher du soleil, comme le précise encore une fois Lalande :

> « Pour éviter en Italie de toucher chaque jour aux horloges, on attend que les différences accumulées de jour en jour montent environ à un quart d'heure, & pour se conformer à cette police, toutes les horloges de la ville font un saut d'un quart d'heure tantôt au bout de 8 jours, tantôt au bout de 15 jours ou 3 semaines. »[33]

D'après les récits que nous avons étudiés[34], très peu de voyageurs se rendant en Italie mentionnent ces inconvénients. Peut-être ont-ils été des lecteurs assidus de Lalande[35] ou peut-être ne portaient-ils pas d'attention particulière à la mesure du temps par les horloges. Cette dernière hypothèse nous convainc, car l'imprévu s'avère être le principal organisateur du rythme du voyage[36] et quelques minutes de retard ne sont pas d'une grande importance face à plusieurs jours ou semaines de retard qui peuvent s'accumuler. À l'inverse, l'exemple de Goethe est significatif. En effet, il semble accorder une importance particulière au décomptage des heures en Italie, comme il l'écrit dans son *Journal de voyage* le 17 septembre 1786 à Vérone : « Pour me faire à l'habitude du pays sur un point important, j'ai imaginé un moyen de m'approprier plus facilement leur manière de compter les heures ; l'image ci-après en peut donner une idée »[37]. De manière comparable à Lalande, il a donc créé un *Vergleichungskreis* (un « cercle de comparaison ») l'aidant à convertir les heures (fig. 2) :

> « Le cercle intérieur indique nos vingt-quatre heures de minuit à minuit, divisées en deux fois douze, telles que nous les comptons et que les représentent nos horloges. Le cercle du milieu montre comment les cloches sonnent ici, dans cette saison, c'est-à-dire deux fois aussi jusqu'à douze en vingt-quatre heures, mais de telle sorte qu'elles sonnent une heure quand chez nous ce serait huit heures, et ainsi de suite jusqu'à douze heures pleines. Le matin à huit heures à notre cadran, il est de nouveau une heure et ainsi de suite. Le cercle supérieur montre enfin comment on compte dans la vie jusqu'à vingt-quatre. Par exemple, j'entends, la nuit, sonner sept coups, et je sais que minuit est à cinq heures, je soustrais ce nombre du premier et j'ai par conséquent deux heures du matin [...] Quand on entend la chose et qu'on y réfléchit pour la première fois, elle apparaît très confuse et difficile à appliquer ; mais on s'y habitue très vite et on trouve cette occupation divertissante, comme le peuple qui s'amuse à compter et recompter sans cesse, et les enfants à surmonter des légères difficultés. D'ailleurs ils ont toujours les doigts en l'air, calculent tout de tête, et aiment s'occuper de chiffres. En outre, la chose est d'autant plus facile pour les indigènes, qu'ils ne se soucient à vrai dire ni de midi ni de minuit, et ne comparent pas ensemble deux cadrans comme l'étranger au pays. Ils se contentent de compter dès le soir les

32 L'exemple le plus connu est l'horloge astronomique de Prague. Pour des explications techniques, voir : Poulle, Emmanuel : L'horlogerie a-t-elle tué les heures inégales ?, in : *Bibliothèque de l'École des Chartes* 157, 1999, p. 137–156, ici p. 152.
33 De Lalande, Jérôme : *Astronomie*, 2 t., Paris 1764, t. 1, Paris 1764, p. 602.
34 Gilles Bertrand parvient au même constat. Bertrand 2008 (cf. note 3).
35 Rappelons que son *Voyage d'un Français en Italie* fut un succès d'édition et servit de guide pour de très nombreux voyageurs.
36 Besson 2019 (cf. note 6), p. 446–457.
37 Goethe, Johann Wolfgang von : *Voyage en Italie* [1816–1817], 2 t., Paris 1961, t. 1, Paris 1961, p. 99.

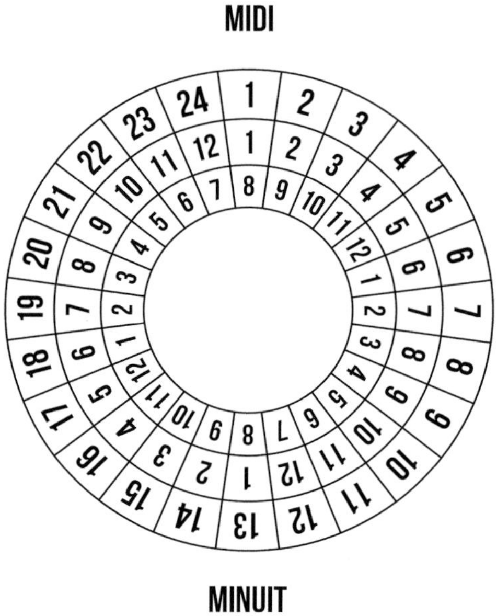

2 Cercle de comparaison, dans Johann Wolfgang von Goethe : *Voyage en Italie* [1816–1817], Paris 1961, t. 1, p. 99

> heures comme elles sonnent, le jour ils additionnent le chiffre au nombre variable et connu de midi. Pour le reste, les observations ajoutées à la figure l'expliquent. »[38]

Le calcul des heures en Italie trouble réellement Goethe. Six mois après ces premières explications datées du début de son voyage sur le sol italien, à Messine, il justifie son retard à une invitation chez le gouverneur en partie par sa difficulté à compter les heures :

> « Je saluais le maître de maison et les invités en m'inclinant, puis je m'assis à côté de lui et excusais mon absence par l'étendue de la ville et l'erreur, dans laquelle déjà plusieurs fois l'inhabituelle façon de compter les heures m'avait induit. »[39]

Même si la version intégrale de son récit ne paraît qu'en 1816, Goethe publie en octobre 1788, quatre mois après son retour en Allemagne, un « extrait d'un journal de voyage »[40] dans le périodique *Der Teutsche Merkur*. Dans cet avant-goût de son récit, il consacre une

38 Ibid.
39 Goethe 1961, t. 2 (cf. note 37), p. 577.
40 Goethe, Johann Wolfgang von : Auszüge aus einem Reise-Journal, in : *Der Teutsche Merkur* 4, 1788, p. 32–49.

des trois parties à « la mesure des heures des Italiens »[41], ce qui témoigne de l'importance qu'il a accordé à cet aspect lors son voyage en Italie. Dans ces quelques pages, Goethe décrit comme Lalande le système horaire des Italiens et explique en quoi il est logique et commode pour eux de l'utiliser, en prenant le coucher du soleil plus que le midi pour principal repère journalier. Finalement, Goethe constate que « l'aiguille dite française » devient de plus en plus courante, comme c'est déjà le cas dans certaines grandes villes lors de son séjour en 1788, en prévoyant avec lucidité que la manière particulière qu'ont les Italiens de compter les heures va progressivement disparaître au profit d'une uniformisation avec le reste de l'Europe.

Conclusion

Au cours du XVIIIe siècle, la consommation de produits horlogers se généralise progressivement, et à la fin du siècle, malgré des disparités, la majorité des Européens les plus aisés possèdent une montre, laquelle est généralement assez précise, ayant une marge d'erreur de quelques dizaines de secondes par jour pour celles de qualité supérieure, à une minute pour celles de qualité commune.

Outre l'entretien nécessaire à son bon fonctionnement, un garde-temps nécessite d'être ajusté régulièrement sur une heure de référence. Or, lors d'un voyage dans l'Europe de la fin du XVIIIe siècle, le voyageur doit faire face à plusieurs difficultés pour régler sa montre. En premier lieu, un déplacement dans l'espace implique des changements fréquents d'heure en raison de la variation du temps astronomique en fonction de la latitude. Cependant, l'absence d'horloge de référence dans certains lieux ne permet pas de régler aisément sa montre et le voyageur doit alors utiliser, comme le font les horlogers, une méridienne. Une autre complexité s'ajoute alors, en raison des écarts entre l'heure vraie (celle du soleil), qui varie pendant l'année, et l'heure moyenne (celle des horloges), qui est régulière, écart qui est résolu par l'introduction de l'équation du temps. La dernière difficulté rencontrée par le voyageur pour régler sa montre vient de l'existence de différentes manières de compter les heures. Les provinces italiennes et la Bohême font en effet figure d'exception par rapport au reste de l'Europe, ce qui provoque un certain désarroi chez une partie des grand-touristes. Toutes ces difficultés à régler une montre résultent finalement de l'absence d'heure légale régionale, nationale et encore moins internationale[42].

41 Ibid., p. 45–49.

42 Genève instaura un temps moyen légal en 1780, suivie de Vienne en 1782, puis de Londres en 1792, Berlin en 1810 et Paris en 1826. Gapaillard 2001 (cf. note 20), p. 102. L'uniformisation de l'heure à l'échelle nationale s'échelonne ensuite tout au long de la seconde moitié du XIXe siècle selon les États (Angleterre en 1853, France en 1891, Allemagne en 1893). À l'échelle internationale, c'est entre les années 1880 et la Première Guerre mondiale qu'est progressivement instauré et reconnu le système des fuseaux horaires. Sur ces questions, consulter Bartky 2007 (cf. note 28) et Ogle 2015 (cf. note 28).

Fabio Pruneri

Time Management at School from the Late Middle Ages to the Industrial Age

A Few Cases in Point

In this essay, I approach the history of European education from the standpoint of the temporal organization of pedagogical practices. While abundant literature exists on the spatial organization of Western schools, from popular and municipal schools to colleges and universities, little attention has been devoted to the temporal structures that have accompanied the development of education.[1] In other words, if the spaces of the school – even the microcosm of the classroom: the blackboard, the desk and so on – have been tackled by historical studies explaining how these changed over the centuries, the same has not happened for time.

To fill this gap, a highly systematic study would be required, an endeavour well beyond the scope of this paper. Here, I will provide only a first tentative answer to the question of how the relationship between education and time changed from the late Middle Ages to the Industrial Age, by focusing on a few cases in point from various geographical areas. Such an approach avoids far-fetched generalizations by providing concrete examples that illustrate certain larger developments in the history of temporal organization.

The aim of this essay is to account for the progressive development of strategies for parcelling and organizing time at school, that is, the distribution and realization of tasks on a shared timeline. Two assumptions underlie my analysis. The first is that the European scenario can be considered as a unified landscape characterized by a common sen-

* I am grateful to Gianenrico Bernasconi and Susanne Thürigen for useful comments on a previous version of this paper, and to Marco Storni for his help in revising the text.

1 Among the most significant studies dealing with time in education, see Alhadeff-Jones, Michel: Time and the Rhythms of Emancipatory Education Rethinking the Temporal Complexity of Self and Society, London 2016; Anderson, Lorin W.: Time and School Learning. Theory, Research and Practice, London 1984; Compère, Marie-Madeleine/Barreiro Rodríguez, Herminio (eds.): Histoire du temps scolaire en Europe, Paris 1997; Plumelle, Bernadette: L'organisation du temps scolaire. Bibliographie, Sèvres 2011; St-Jarre, Carole/Dupuy-Walker, Louise: Le temps en éducation. Regards multiples, Québec 2001; Pomian, Krzysztof: L'ordre du temps, Paris 1984. Especially relevant to shape my analysis has been Dohrn-van Rossum, Gerhard: History of the Hour: Clocks and Modern Temporal Orders [1992], Chicago/London 1996.

sibility.[2] This is of course a simplification, but one grounded on certain historical evidence, as well as widely adopted in secondary literature.[3] One might, for instance, think of how religion shaped the identity of many regions of Europe in the early modern and modern periods. All across the Continent, religious reforms in fact rendered schooling practices increasingly homogeneous, insofar as education was essential to fostering orthodoxy and adherence to rules of religious conduct.

The second assumption is that the relationship between didactic methods and conceptions of time underwent a radical transformation throughout the history of education. As the bookends to this process, one finds two opposing conceptions of school: school as an intimate relationship between a teacher and a student, and school as a formal institution characterized by the enforcement of synchrony.[4] So as to offer an overview of the key moments in this historical evolution, my case studies speak to some of the main turning points in the history of time management at school, and to a variety of geographical and cultural scenarios.

In the first section, I consider the works of two humanists, Pier Paolo Vergerio (1370–1444) and Battista Guarino (1435–1503), to demonstrate the importance of time management in a period when – as Paolo Rosso has pointed out – "the man or child, and no longer only the Christian, was placed at the centre of the educational project".[5] I then turn to Jesuit colleges and the *Ratio studiorum*, which represents an educational model that has been dominant for centuries, in Europe if not in the whole world. With the *Ratio*, the *magister* became emancipated from the power exerted by the cadets of the court, allowing him to determine the methods and times of schooling more autonomously. Under the influence of Humanism, the authority of the court schoolmaster had waned as the children of princes and lords came to each be educated according an indi-

2 As Pierre Caspard claims: "In medieval and early-modern times western Europe had common socio-educational substructures, but these materialized in discontinuous ways". (Caspard, Pierre: The School in Crisis, Crisis in the Memory of School. School, Democracy and Economic Modernity in France from the late Middle Ages to the Present Day, in: Paedagogica Historica 34/3, 1998, pp. 690–710, p. 695.

3 Julia, Dominique: Riflessioni sulla recente storiografia dell'educazione in Europa. Per una storia comparata delle culture scolastiche, in: Annali di Storia dell'Educazione e delle Istituzioni Scolastiche 3, 1996, pp. 119–147; Caruso, Marcelo: Within, Between, Above, and Beyond: (Pre)positions for a History of the Internationalisation of Educational Practices and Knowledge, in: Paedagogica Historica 50/1–2, 2014, pp. 10–26. See also the special issue: Itinerari del sapere nell'Europa moderna, in: Annali di storia dell'educazione e delle istituzioni scolastiche 20, 2013, pp. 17–199.

4 Quoting Rury, John L./Tamura, Eileen H. (eds.): The Oxford Handbook of the History of Education, New York 2019, because of reforms in education systems, from the modern age to the early 20th century, "teaching would become not merely the individual acts of adults in a room with children but a professional field of scientifically trained experts in pedagogy, learning theory, and curriculum" (p. 481). See also Grunder, Hans-Ulrich: Precettori, in: Stiftung Historisches Lexikon der Schweiz (ed.): Dizionario storico della Svizzera, 2012, https://hls-dhs-dss.ch/articles/010421/2012-02-24 [22.05.2020]; De Giorgi, Fulvio/Gaudio, Angelo/Pruneri, Fabio (eds.): Manuale di Storia della scuola italiana. Dal Risorgimento al XXI secolo, Brescia 2019, pp. 6–13.

5 Rosso, Paolo: La scuola nelle corti tardomedievali dell'Italia nord-occidentale. Circolazione di maestri e di modelli, in: Mélanges de l'École française de Rome – Moyen Âge 127/1, 2015, pp. 57–95, p. 59.

vidually tailored literary, moral and religious pedagogy.[6] In Jesuit schools, by comparison, learning objectives were tethered not to the character and capacities of the individual student but rather to rigid temporal criteria based on a pupil's age. My third case is that of Jean-Baptiste de La Salle's educational method, widespread in the 17th and 18th centuries, which shows a refinement in the use of time for didactic purposes. The religious congregation founded by La Salle, the Brothers of the Christian Schools, organized the education of children in a rigorous way, not only spatially but also temporally: for example, the school bell was increasingly used to parcel the school day. The concern for simultaneity, in the sense of teaching a large number of students at once, is likewise present in the so-called 'normal' method elaborated at the end of the 18th century in the Austrian context, as I discuss in my fourth section. This method was adopted in several regions of Europe and provided the model for public elementary school in the nation states. Finally, I analyse the scrupulous organization of time, according to an economic and utilitarian principle, that characterized schools during the Industrial Revolution, focusing on the pedagogy of the 'monitorial' system. In this context, temporal concerns were directed toward the immediate acquisition of professional skills.

Time and School in Italian Humanism

Before the development of school as an institution in the modern sense, education appears to have been very heterogeneous. The ability to read, to write and to count was in fact almost totally absent outside the nobility, and knowledge was mostly based on oral traditions.[7] Even after the advent of printing, school had no unitary shape across Europe, as 'mercenary schools'[8] and monastic and episcopal schools were all attended by students of various ages. The culture of education in Europe fluctuated greatly from one region to another, and its temporal organization was mostly irrelevant for schooling through the late Middle Ages.

The situation changed significantly in the Italian Renaissance. The court was "one of the main centres of cultural innovation in medieval and early modern Europe", and therefore had a central role in the structure of social life.[9] It served a range of cultural

6 Rosso, Paolo: La scuola nel medioevo. Secoli VI–XV, Roma 2018, pp. 212–216.

7 On this point, see Ferrari, Monica/Piseri, Federico: Scolarizzazione e alfabetizzazione nel Medioevo italiano, in: Reti Medievali Rivista 14/1, 2013, pp. 315–350.

8 The 'mercenary' practice was characterized by "elementary teachers [who] either ran their own schools, or worked as private tutors residing in the households of prosperous families" (Black, Robert: Education and Society in Florentine Tuscany. Teachers, Pupils and Schools, *c.* 1250–1500, Leiden 2007, p. 327). See also Piseri, Federico: Il 'corpo mercantesco' tra tardo Medioevo e Rinascimento. Formazione e professionalizzazione, in: Morandi, Matteo (ed.): Formare alle professioni. Commercianti e contabili dalle scuole d'abaco ad oggi, Milan 2013, pp. 25–43.

9 Burke, Peter: The Courtier, in: Garin, Eugenio (ed.): Renaissance Characters, Chicago 1997, pp. 80–122, p. 105. See also Garin, Eugenio: Il pensiero pedagogico dell'Umanesimo, Florence 1958.

functions, assigning a great importance to the arts, poetry and dance, as well as to games such as chess, gambling and inventing anagrams. Though artistic and literary activities were encouraged in connection with the courtly sphere, formal education was still generally lacking in the 15th and 16th centuries, especially for the popular classes and for women.[10]

Even amid this general lack of formal education in the early modern period, there is still some evidence of a tightened control over schooling hours, particularly in areas where humanistic culture and economic modernization were most strong. As cases in point I will consider two important figures of Italian Humanism, namely Pier Paolo Vergerio and Battista Guarino. A grammar and rhetoric scholar and theorist of education, Vergerio recommended that students devote designated hours of each day to studying, and spend free time on milder occupations and less tiring readings. His manual on the education of teens, *De ingenuis eteribus et liberalibus studies adulescentiae* (1402/03), circulated widely and had a great influence on pedagogical practices in the centuries following its publication. As for the role of time in his practice, Vergerio suggested that clocks be kept in libraries in order to warn and to encourage diligence in the reader, stating: "In every library let a clock be so placed that it may catch the eye of the reader, to warn him by the swift lapse of time of the need of diligence, and, I would add, let the library be used for no other purpose whatsoever than that for which it is designed".[11] More generally, Vergerio proposed that a student's day be divided into three parts: one third should be devoted to sleep, one third to meals and leisure and one third to liberal studies.[12] This rough schedule indicates that time was still not measured accurately,

10 Between the dimension of the court and the illiteracy of popular classes, there were intermediate manifestations of the need of education. Between the 13th and the 15th centuries, for instance, abacus schools had a considerable diffusion in Italy. These schools were private, as they were connected to artisanal shops. They were entrusted to an abacus master, who could be an accountant, an architect, an administrator or an engineer. The knowledge provided by these schools was mostly practical and came closer to an apprenticeship than to formal education. See Gamba, Enrico/Montebelli, Vico: La matematica abachistica tra recupero della tradizione e rinnovamento scientifico, in: Manno, Antonio (ed.): Cultura, scienze e tecniche nella Venezia del Cinquecento. Atti del convegno internazionale di studio Giovan Battista Benedetti e il suo tempo, Istituto Veneto di scienze, lettere e arti, Venice 1987, pp. 169–202. See also Grendler, Paul F.: Renaissance Education Between Religion and Politics, London 2006.

11 Pietro Paolo Vergerio: De ingenuis moribus ac liberalibus studiis, Milano 1474, p. 30: "Intra bibliotecas nostras coram atque in oculis instrumenta haec constituamus quibus horas ac tempora metiri solent ut quasi tempus ipsum fluere labique videamus". Translation in Woodward, William Harrison: Vittorino Da Feltre and Other Humanist Educators: Essays and Versions. An Introduction to the History of Classical Education, Cambridge 1897, p. 112. See also the doctoral dissertation of Favero, Alessandra: Sul "De ingenuis moribus et liberalibus studiis adulescentiae" di Pier Paolo Vergerio il Vecchio. Circolazione, ricezione e interpretazione di una raccolta pedagogica umanistica, University of Trieste 2014.

12 "Quosdam autem accepimus in hunc modum tempus distribuere solitos, ut per diem ac noctem somno tertiam partem permitterent, tertiam refectionibus ac vacationi, reliquum liberalibus studiis darent" (Vergerio 1474 (see footnote 11), p. 59).

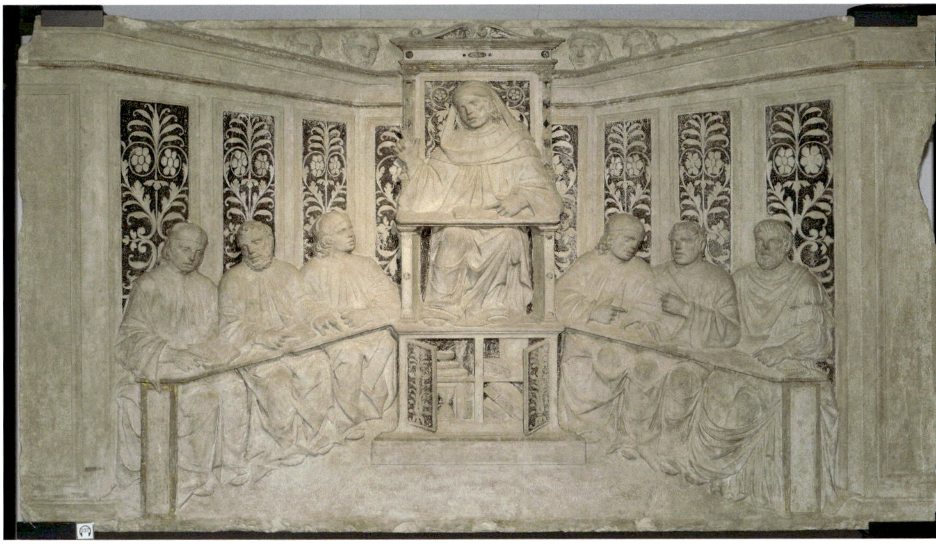

1 Vincenzo Onofri, tomb of Pietro Canonici, 1502, Bologna, Museo civico medievale

especially when an interval exceeded what could be measured using a common hourglass. Already in the first half of 14th century, the use of hourglasses was widespread throughout Europe. It is easy to see the reasons for their success: as Gerhard Dohrn-van Rossum has pointed out, "sandglasses were cheap, quiet, and reliable companions and competitors to wheeled clocks".[13]

The diffusion of hourglasses in the late Middle Ages in fact contributed profoundly to the growing importance of timekeeping in education. The funeral monuments of university professors, such as that of Pietro Canonici (1502) (fig. 1) – and the iconographies of the scholastic space more generally – often feature hourglasses as a central element of their compositions. According to Elliot Horowitz, the presence of the hourglass, sometimes associated with a whip, in spaces of learning can be seen as indicative of a change in attitude toward the regulation of students' bodies and of their use of time. As he claims, "the working hours of the teacher must be measured precisely: as a mentor to the young child, he must inculcate the notion that time is not to be wasted".[14] The connotations of the hourglass must therefore be understood in parallel with widespread criticisms of the loss of time, which was regarded as a scandal and a sin, in 14th-century texts. The good use of time, especially for educated men, was a leitmotiv from Bernard

13 Dohrn-van Rossum 1996 (see footnote 1), pp. 117–118.
14 Horowitz, Elliott: The Way We Were. Jewish Life in the Middle Ages, in: Jewish History 1/1, 1986, pp. 75–90, p. 82.

of Clairvaux's theological point that "nihil pretiosus tempore, sed nihil vilius aestimatur"[15] to Dante Alighieri's famous verse "perder tempo a chi più sa più spiace".[16]

Half a century after Vergerio, Guarino, another famous humanist, referred to time in laying out his educational method in *De ordine docendi et studendi* (1459). Guarino, whose method I can only account for briefly here, recommended that specific daily hours be assigned to each subject of study, and that this schedule be strictly observed. In addition, he suggested "to map out clearly our course of reading and arrange our working hours in accordance with it".[17] Although Guarino characterizes study as an activity that should be structured like the march of an army, for him education was still an elitist experience. He remained faithful to the classical idea that "no leisure could be more nobly occupied than that spent amongst books".[18]

Time and Education in the Early Modern Period: The Society of Jesus

The introduction of time awareness to school was the result of both conceptual and technological changes as time-keeping devices slowly spread from the 14th century onwards.[19] On the conceptual level, one could note, for instance, that judgments on the importance of school as a 'profitable investment' had become commonplace by the early modern period.[20] The *horarium* used in medieval monasteries – and subsequently adopted in other contexts of the Western world, including barracks, hospitals, offices and schools – served to subsume natural events (the alternation of day and night, the phases of the moon, the cycle of the seasons and the harvests, the circadian rhythms and so forth) into abstract and conventional structures. The introduction of a timetable to school settings, however, also had a subtler aspect, namely to make time management a system of power. Indeed, the ring of the bell indicated the introduction of a strict code in education: no longer a form of artistic, intimate, affective, individual or creative expression, education became subject to a rigid and uniform control. Coercion and the exercising of authority were evident not only in the management of the duration of a

15 The quotation is drawn from Liguori, Alphonsus de: Opere ascetiche. Apparecchio alla morte e opuscoli affini, vol. 9, Rome 1965, p. 104.

16 The verse is number 78 of the third canto of the *Purgatory*. For an English translation, see Dante Alighieri: Purgatory, Boston 1867, p. 21: "To lose [sic!] time irks him most who most knows".

17 Woodward 1897 (see footnote 11), p. 176.

18 Woodward 1897 (see footnote 11), p. 117.

19 See, for instance, Max Engammare's work, in which he claims that being on time was a practice unknown in Antiquity, and that it was above all a spiritual, social and disciplinary virtue that emerged not from technical innovations but from Calvin's theology. Engammare, Max: L'ordre du temps. L'invention de la ponctualité au XVIe siècle, Geneva 2004, English translation in: id.: On Time, Punctuality, and Discipline in Early Modern Calvinism, Cambridge 2013. On this point, see also Roger, Sue: Temps et ordre social, Paris 1994; Boscolo, Luigi/Bertrando, Paolo: The Times of Time. A Perspective on Time in Systemic Therapy and Consultation, New York 2019.

20 Caspard 1998 (see footnote 2), p. 697.

certain action or event but also of the frequency with which that action or event would occur.

The precision of time at school is in this regard paradigmatic. As of the late 16th century, the subjects of study at school were increasingly designated by a central authority (the example of the Jesuits, discussed below, is emblematic) who determined how to arrange the subjects of study at school, and the time to be devoted to each.[21] It is worth noting that the subjects deemed most important, as in most practically useful, were given the top time slots, and any form of spontaneity in teaching and learning was undermined. With respect to the use of time, the traits attributed to childhood in the Latin tradition are illuminating: a child is an individual who is not only unable to speak properly (as in the meaning of the word *infans*) but also, and above all, who is incapable of managing time.[22]

A crucial turning point in the history of time management came with the period of the Protestant Reformation and Catholic Counter-Reformation. In the years of the great religious wars in Europe, pedagogy was largely characterized by attempts to define the idea of 'education' through a variety of concepts, such as *civilitatio* (civilization), *praeceptio* (doctrine), *exhortatio* (exhortation) and *institutio* (training).[23] The latter term seems particularly relevant as it appears in the title of the highly influential *Ratio atque Institutio Studiorum Societatis Jesu* (1599), the education manual of the Society of Jesus. The Latin noun *institutio* had been previously used in Calvin's *Institutio Christianae Religio* (1535), to refer "to an idea, ideal and norm that should be established as a fundamental social principle and structure for molding people's actions, creating habits and virtues".[24]

The notion of an entire schooling curriculum as "a list of the rules that should institute the Jesuit schools, its education and students" presupposed a series of spiritual norms that differed both from "monastic *regulae*, as mere external disciplines" and from the Calvinist *institutio*, as the "art of guiding the soul".[25] There was, however, a common feature among the three: the establishment of regularities having to do with "rigid sequential structures (classes, subjects, years), fixed durations, standard temporal location (recurrence, rites and liturgies)".[26] Indeed, in the Calvinist perspective, it was necessary to account, before God, for our use of time.[27]

21 See Armogathe, Jean-Robert: Cultura e educazione nella riforma Cattolica, in: Vasoli, Cesare/Pissavino, Paolo (eds.): Le filosofie del Rinascimento, Milan 2002, pp. 488–505, p. 495.
22 On childhood as a social construction, see Heywood, Colin: Childhood in Modern Europe, Cambridge 2018.
23 Valle, Carlos Martínez: Jesuit Psychagogies. An Approach to the Relations of Schooling and Casuistry, in: Paedagogica Historica 49/4, 2013, pp. 577–591, p. 579.
24 Valle 2013 (see footnote 23), p. 579.
25 Ibid.
26 Zerubavel, Eviatar: Hidden Rhythms. Schedules and Calendars in Social Life, Berkeley 1985, p. 1.
27 Engammare 2013 (see footnote 19).

The evolution of schooling in Europe appears to have been linked with that of other institutions "designed to discipline, control and shape urban bodies", such as "the prison, the workhouse, the asylum, the reformatory",[28] institutions that have in common a very strict idea of space and time control.[29] Normative prescriptions, ordered regiments and religious imperatives were variously connected with more accurate divisions of time. From this point of view, school was a form of 'socio-temporal order' that regulated the social life not only of students and teachers but also of the community in a broader sense.[30] The Jesuits considered even leisure and rest to be "spiritual and intellectual activities", and the prefects of recreation and of the schoolyard "patrolled the communal times during extracurricular activities".[31] Actions assumed regularity and fixed duration, and the school curriculum became rigidly forced into a certain number of years, a year into semesters, a semester into months, a month into days and so on, to the point that the calendar seemed to shape and give meaning to the lives of the individuals, and not the other way around.

Especially from the 17th century on, the role of educated people become closely bound to the correct use of space and time.[32] The time spent on training and learning thus appears to have become more important than ever before in determining the self-destiny and the social rank of an individual. One example of this is the Jesuit system of colleges (*seminaria nobilium*), with features that would be taken up by other religious orders that taught laypeople (the Barnabites, the Somascan Fathers, et cetera.).[33] These boarding schools, constituting a global network that spread extensively all over the world, were attended by male students of the same age.[34] The case of universities remains dis-

28 Burke, Catherine/Grosvenor, Ian: The Hearing School. An Exploration of Sound and Listening in the Modern School, in: Paedagogica Historica 47/3, 2011, pp. 323–340, p. 324.

29 See Foucault's considerations on time management and the acquisition of habits, in Foucault, Michel: Surveiller et punir. Naissance de la prison, Paris 1975, pp. 123–132.

30 The need for punctuality, however, was not always a primary concern, since the teaching staff had not completely internalized the *habitus* and did not have sufficiently reliable clocks. For example, according to the *Ordre du Collège de Genève*, a school regulation written in 1559, students had to gather "de bonne heure" in the morning, without any precise indication of time (unnumbered page; section *Des écoliers du collège*).

31 Casalini, Cristiano: Active Leisure, in: Journal of Jesuit Studies 1/3, 2014, pp. 400–418, p. 400.

32 As Jeroen Dekker and Inge Wichgers state in a recent paper, "it seems that from the sixteenth century, the body and its sensorial, emotive, and physical expressions were increasingly framed within rules of containment and acts of self-control, to be seen in manners, speech, and in the monitoring and restraint of one's emotional manifestations within socially acceptable boundaries" (Dekker, Jeroen J. H./Wichgers, Inge J. M.: The Embodiment of Teaching the Regulation of Emotions in Early Modern Europe, in: Paedagogica Historica 54/1–2, 2018, pp. 48–65, p. 53.

33 See Sangalli, Maurizio: Le congregazioni religiose insegnanti in Italia in età moderna. Nuove acquisizioni e piste di ricerca, in: Dimensioni e problemi della ricerca storica 1, 2005, pp. 25–47.

34 As for female students, the education of girls in the early modern period developed thanks to the ever-growing educational offers of monasteries, boarding schools, conservatories, Sunday schools and elementary schools. An important aspect of the history of female education is also represented by non-cloistered congregations, such as the Institutum Beatae Mariae Virginis, the Religious Teachers Venerini and the Order of the Visitation of Holy Mary. The main purpose of these institutions was to foster the contributions of women, in their own respective fields, to the life of the Church,

tinct, since they developed their study plans autonomously.[35] From the standpoint of the history of education, two great traditions had existed since the 14th century: the tradition of humanistic schools (one could say, upper secondary schools) and that of universities. As John O'Malley has stressed, "the humanistic schools took not ancient scientific texts but ancient works of literature as the basis for their curriculum, the so-called *studia humanitatis*".[36] One ought to consider that the absence of textbooks and the widespread use of oral instruction have permeated the entire apparatus of learning for centuries. The aim of university studies, on the contrary, was the pursuit of abstract or speculative knowledge. The instruction of a university student could be protracted until he was in his thirties or forties, unlike in humanistic schools where training concluded in the teenage years.

Let us consider more closely the Jesuit educational practice. Jesuit schools were based on a nine-year-long curriculum. Students enrolled in *seminaria nobilium* after first acquiring literacy, and stayed in the boarding school until their university years. Jesuit *collegia* spread quickly beyond Italy, not just within Europe but all over the world, with more than eight hundred across all continents by the end of the 18th century. These boarding schools succeeded thanks to the fact that they were intended not only for the training of clergymen and monks – like the monasteries of the Benedictines, the Dominicans and the Franciscans during the Middle Ages – but also for boys and young men who foresaw a worldly career. This explains why Descartes, Molière and even Voltaire attended Jesuit schools.[37]

The priority of managing time is clear in the organization of Jesuit schools from the micro to the macro level, and the use of the school bell was functional in this respect. As indicated in the *Scripta nonnulla ad modum parisiensem illustandum* (1517), "One should keep a bell in a higher place, which should be rung every day by a doorkeeper or porter at the fourth hour [from nine to ten a.m.] in the morning".[38] In the "Rules for

as men were doing in the context of the Society of Jesus, among other institutions. On female education, see the special issue edited by Bianchi, Angelo/Rocca, Giancarlo (eds.): L'educazione femminile tra Cinque e Settecento, in: Annali di storia dell'educazione 14, 2007, pp. 13–177.

35 Ferrari/Piseri 2013 (see footnote 7), p. 7.

36 O'Malley, John W.: How the First Jesuits Became Involved in Education, in: Duminuco, Vincent J.: The Jesuit Ratio Studiorum. 400th Anniversary Perspectives, New York 2000, pp. 56–74, p. 59.

37 O'Malley 2000 (see footnote 36), p. 56. See also Codina, Gabriel: The "Modus Parisiensis", in: Duminuco, Vincent J. (ed.): The Jesuit Ratio Studiorum. 400th Anniversary Perspectives, New York 2000, pp. 28–49.

38 "Campanam habeat in loco altiori, qua quotidie pulsetur hora quarta mane per evigilatorem seu ianitorem", Lukács, Ladislaus (ed.): Monumenta paedagogica Societatis Iesu, 7 vol., Rome 1965–92, vol. 1: 1540–56, Rome 1965, p. 621. On this question, see also the *Ordine di legere et de li esercitii che si hanno a osservare nele università dela Compagnia di Iesù* of 1553 (Lukács 1965, p. 167): "If we want to count the hours as they do outside of Italy, in the first half of the year [from October until Easter] the mass is at seven [am], and lunch at eleven. After lunch, there are [lessons] from one to four and a half [pm], dinner at six. [From Easter to October] the mass is at six, lunch at ten, and afterwards lunch lessons and exercises go from twelve to five, and we dine at five".

the Teacher's Assistant or Beadle" set out in the *Ratio studiorum*, the school beadle is encouraged to

> "Always have a watch [probably an hourglass] with him at the lectures and disputations and notify the prefect and the professor when the time is up, so that each disputant may keep to the time allotted to him. He shall give the sign for the disputants to begin and conclude, as the prefect shall direct."[39]

In a broad sense, as Gabriel Codina has pointed out, the statutes and rules of the colleges of Paris – not only the Jesuit ones – followed a quasi-conventual style and a common code: "the whole city functioned as a great school, moving together from the sound of the Angelus in the morning, through to the evening, following the same rhythm of hours, calendar, rules, practices, customs, religious and student celebrations and general style of life".[40]

Elementary Education and Time Management: The Lasallian Brothers

In the early modern period, significant developments with respect to the use of time were also taking place at the level of elementary education. Here I will focus on a case emblematic of the changing relationship between school and timekeeping at the start of the 18th century. In 1706, Jean-Baptiste de La Salle (1651–1719), an important figure in the history of education particularly for his delineation of training criteria for male primary teachers, published his *Conduite des écoles chrétiennes*.[41] This work – a milestone in the history of primary education – focuses on how to rationally organize space and time in school. In it, La Salle takes a practical, step-by-step approach to all subjects, a uniform curriculum to be adopted in Lasallian establishments all over France. La Salle's chief concern was the education of the popular class and the poor. Students attending classes would receive both academic and religious instruction, through a perfectly synchronized methodology: "All students should start school precisely at the scheduled hour, without delay nor anticipation".[42] The fact that the structure of the *Conduite* follows, from one chapter to the next, the temporal articulation of the school day further stresses the central importance that La Salle assigned to time management (fig. 2).

This precise structuring of the day suggests that in the late 17th and early 18th centuries there emerged a more controlled use of time, and that the so-called Brothers of the Christian Schools had access to accurate devices for measuring time. The clock and the sound of the bell played essential roles in La Salle's school model. School always began at eight o'clock in the morning, and ended at one thirty in the afternoon. Every day at

39 Farrell, Allan P.: The Jesuit Ratio Studiorum of 1599, Washington 1970, p. 100.
40 Codina 2000 (see footnote 37), p. 33.
41 The manuscript version appeared in 1706, while the first printed edition dates to 1720.
42 Jean-Baptiste de La Salle: Conduite des écoles chrétiennes, divisée en deux parties, Lyon 1819, p. 342.

Hourly Schedule	*School Activity*	*Chapter of* Conduite
7:30-8:30	open school building; preparation for lessons, alone or in student-directed groups	One
8:00-8:30	morning prayer and breakfast; lesson review	Two
8:30-10:30	lessons in reading lessons in writing lessons in arithmetic lessons in spelling	Three Four Five Six
10:30-11:30	reflection; prayer Mass in parish church	Seven Eight
1:00-1:30	preparation for lessons, alone or in student-directed groups	
1:30-2:00	prayer and snack; lesson review	
2:00-3:30	continue lessons in reading writing, arithmetic, spelling	
3:30-4:00	lesson in catechism	Nine
4:00-4:30	examination of conscience; evening prayer; singing, dismissal, close building	Ten

2 School timetable according to Jean-Baptiste de La Salle in his *Conduite des écoles chrétiennes*, 1706

eight and at one thirty, a schoolboy rang the bell: at the first sound of the bell, everyone got down on their knees, with their arms crossed and eyes lowered, in a very modest posture.[43] During the school day, five or six strokes of the bell marked every hour, and a smaller bell marked every half hour. The Brothers did not let the pupils waste any time: a small bell was present even in the classroom and was used to give rhythm to school exercises. Extreme significance was attached to the task of ringing the bell: it was assigned to a student officer who had always been very assiduous in attending school, and who would be careful, vigilant, precise and very punctual in this task.[44] In Lasallian schools time measurement was also used for punishments. A desk was reserved for the negligent: students who missed half a day would remain there for the other half of the day. Absentees, on the contrary, would remain on a bench for a time proportionate to the time they were absent.

43 La Salle 1819 (see footnote 42), p. 28.
44 Ibid., p. 262.

The School as a Clockwork: 'Normal Schools' in the Kingdom of Lombardy-Venetia (18th–19th Centuries)

Between the end of the 18th and the beginning of the 19th century, religious orders that had been very active in education – Jesuits, Piarists, Lasallian Brothers – lost their autonomy, and were placed under the control of the state in more or less all European countries.[45] Among the causes of this secularization one could note, for instance, the diffusion of Enlightenment ideas, the suppression of the Jesuits, the rise of Napoleon and the establishment of nation states. In most cases, the interference of the state manifested in control over curricula and in the surveillance of schools, but teachers were still often churchmen or members of religious orders.[46]

In the Kingdom of Piedmont, in Italy, primary schools became sites for teaching ideals of patriotism and loyalty to the king. However, in the regions of Lombardy and Venetia, a southern territory of the Austrian Empire, the Austrian authorities made primary school compulsory for children six to twelve years of age, and a certain uniformity in teaching methods was imposed (after 1774).[47] This method was called 'normal' or 'simultaneous' (and the schools *scuole normali* or *simultanee*), and was based on the competitive selection of teachers to instruct students 'simultaneously', that is, on a step-by-step study plan in order to foster the steady progress of their education. The quality of teaching was thus considered important, to the point that a teachers' training school in the 'normal' methodology was opened in Milan in February 1788.[48]

45 Grendler, Paul F.: Jesuit Schools and Universities in Europe, 1548–1773. Jesuit Schools and Universities in Europe, 1548–1773, Leiden 2019; Albisetti, James C.: National Education Systems: Europe, in: Rury, John L./Tamura, Eileen H. (eds.): The Oxford Handbook of the History of Education, New York 2019, pp. 149–163; Compère, Marie-Madeleine/Julia, Dominique: Les collèges français, 16e–18e siècles, Paris 2002, pp. 46–48.

46 In some regions of Europe, however, education was not held exclusively by clerics, and teachers could also be laymen. This was the case in rural Austria and in the free imperial cities of Germany. In the Austrian countryside, teachers had a poor reputation and were badly paid, to the point that they often had to do other jobs such as the innkeepers of the local tavern. With her reform of schools, Maria Theresa contributed to elevating their social status. See Stollberg-Rilinger, Barbara: Maria Theresia. Die Kaiserin in ihrer Zeit, Munich 2017. As for Germany, education became very diversified from the 16th century onwards. Non-cleric teachers worked in the *Teutsche Schule*, as well as in *Ratsschulen*. See Liedtke, Max (ed.): Handbuch der Geschichte des bayerischen Bildungswesens. Geschichte der Schule in Bayern. Von den Anfängen bis 1800, Bad Heilbrunn 1991.

47 See van Horn Melton, James: Absolutism and the Eighteenth-Century. Origins of Compulsory Schooling in Prussia and Austria, Cambridge 2003.

48 Francesco Soave (1743–1806), an Italian philosopher of Swiss origin, was the founder of the first Italian 'normal' school, opened in Brera on 18 February 1788. He visited schools in Rovereto, Trento and Bolzano, and then wrote the *Compendio del metodo delle scuole normali ad uso delle scuole della Lombardia austriaca* (1786), speaking in particular to the training of teachers according to the 'normal' method. Part of the book was a translation of the general regulation for normal, major and municipal schools promulgated by Maria Theresa of Austria on 6 December 1774 and edited by Johann Ignaz von Felbiger.

With the establishment of the normal method, a shift occurred in notions of time usage. In the new context of the simultaneous school, principles of anticipation and delay – as in grading as a means of 'skipping' a year or in failing (and then repeating) a school year – assumed a particular significance. But practices of educating the individual under the guidance of a tutor who was often a member of the clergy still persisted, at least in the Lombardy-Venetia area, and one can also guess that flexibility in time management was much greater in the domestic space.

In explaining the advantages of frontal lecturing, for example, one of the founders of the normal method, Johann Ignaz von Felbiger (1724–1788), writes: "Teaching together (*Zusammenunterrichten*) means nothing less than that the pupils are not taught individually, as was previously the case, but all together at the same time".[49] To apply this method, teachers had to follow some simple rules: "Children must have the same books"[50] and, above all, must "[be] accustomed to have their eyes and thoughts [focused] on what they read, and at the same time be careful when they are with the others to pronounce all syllables at the same time and in a single tone".[51] The regularity and consistency described by Felbiger pleads for the transformation of school into a sort of clockwork, with each pupil functioning like a gear in a machinery.[52] The peculiarities of each student were, as much as possible, eliminated. In the 'choral lesson', implying the participation of everyone, the students had to highlight their classmates' mistakes and thereby prove their own "craving to emerge".[53] Every minute became therefore precious, as children were compelled to remain constantly on alert and prepared to be interrogated at any time.

School Timetables and Economic Efficiency in 19th-Century Britain

Starting in 1795, the Scottish Episcopalian priest Andrew Bell (1753–1832) experimented in India and then in England with a new method in which the only teachers at school were boys (assistants). In his *Manual of Instructions* (1823) for conducting mutual tuition, he demonstrated the economic and educational advantages of his new method. The success of this system was remarkable, and it reached "the remotest regions of the earth" in around thirty years.[54] In presenting his method, Bell frequently adopted the term

49 Johann Ignaz von Felbiger: Methodenbuch für Lehrer der deutschen Schulen in den kaiserlich-königlichen Erblanden, Wien 1775, p. 3.
50 Ibid., p. 16.
51 Ibid., p. 18.
52 On mechanical metaphors used by Maria Theresa to refer to Austria's government, see Barbara Stollberg-Rilinger: Der Staat als Maschine. Zur politischen Metaphorik des absoluten Fürstenstaats, Berlin 1986.
53 See Felbiger 1775 (see footnote 49), p. 6.
54 Andrew Bell: Mutual Tuition and Moral Discipline, or Manual of Instructions for Conducting Schools Through the Agency of the Scholars Themselves for the Use of Schools and Families, London 1823, p. 2.

"minute", a measure of time rarely used in previous teaching guidelines. For example, he writes, "Thirteen pages can be read, distinctly and deliberately, in thirteen minutes, or about a quarter of an hour",[55] and again, "by way of practice, the form of the same letter should be copied twenty (always exacting ten) times in a minute".[56] For Bell, the idea of saving time was the best way to reconcile educational efficacy with economic efficiency. As a model for school management and class organization, the 'monitorial' system (as Bell's method was called) took various shapes – depending on the preferences of the educators involved, as in the exemplary cases of Joseph Lancaster (1778–1838) and Federico Confalonieri (1785–1846) – and spread enormously throughout the world, from India to Spanish America.[57]

As an additional instance of time management in education and its relationship to values of economic efficiency, 19th-century London workhouses are particularly enlightening.[58] Workhouses for the industrial training of children were meant "to accustom boys to patient application [to work]" more than to profit from their labour. However, the principal value shaping this educational model was, again, economic efficiency, in that it fostered a rapid acquisition of knowledge, preparing children to take their place in the system of productivity as soon as possible. To facilitate the adoption of the simultaneous method, the boys' school in Norwood (London) was divided into classes of more than fifty children each, arranged in rows of desks according to their individual skills. As James Key writes in his report "School of Industry for the Training of Pauper Children at Norwood" (1839), "for each class, monitors [had] been selected to assist the teacher in assembling the class in order, in procuring and preserving silence and attention, in distributing the books, slates, pens, etc., in superintending lessons".[59] The focus on the daily routine, the gradual steps from the known to the unknown, presupposed a clear organization of the calendar and of the hours of daily attendance. The outcomes of this method were well defined: on the one hand, it was meant to reduce the age at which children could be trained to work ("to render them useful members of society"[60]); on the other hand, it was supposed to precipitate the acquisition of moral behaviour. A boy age thirteen, trained at Norwood for four years, would have been able to make and mend his

55 Bell 1823 (see footnote 54), p. 96.

56 Ibid., p. 89.

57 See Alexander Dallas Bache: Report on Education in Europe, Carlisle, Mass. 1839 and id.: Second Annual Report of the Secretary of the Board of Commissioners of Common Schools, in: The Connecticut Common School Journal and Annals of Education 2/14, 1840, pp. 246–332.

58 See Great Britain Poor Law Commissioners: Report to the Secretary of State for the Home Department […] on the Training of Pauper Children with Appendices, London 1841.

59 Key, James Phillips: School of Industry for the Training of Pauper Children at Norwood. Extracts from Fifth Report Poor Law Commissioners, May 1839, in: The Connecticut Common School Journal and Annals of Education 7, 1840, p. 262. The simultaneous method itself was highly productive: "A child would get on better being taught continuously in a class of thirty, than being taught by himself one-thirtieth of the time", George White: A Simultaneous Method of Teaching to Read Adapted to Primary Schools, London 1862, p. 8.

60 Key 1840 (see footnote 59), p. 263.

own shoes and clothes, would have been acquainted with the rigging of a vessel and the seaman's duties and so on. A girl would, at the same age, know how to knit, to sew, to make beds, et cetera.[61] The issue of time in relation to education, in its moral and ideological dimensions, is attested by the aim of the Norwood school "to procure a punctual observance of the hours allotted to rising and going to bed; to prayers, meals, exercises, and school; to secure exact discipline in the movements".[62]

A particularly enlightening instance of the application of the simultaneous method, and of structuring education to enhance economic efficiency, is the Greenwich workhouse (east of London). In this context, the meticulous division of time was deployed through a fine-tuned schedule of checks, at quarter of an hour, third of an hour and other such divisions:

> "The other three classes read either to me or to their monitors till twenty minutes to eleven, when they are all at their tasks [...] till half-past eleven o' clock. At half past eleven they go to ciphering till twelve o'clock [...]. At two o'clock the tailors and shoemakers go to their shop: all the other boys and every girl go to school."[63]

The same pattern is to be found in several other British institutions, also outside the London area. The case of the Juvenile Training School in Glasgow demonstrates well the close relationship between time management and economic efficiency. Here, the school schedule was even tighter than in the London workhouses, and was accompanied by a very frequent ringing of the bell:

> "Doors open ten minutes before nine o'clock, [...]. Five minutes before nine o'clock. First bell rings. Quarter past nine o'clock. Second bell rings. Half-past nine o'clock. All seated in perfect order in the gallery, hymn, prayer and Bible training with the whole scholars. Quarter-past ten o'clock. First Division, under the master, in large gallery, at reading and spelling, grammar, or geography and history etc."[64]

In this setting, idleness became a real obsession. Indeed, the ethics of the 'self-made man' did not tolerate streets full of idle children, wasting time and learning bad habits. School schedules were considered good training for work, since students were obliged to arrive on time and to observe hours and minutes with great punctuality.

Unfortunately, there is no evidence of what kind of watches teachers had in their pockets or at their wrists; there are therefore very few clues as to how the school care-

61 During the first half of the 19th century, new female religious orders focused their educational practices on techno-practical subjects. The schools run by nuns often had the function of 'vocational schools' or places to help endangered girls learn how to do housework. For more on this, see Rocca, Giancarlo: Aspetti istituzionali e linee operative nell'attività dei nuovi istituti religiosi, and Pazzaglia, Luciano: Chiesa, società civile ed educazione nell'Italia post-napoleonica, in: Pazzaglia, Luciano (ed.): Chiesa e prospettive educative in Italia tra Restaurazione e Unificazione, Brescia 1994, pp. 173–198 and pp. 35–82.

62 Great Britain Poor Law Commissioners 1841 (see footnote 58), p. 118.

63 Ibid., p. 159.

64 Elementary Education in Scotland, Ireland, England and Wales. Juvenile Training School, in: The Connecticut Common School Journal and Annals of Education 6, 1840, p. 256.

taker would time the sound of the bell. But memories recounted of the school leave no doubt concerning the systematic use of time-control measures. For instance, many eyewitnesses recall the use of a portable version of the school bell, one rung by the teacher to call the children to return to the classroom at the end of a playtime break or at the beginning of the school day.

Conclusion

In this article, I have argued that time management has had a pivotal role in shaping schooling and educational practices throughout history. To prove this claim, I have gone through five cases in point that cover a large time span and offer insight into the evolution of education in a range of geographical and cultural contexts. I have explored several aspects of the relationship between time and education, including the transformations in the temporal structure of school, the use of time in relation to changing educational needs, the importance of rituals in the school day and year and, finally, the impersonal character of the temporal order of education as an embodiment of the needs of economic efficiency, which turned school into a sort of clockwork.

The relationship between time and education has thus proved to be twofold. On the one hand, without the possibility of measuring time there would be no education in the modern sense, since the development of schooling practices was largely based on a more precise management of students' time. On the other hand, the evolution of school was decisive in fostering a sense of time in children, and in society more broadly. The temporal organization of school must also be seen as one cause for the increasing diffusion of timepieces among many layers of society, as people increasingly felt the need to keep track of the passing of time (at school, as well as outside of it). Yet, my account also reminds us that education has long grappled with, and can still create space for, the possibility of 'time waste' – i.e. the idleness of humanistic knowledge, the craving for knowledge without any material reward, speculation as a purely mental exercise. In a word, education could – and still can – embody 'school' (*scholē*) in its etymological meaning of leisure and rest.

Gianenrico Bernasconi

Temps et cuisine, XVIIe–XVIIIe siècles

Remarques sur les pratiques de transformation alimentaire

La cuisine s'inscrit dans une temporalité qui est à la fois biologique et culturelle[*]. Elle est au centre de rites collectifs selon un calendrier festif et religieux ainsi que de pratiques sociales et politiques, de même qu'elle signe la scansion quotidienne d'une journée. Cet article, tout en évoquant la question des temps de la consommation alimentaire, se concentre sur la relation entre temps et cuisine dans la perspective des pratiques de transformation des aliments, notamment grâce à l'enregistrement des durées dans des livres de cuisine français de la deuxième moitié du XVIIe et de la première moitié du XVIIIe siècle.

Ces dernières années, les historiens et les historiennes se sont penchés sur la dimension technique de la cuisine, en s'intéressant à sa culture matérielle[1], à ses acteurs[2], qui sont souvent des femmes, à leurs savoirs et savoir-faire, à l'organisation du travail et aux écrits associés à cette activité (recueils de recettes, livres de cuisine), saisis non seulement comme l'expression d'une gastronomie savante mais aussi comme l'enregistrement d'une pratique[3]. Les recherches ont également porté sur la relation entre science et cuisine, et notamment sur le rôle de la médecine et de la chimie, d'une part dans la mise en place d'une science de la digestion et de la diététique liant l'étude du corps humain avec l'analyse de la transformation des substances, et d'autre part dans l'essor

* L'auteur remercie Loïc Bienassis, Philippe Cordez, Marco Storni et Susanne Thürigen pour la relecture et les conseils.

1 Pennell, Sara : « Pots and Pans History » : the Material Culture of the Kitchen in Early Modern England, in : *Journal of Design History* 11, 1998, p. 201–216.

2 Takats, Sean : *The Expert Cook in Enlightenment France*, Baltimore 2011 ; à ce sujet voir aussi le numéro thématique de la revue *Food & History* : Pour une histoire des cuisiniers et cuisinières/ Towards a History of Cooks, in : *Food & History* 15/1–2, 2017 ; Quellier, Florent : Maître d'hôtel vs cuisinier : Le cuisinier dans la France d'Ancien Régime (XVIIe–XVIIIe siècles), in : Peyrebonne, Nathalie (dir.) : *Les métiers de bouche à l'époque moderne*, Rennes 2018, p. 17–36.

3 Leong Elaine : *Recipes and Everyday Knowledge : Medicine, Science, and the Household in Early Modern England*, Chicago 2018 ; Wall, Wendy : *Recipes for Thought : Knowledge and Taste in the Early Modern English Kitchen*, Philadelphia 2016 ; Di Meo, Michelle/Pennell, Sara (dir.) : *Reading and Writing Recipe Books, c. 1500–1800*, Manchester 2013.

d'un processus d'industrialisation de la production alimentaire[4]. L'espace domestique, en particulier la cuisine aménagée avec du feu[5], a été identifié comme le lieu dans lequel émerge, à partir du XVIIe siècle, une nouvelle pratique expérimentale qui mêle à la fois les domaines de la chimie, de la médecine et de l'anatomie[6]. De même, la culture matérielle témoigne des circulations entre l'activité scientifique et les techniques domestiques[7].

Cette proximité pose la question des passages entre les pratiques expérimentales et celles de la transformation des aliments. Si, au cours du XVIIIe siècle, le modèle scientifique est emprunté par les livres de cuisine qui associent souvent la cuisine à la chimie[8], il s'agit ici d'interroger la résonance du nouvel « esprit de quantification »[9] qui investit la science moderne à partir de la deuxième moitié XVIIe siècle dans une activité pratique telle que la cuisine, en considérant en particulier la question de la mesure du temps. Il n'est toutefois pas question d'embrasser a priori un modèle de diffusion de la science vers des savoir-faire artisanaux, mais plutôt d'interroger la dissémination de pratiques de la mesure du temps dans différents domaines.

Cette enquête sur l'inscription de durées dans la littérature de cuisine évoque la problématique de la formalisation des pratiques, qui est au centre de l'étude du livre technique depuis quelques décennies[10]. Les recherches ont porté principalement sur la codification des savoirs, comme à propos de la « réduction en art » en ingénierie, dans la danse ou en escrime[11]. À travers l'analyse de la mesure des durées en cuisine, il s'agit ici d'interroger le rôle des pratiques instrumentales et des données qui y sont associées dans la formalisation des savoirs, pour laquelle ces pratiques deviennent un des « means to codify »[12]. L'objectif est de saisir la fréquence de la quantification des durées comme signal d'une rationalisation des savoirs, et surtout d'interroger les opérations concernées

4 Voir à ce propos les travaux d'Emma Spary : *Eating the Enlightenment : Food and the Sciences in Paris*, Chicago 2012 et *Feeding France : New Sciences of Food, 1760–1815*, Cambridge 2014.

5 Forino, Imma : *La cucina. Storia culturale di un luogo domestico*, Turin 2019.

6 Werrett, Simon : *Thrifty Science : Making the Most of Materials in the History of Experiment*, Chicago/Londres 2019, p. 42 et p. 50–55 ; Guerrini, Anita : The Ghastly Kitchen, in : *History of Science* 54/1, 2016, p. 71–97 ; Cooper, Alix : Homes and Households, in : Park, Katharine/Daston, Lorraine (dir.) : *Cambridge History of Science*, t. III : *Early Modern Science*, Cambridge 2006, p. 224–237 ; Shapin, Steven : The House of Experiment in Seventeenth-Century England, in : *ISIS* 79, 1988, p. 373–404.

7 Werrett 2019 (cf. note 6), p. 26 et sq.

8 Pour un exemple à ce sujet voir [Marin, François] : *Les Dons du Comus, ou Les délices de la table*, Paris 1739, p. XX.

9 Frängsmyr, Tore (dir.) : *The Quantifying Spirit in the 18th Century*, Berkeley 1990.

10 Pour un bon aperçu, voir Hilaire-Pérez, Liliane/Nègre, Valérie/Spicq, Delphine et al. : Regards croisés sur le livre et les techniques avant le XXe siècle, in : Hilaire-Pérez, Liliane et al. (dir.) : *Le livre technique avant le XXe siècle : À l'échelle du monde*, Paris 2017, p. 5–39.

11 Vérin, Hélène : *La gloire des ingénieurs : l'intelligence technique du XVIe au XVIIIe siècle*, Paris 1993 ; Dubourg Glatigny, Pascal/Vérin, Hélène (dir.) : *Réduire en art : La technologie de la Renaissance aux Lumières*, Paris 2008, p. 17–58.

12 Valleriani, Matteo : The Epistemology of Practical Knowledge, in : Valleriani, Matteo (dir.) : *The Structures of Practical Knowledge*, Cham 2017, p. 1–20, ici p. 5.

par l'acte même de la mesure afin de vérifier l'existence de corrélations entre mesure du temps et pratiques de transformation alimentaire.

Sur le fond de ces problématiques apparaît en outre la question des cultures de la mesure du temps aux XVIIe et XVIIIe siècles. Les études récentes, dans le cadre d'une discussion autour de la « *horological revolution* » se sont préoccupées du processus d'intériorisation du temps dont les premiers signes datent déjà du XVIIe siècle[13]. Si ces recherches interrogent l'émergence d'une culture de la mesure du temps à travers le concept de « *time awareness* » (Quelle heure est-il ?), les pages qui suivent abordent cette question dans une perspective praxéologique, en considérant une opération associée à la mesure du temps, à savoir la quantification des durées[14] (Que fait-on du temps mesuré ?). L'hypothèse est que le processus d'intériorisation du temps ne dépend pas uniquement de sa connaissance (savoir l'heure), mais aussi de son usage comme « outil technique » pour la rationalisation des pratiques.

Temps et consommation alimentaire

Depuis l'Antiquité, la régularité des repas est conseillée dans les traités moraux et dans la littérature médicale[15]. À l'époque moderne, elle est considérée comme une expression de civilité. Jacques-Jean Bruhier d'Ablaincourt (1685–1756), commentateur de l'édition de 1755 du *Traité des aliments* de Louis Léméry (1677–1743), observe que « Plusieurs nations autrefois ne se prescrivoient aucun temps reglé pour manger, & ne prenoient d'alimens que quand la faim les y portoit. Il serait difficile de concilier cette coutume avec l'arrangement des affaires qui se traitent dans les pays civilisés »[16]. Étudiant les rythmes de la consommation alimentaire, Jean-Louis Flandrin reconnaît une différence avec la pratique actuelle des trois repas par jour : les sources antérieures au XIXe siècle « parlent tantôt de quatre repas quotidiens, tantôt de deux, voire même d'un seul vrai

13 Blondé, Bruno/Verhoeven, Gerrit : Against the Clock : Time Awareness in Early Modern Antwerp, 1585–1789, in : *Continuity and Change* 28/2, 2013, p. 213–244 ; Dequidt, Marie-Agnès : Comment mesurer l'intériorisation du temps? Paris, début XIXe siècle, in : *Revue d'histoire du XIXe siècle* 45 : *Le quotidien des techniques*, 2012, p. 69–81 ; Glennie, Paul/Thrift, Nigel : *Shaping the Day : A History of Timekeeping in England and Wales, 1300-1800*, New York/Oxford 2009 ; Dohrn-van Rossum, Gerhard : *L'histoire de l'heure. L'horlogerie et l'organisation moderne du temps*, Paris 1997 ; Landes, David : *L'heure qu'il est. Les horloges, la mesure du temps et la formation du monde moderne* [1987], Paris 2017.

14 Zerubavel, Eviatar : Timetables and Scheduling : On the Social Organization of Time, in : *Sociological Inquiry* 46/2, 1976, p. 87–94.

15 Flandrin, Jean-Louis : Les heures des repas en France avant le XIXe siècle, in : Aymard, Maurice/ Grignon, Claude/Sabban, Françoise (dir.) : *Le temps de manger. Alimentation, emploi du temps et rythmes sociaux*, Paris 1993, p. 197–226.

16 Lémery, Louis : *Traité des aliments, où l'on trouve [...] la différence et le choix qu'on doit faire de chacun d'eux en particulier* [...] *Troisième édition, revue, corrigée et augmentée [...] par M. Jacques-Jean Bruhier*, Paris 1755, t. I, p. LIV, texte cité par Flandrin 1993 (cf. note 15), p. 198, n. 4.

repas, mais rarement de trois »[17]. Si l'on constate un glissement progressif des heures de repas à partir du XVIIIe siècle et, en conséquence, une redénomination par laquelle ce qui au milieu de la journée était le dîner devient le déjeuner et le souper du soir devient le dîner, cette transformation semble avoir affecté principalement les mœurs aristocratiques et parisiennes, qui sont plus irrégulières, et témoignent d'une progressive conquête de la nuit.[18] L'horaire du repas populaire et des provinces garde en revanche une continuité du Moyen Âge au début du XIXe siècle, sans doute attribuable à une certaine stabilité des horaires de travail[19].

L'heure des repas pose aussi la question de l'organisation de sa préparation et de son service. Les pratiques alimentaires des élites en laissent des traces intéressantes. La mort tragique de François Vatel le 24 avril 1671, un célèbre maître d'hôtel de l'histoire de la gastronomie française, officier de table au service des princes de Condé, et ce jour-là artisan de la gigantesque réception en l'honneur du roi dans leur château de Chantilly, est un triste exemple de l'importance de la coordination temporelle pour la préparation alimentaire. Vatel se suicida en raison du retard de la fourniture en marée qui devait être la base du repas maigre offert à la cour le vendredi. Cet épisode fameux, qui impressionna les contemporains[20], révèle les difficultés d'approvisionnement en marée[21] et le problème des livraisons alimentaires aux maisons aristocratiques, dont est chargé normalement un pourvoyeur. « Entrepreneur et officier domestique », celui-ci s'engage « à fournir un approvisionnement régulier de certaines denrées à des prix convenus à l'avance »[22], et s'occupe spécialement de la viande, de la rôtisserie et des poissons, en devant respecter des délais et des horaires précis. L'importance des livraisons dépend en outre de la nécessité de coordonner la préparation alimentaire selon les habitudes et les caprices du seigneur. En 1560, Domenico Romoli, dans sa *La singolare dottrina*, invite le maître d'hôtel (*scalco*) à être diligent quant aux horaires des repas de son seigneur : « il convient que vous connaissiez l'heure désignée et habituelle à laquelle mange celui-ci, le matin et le soir ; il est vrai que les appétits des seigneurs sont difficiles à connaître car, pour la plupart d'entre eux, ils varient selon l'humeur, mais il faut que vous utilisiez tous les moyens à votre disposition »[23]. Les traités du XVIIe et XVIIIe siècles concernant l'adminis-

17 Flandrin 1993 (cf. note 15), p. 200.
18 Ibid., p. 212.
19 Ibid., p. 215.
20 D'Orléans, Anne-Marie-Louise Henriette : *Mémoires de Mademoiselle de Montpensier*, Amsterdam 1730, t. VI, p. 104, texte cité par Michel, Dominique : *Vatel et la naissance de la gastronomie*, Paris 1999, p. 100.
21 Abad, Reynald : Aux origines du suicide de Vatel : les difficultés de l'approvisionnement en marée au temps de Louis XIV, in : *Dix-septième siècle* 4/217, 2002, p. 631–641, ici p. 632.
22 Couperie, Pierre : L'alimentation au XVIIe siècle : les marchés de pourvoierie, in : *Annales. Economies, sociétés, civilisations*, 19/3, 1964, p. 467–479, ici p. 469.
23 « [C]onvien che conosciate l'hora deputata & solita del mangiar di esso, la mattina et la sera ; ben è vero che gli appetiti de i signori sono difficili a conoscere, perché per il più di essi sono a fantasie, ma bisogna usarvi quelle industrie che potete », Romoli, Domenico : *La singolare dottrina di M. Domenico Romoli sopranominato Panuto*, Venice 1587, p. 6.

tration de la maison aristocratique confirment l'importance de la coordination temporelle, que la complexité des services rend encore plus délicate. *L'escole parfaite des officiers de bouche*, publiée en 1662, qui définit les compétences du personnel chargé de la préparation et du service des repas, indique que le maître d'hôtel, responsable de la cuisine, des provisions et du service, s'occupe aussi de la coordination temporelle de la préparation du repas. Après avoir acheté les provisions, « il ira derechef à l'office et à la cuisine, & ordonnera des mets et des services du repas, l'heure duquel il fera retarder ou avancer selon l'ordre qu'il en aura reçu »[24]. De même *Le nouveau cuisinier royal et bourgeois* de 1691, attribué à François Massialot (1660–1733), célèbre officier de bouche, indique qu'il « ne faut point laisser trop long-temps les maîtres à chaque service, de peur qu'ils ne s'ennuyent : on ne les laissera qu'un quart d'heure ou un quart d'heure & demi à chaque service »[25]. Si généralement la gestion du service est l'apanage du maître d'hôtel, dans les maisons bourgeoises, c'est souvent la cuisinière qui « s'applique à contenter son Maître ou sa Maîtresse, & les servir aux heures qui lui sont marquées »[26].

Ces prescriptions invitent à s'interroger sur la présence d'horloges dans les cuisines. Louis Rose, auteur de *La bonne fermière, ou* élements *économiques, utiles aux jeunes personnes destinées à cet état* (1765), remarque que la « qualité qui donnera toujours une grande idée d'une Fermiere attentive, c'est quand elle fera en sorte que les alimens qui doivent servir au repas, soient prêts régulièrement à l'heure qu'il faut, selon les différents usages des cantons »[27]. C'est pour cette raison que, quelques pages plus haut, décrivant l'aménagement de la cuisine, l'auteur note que celle-ci devra être « garnie de tous les meubles nécessaires les plus commodes & les plus solides, arrangés & tenus avec propreté », dont « une bonne pendule »[28]. La présence d'horloges à cordes et poids de plomb dans les cuisines du XVIIIe siècle est relevée par Annick Pardailhé-Galabrun pour le cas français, même si elles y sont plus rares que dans des pièces plus nobles[29]. Les recherches menées sur l'Angleterre du XVIIe et du XVIIIe siècle confirment la présence d'horloges dans les cuisines[30], qui constituent, selon Paul Glennie et Nigel Thrift, l'espace domestique dans lequel on les retrouve le plus communément[31].

24 *L'escole parfaite des officiers de bouche*, Paris 1662, p. 2–3.
25 [Massialot, François] : *Le nouveau cuisinier royal et bourgeois*, Paris 1722–1730, t. I, p. 8.
26 [Menon] : *La cuisinière bourgeoise, suivie de l'office à l'usage de tous ceux qui se mêlent de dépenses de maisons*, Paris 1746, p. VI.
27 Rose, Louis : *La bonne fermière, ou éléments économiques, utiles aux jeunes personnes destinées à cet état*, Lille 1765, p. 55.
28 Ibid., p. 53.
29 Pardailhé-Galabrun, Annick : *La naissance de l'intime : 3000 foyers parisiens, XVIIe-XVIIIe siècle*, Paris 1988, p. 397.
30 Pennell, Sara : *The Birth of the English Kitchen, 1600–1850*, Londres/New York 2016, p. 97–99 ; Pennell 1998 (cf. note 1), p. 205.
31 Glennie/Thrift 2009 (cf. note 13), p. 174. Pour la diffusion des montres en Angleterre, voir Weatherhill, Lorna : *Consumer Behaviour and Material Culture in Britain 1600–1760*, Londres/New York 1988, tables 2.1, 3.1, 4.1.

La cuisine est donc le lieu central d'un « environnement temporel »[32] qui marque l'affirmation de l'heure comme nouvel instrument de socialisation mais aussi de conduite morale de la maison. La présence de cet instrument conforte en outre les récentes recherches sur les savoirs des gens de cuisine, qui ont non seulement des rudiments de lecture et d'écriture mais savent aussi compter, mesurer les poids et les volumes ou encore le temps[33].

La quantification des durées dans les livres de cuisine

La régularité des repas et les enjeux sociaux liés à la préparation des services confirment l'importance d'une coordination temporelle dans le domaine de la cuisine. Il s'agit à présent d'interroger le rôle de la mesure des durées pour la maîtrise de la transformation alimentaire. Notre article se fonde sur l'étude de cinq livres de cuisine publiés en France entre 1651 et 1749[34]. Cette sélection non exhaustive permet une première exploration du rôle de la mesure des durées dans l'histoire des pratiques de cuisine[35]. Les textes choisis s'inscrivent dans un siècle d'importantes transformations de la cuisine[36]. La publication en 1651 de l'ouvrage *Le cuisinier françois* de François de La Varenne (1615–1678) marque une césure profonde avec la tradition médiévale et de la Renaissance, favorisant notamment l'usage des épices et les saveurs aigres-douces. Près d'un siècle plus tard, *Les Dons de Comus ou l'art de la cuisine* (1739), attribué à François Marin, est à son tour à l'origine de la « querelle des bouffeurs »[37] entre les défenseurs d'une « cuisine moderne », considérée « comme une espèce de chimie » [38], ou plus généralement comme une science[39] capable d'exalter le raffinement du palais, et les « tradi-

32 Pennell 2016 (cf. note 30), p. 97.

33 Takats 2011 (cf. note 2), p. 84.

34 [D]e la Varenne, François Pierre : *Le cuisinier françois*, Paris 1651 ; de Lune, Pierre : *Le cuisinier, où il est traitté de la veritable methode pour apprester toutes sortes de viandes* […], Paris 1656 ; [Marin, François] : *Suite des Dons de Comus, ou l'art de la cuisine, réduite en pratique*, Paris 1742, 3 t. ; [Menon] : *La cuisinière bourgeoise*, Paris 1746 ; [Menon] : *La science du maître d'hôtel cuisinier*, Paris 1749.

35 Une enquête plus systématique sera menée dans le cadre du projet de recherche « Mesure du temps, chimie et cuisine : formalisation des pratiques au XVIIe et au XVIIIe siècle », sur lequel l'auteur travaille avec Marco Storni à l'Université de Neuchâtel.

36 Mazzocut-Mis, Maddalena : La bonne cuisine et le siècle des Lumières, in : *Nouvelle revue d'esthétique* 14, 2014, p. 115–129 ; von Hoffmann, Viktoria : *Goûter le monde. Une histoire culturelle du goût à l'époque moderne*, Bruxelles 2013 ; Quellier, Florent : *La table des Français. Une histoire culturelle (XVe-XIXe siècle)*, Rennes 2013, ch. 4 ; Pinkard, Susan : *A Revolution in Taste : The Rise of French Cuisine, 1650–1800*, Cambridge 2009.

37 Fink, Béatrice : Introduction, in : Fink, Béatrice (dir.) : *Goûter le monde. Une histoire culturelle du goût. Les Liaisons savoureuses*, Saint-Etienne 1995, p. 7.

38 Brumoy, Pierre/Bougeant François, Guillaume-Hyacinthe : Avertissement, in : [Marin, François] : *Les Dons de Comus*, Paris 1739, p. XX.

39 A ce propos, le titre du livre attribué à Menon est exemplaire : *La science du maître d'hôtel cuisinier*, Paris 1749.

tionnalistes » qui prônent au contraire des préparations simples. *La cuisinière bourgeoise* attribuée à Menon, qui s'adresse à un nouveau public désirant une cuisine plus sobre et pratique, constitue pour sa part un grand succès d'édition du livre de cuisine au XVIIIe siècle[40].

Longtemps négligée, la littérature de cuisine a été l'objet dans les dernières décennies de plusieurs études consacrées tant à l'histoire des consommations alimentaires dans une perspective culturelle, économique et sociale, qu'à l'histoire du livre, avec une attention particulière accordée à l'intertextualité, aux passages entre oralité et textualité, à l'édition et aux auteurs[41]. Plus récemment, spécialement dans l'espace anglo-saxon, les historiens se sont intéressés aux recettes réunies sous forme de recueils, manuscrits ou publiés[42].

Les recettes concernent un savoir pratique qui se forme dans un contexte domestique et porte à la fois sur des préparations médicales, chimiques, cosmétiques, de cuisine et, plus généralement, sur toute sorte de techniques domestiques. Elles enregistrent et communiquent une séquence d'opérations selon un mode de fiabilité (*reliability*) qui marque la constitution d'une « practical knowledge »[43], dont la diffusion forme une communauté de savoir qui dépasse la sphère strictement domestique[44]. Les livres de cuisine, qui se présentent comme un recueil de recettes éditées, marquent évidemment des écarts avec les livres manuscrits, en conservant pourtant la même fonction de séquentialisation d'opérations associées à la transformation alimentaire, ce qui en fait des sources utiles à l'analyse des pratiques.

Les recettes de cuisine, qui sont au cœur de cette enquête, composent une séquence d'opérations mobilisant des ingrédients, une culture matérielle et des savoirs concernant les propriétés des aliments, leur valeur, et l'art de les apprêter, le « gouvernement du feu » et le contrôle du processus de transformation des « produits de la nature » dans le but de les rendre comestibles et agréables au palais. La gestion de la transformation alimentaire s'inscrit à la fois dans une économie domestique attentive au gaspillage, et constitue un point d'honneur pour le cuisinier dont l'art ne concerne pas seulement le plaisir du goût mais aussi la maîtrise des cuissons, technique qui joue un rôle central dans les livres de cuisine. Tout contrôle des durées de ces processus peut sembler anodin, comme le remarque Jourdan La Cointe au sujet de la cuisson des viandes, car il dépend

40 Girard, Alain : Le triomphe de la « cuisinière bourgeoise ». Livres culinaires, cuisine et société en France aux XVIIe et XVIIIe siècles, in : *Revue d'histoire moderne et contemporaine* 24/4, 1977, p. 497–523, ici p. 504.

41 Pour un bon aperçu des recherches en ce domaine, voir Notaker, Henry : Printed Cookbooks : Food History, Book History, and Literature, in : *Food & History* 10/2, 2012, p. 131–159 ; voir aussi les réflexions sur ce corpus de Girard 1977 (cf. note 40) ; Laurioux, Bruno : *Les livres de cuisine médiévaux* (Typologie des sources du Moyen Âge occidental, fasc. 77), Turnhout 1997.

42 Leong 2018 (cf. note 3) ; Floyd, Janet/Forster, Laurel (dir.) : *The Recipe Reader : Narratives, Contexts, Traditions*, Londres 2017 ; Wall 2016 (cf. note 3) ; Di Meo/Pennell 2013 (cf. note 3).

43 Smith, Pamela H. : The Codification of Vernacular Theories of Metallic Generation in Sixteenth-Century European Mining and Metalworking, in : Valleriani, Matteo (dir.) : *The Structures of Practical Knowledge*, Cham 2017, p. 371–392, ici p. 372.

44 Wall 2016 (cf. note 3), p. 3.

« de leur grosseur, de leur qualité & de la force des feux »[45]. Sans un véritable contrôle des températures, il est donc difficile de quantifier les temps de cuisson. Pourtant, l'étude des livres de cuisine révèle un langage du feu, « grand feu », « petit feu », « très petit feu », « feu modéré », « cendres chaudes », « four doux »[46], qui témoigne d'un savoir de la gestion de la chaleur déclinée en fonction des modes de transformation des aliments[47]. À ce propos, la cuisine aux XVIIe et XVIIIe siècles prévoit des types de cuisson lente basés sur la maîtrise du feu, exprimés au moyen des termes « suer », c'est-à-dire « faire exhaler l'humidité »[48] des aliments après les avoir bouillis, ou encore « mijoter », qui signifie « faire cuire doucement et lentement »[49].

Le contrôle des durées des transformations alimentaires est l'objet d'un savoir qui revêt différentes formes dans les livres de cuisine. La première mobilise l'expérience du lecteur-cuisinier : « estant cuit », « quand il sera cuit », « cuite à l'ordinaire », sont des expressions qui reviennent très souvent dans les recettes, parfois déclinées à différents degrés, ainsi dans les indications « cuite à la moitié », « presque cuites ». Si généralement la référence au contrôle sensoriel du processus de transformation alimentaire est tacite, les textes peuvent expliciter le rôle de l'œil et du toucher dans la gestion des cuissons. Dans *La cuisinière bourgeoise*, Menon observe, à propos de la préparation du poulet gras, que « pour être cuit à son point, cela se connoît au doigt & à l'œil, quand ils fléchissent sous le doigt en les tâtant à la cuisse, il est temps de les retirer du feu. Pour la couleur, il ne la faut ni trop pâle ni trop colorée »[50]. La même approche se retrouve dans *La science du maître d'hôtel cuisinier* du même auteur, qui pour la préparation de la « poularde aux choux & saucisse », prescrit : « tâtez-là sur la cuisse, si elle fléchit sous le doigt, c'est une marque qu'elle est cuite comme il faut »[51].

À côté de ces techniques sensorielles émerge très tôt dans la littérature de cuisine un effort de standardisation de l'expérience. Le célèbre Maestro Martino (vers 1430 – fin du XVe siècle), un des grands cuisiniers de la Renaissance, auteur d'un *Libro de Arte Coquinaria* (vers 1460–1480), a légué une recette pour la préparation de *ravioli* qu'il faut laisser bouillir « le temps nécessaire à réciter deux paternoster »[52]. Dans une autre recette,

45 Le Cointe, Jourdan : *La cuisine de santé*, Paris 1790, p. 15–16.

46 Ces qualifications du feu sont tirées des trois tomes de la *Suite du Dons de Comus, ou l'art de la cuisine, réduite en pratique* (1742) attribué à François Marin.

47 Ce langage du feu se retrouve aussi dans d'autres domaines concernés par les techniques de transformation de la matière qui se développent dans l'espace domestique, comme par exemple la chimie. Au sujet des savoirs sensoriels concernant la gestion des températures, voir Sibum, Otto H. : Les gestes de la mesure : Joule, les pratiques de la brasserie et la science, in : *Annales. Histoire, Sciences sociales* 53/4–5, 1998, p. 745–774.

48 Diderot, Denis/Le Rond d'Alembert, Jean : *Dictionnaire ou encyclopédie raisonnée des arts et métiers*, Paris 1765, t. XV, « suer », p. 625.

49 *Dictionnaire de l'Académie française, revu, corrigé et augmenté par l'Académie même*, Paris 1798, t. II, « mijoter », p. 105.

50 [Menon] 1746 (cf. note 34), p. 101.

51 Ibid., p. 147.

52 « [I]l tempo necessario a recitare due paternostri », Maestro Martino : Libro de arte coquinaria, in : Faccioli, Emilio (dir.) : *Arte della cucina : libri di ricette, testi sopra lo scalco, il trinciante e i vini, dal*

c'est à un *miserere* d'indiquer la durée de cuisson d'un ingrédient de la soupe de grains de chanvre[53]. Appartenant à une culture partagée, les prières sont ici des référents mobiles, c'est-à-dire qu'elles déterminent une durée dont elles permettent la circulation, ce qui n'est pas sans rappeler les références au corps humain pour la qualification des longueurs[54] ou l'usage des formats de livres pour l'évaluation des dimensions des objets dans la littérature technique et de consommation du XVIIIe siècle[55].

Le passage du XVIIe au XVIIIe siècle voit l'intensification de la quantification horaire des durées, dont les premières attestations dans les livres de cuisine remontent au moins à la deuxième moitié du XVe siècle. Si dans *Le cuisinier françois* (1651) de La Varenne seulement 2,5% des recettes présentent des inscriptions temporelles[56] et dans *Le cuisinier, où il est traité de la véritable méthode pour apprester toutes sortes de viande* (1656) de Pierre de Lune 6% mentionnent ce type d'indication, les livres de recettes du XVIIIe siècle étudiés révèlent une nette augmentation des enregistrements des durées, avec 18% des recettes publiées dans les trois tomes de la *Suite des Dons de Comus* (1742). Ce pourcentage est confirmé par l'analyse de *La cuisinière bourgeoise* (1746) attribuée à Menon, et d'un autre ouvrage du même auteur, *La science du maître d'hôtel cuisinier* (1749) : il atteint ici 19.5%.

En ce qui concerne la longueur des durées, on remarque d'une façon générale qu'elles sont de plus en plus courtes. Si dans le texte de La Varenne toutes les durées sont supérieures à l'heure, et dans celui de Pierre de Lune 80% le sont, on constate au XVIIIe siècle un accroissement général des données de moins d'une heure, dont la proportion est de 70% dans les deux ouvrages attribuées à Menon et tout de même de 40% dans la *Suite des Dons de Comus*, avec une augmentation significative des durées courtes, mesurées en quart d'heure, en demi-quart d'heure et même en minutes.

Pratiques culinaires et mesure des durées

Ayant constaté la multiplication des indications temporelles dans les traités, il convient de s'interroger sur leur fonction. Même si la quantification des temps de cuisson reste secondaire par rapport à une gestion sensorielle des transformations des aliments, il est intéressant de repérer des régularités car elles signalent la formation de savoirs pratiques associés à la mesure des durées. C'est en effet ce type de régularité, considérée comme la répétition d'un modèle d'action socialement partagé associé à la mesure du

XIV al XIX secolo, Milano 1966, vol. 1, p. 145, pour d'autres exemples, voir aussi p. 137 et p. 182.

53 Ibid, p. 172.

54 Kula, Witold : *Les mesures et les hommes*, Paris 1984.

55 Bernasconi, Gianenrico : *Objets portatifs au Siècle des lumières*, Paris 2015, p. 70–71.

56 Les recettes indiquant une mesure des durées ont été décomptées en croisant l'usage de moteurs de recherche intratextuelle avec le dépouillement des ouvrages. Pour le calcul des pourcentages, on a utilisé comme base les titres des recettes publiées dans les livres de cuisine étudiés. Bien entendu, ces données peuvent avoir une marge d'imprécision, sans pour autant infirmer les résultats de l'enquête.

temps, qui confère aux gestes la dimension de pratiques. Trois exemples tirés des livres de cuisine sélectionnés pour cette étude le montreront ici : le premier est associé à la transformation d'un aliment spécifique, l'artichaut ; le deuxième concerne le blanchiment, une opération de cuisson dans l'eau ; et le troisième s'intéresse à l'usage du four comme technique de cuisson.

Artichauts

Un premier cas de figure concerne le temps de cuisson de certains aliments. *La science du maître d'hôtel cuisinier* publie seize recettes sur la préparation d'artichauts[57], dont dix indiquent des temps de cuisson, fréquence qui dépasse le pourcentage de quantifications des durées de cuisson calculé dans ce livre de cuisine. Qu'ils soient préparés à la piémontaise, au four, à la Gascogne, au cerfeuil ou au fromage, les artichauts doivent cuire un quart d'heure. Seule une recette prévoit une cuisson d'une demi-heure. La même durée de référence se retrouve dans d'autres ouvrages du même auteur comme *La cuisinière bourgeoise*, qui prescrit une cuisson d'un quart d'heure pour la préparation des artichauts comme entremets[58], ou encore *Les soupers de la Cour, ou l'art de travailler toutes sortes d'alimens*, qui conseille que les culs d'artichauts soient « blanchis un quart d'heure »[59]. Dans la *Suite des Dons de Comus*, les vingt-quatre recettes concernant les artichauts ne présentent pas d'indications temporelles, mais neuf indiquent que les artichauts doivent être blanchis, et huit autres qu'ils soient cuits bien blancs[60]. L'indication de la durée de cuisson renvoie aux propriétés désirées pour les aliments transformés. Pour le *Dictionnaire portatif de cuisine*, l'artichaut cuit est « un aliment très-sain, nourissant, stomachique, légérement échauffant & astrigent », tandis que cru il peut « nuire par son acidité & son astriction trop fortes »[61]. Le temps de cuisson est ainsi un savoir pratique qui est intégré parmi les informations qualifiant les propriétés d'un aliment.

Blanchir

Les livres de cuisine se caractérisent par un vocabulaire très riche qui témoigne de la diversité et de la précision des opérations mises en œuvre. Parmi ces termes, « blanchir » est particulièrement associé à l'inscription d'une durée. Blanchir signifie « mettre dans l'eau ce que l'on veut faire cuire, & l'y laisser prendre quelques bouillons »[62]. Il s'agit

57 [Menon] 1749 (cf. note 34), p. 307–318.
58 [Menon] 1746 (cf. note 34), p. 265.
59 [Menon] : *Les soupers de la Cour, ou l'Art de travailler toutes sortes d'alimens, pour servir les meilleures tables, suivant les quatre saisons*, Paris 1755, t. I, p. 119.
60 [Marin] 1742 (cf. note 34), t. II, p. 417–432.
61 [Aubert de la Chesnaye des Bois, F.-A.] : *Dictionnaire portatif de cuisine, d'office et de distillation*, Paris 1767, t. I, p. 55.
62 *Encyclopédie oeconomique ou système général*, Yverdon 1770–1771, t. III, p. 129.

d'une étape intermédiaire dans une préparation alimentaire, suivie d'autres modes de cuisson. Dans *La science du maître d'hôtel cuisinier*, on conseille de couper un chou en quatre et de le faire « blanchir un quart d'heure ». La même durée de préparation concerne d'autres aliments, comme les oignons blancs, les laitues pommées ou les champignons[63]. Cette association entre mode de cuisson et durée est confirmée par l'étude lexicographique. Si pour le *Dictionnaire de l'Académie française* de 1694, « faire blanchir une viande » signifie la mettre « dans l'eau tiède pour le faire revenir »[64], dans l'*Encyclopédie*, « blanchir », « c'est faire revenir une pièce, quelle qu'elle soit, dans de l'eau tiède : il ne faut l'y laisser qu'un demi-quart d'heure ou environ »[65]. L'attribution d'une durée spécifique à ce terme est confirmée par l'*Oekonomische Encyklopädie, oder allgemeines System*, qui prévoit elle aussi un demi-quart d'heure[66]. Blanchir est donc une technique de cuisson de n'importe quel aliment dans de l'eau tiède pour une durée d'un quart d'heure ou un demi-quart d'heure. Pour la qualification de ce procédé, la durée du processus et la chaleur de l'eau sont désormais plus importantes que ce qui est à cuire. Ce n'est donc plus le contrôle sensoriel de la transformation de l'aliment qui veille sur le processus, mais le respect de la température et du temps de cuisson. La durée de la transformation alimentaire est inscrite ici dans la qualification de l'opération de cuisine.

Cuire au four

Cuire au four est une transformation complexe qui peut mal tourner. Le *Dictionnaire françois* donne pour exemple au sujet du four la phrase « ce pain a eu trop de four, c'est-à-dire, il a eu trop de feu, il est trop cuit »[67]. Louis-Sébastien Mercier (1740–1814) observe au sujet des « petits ménages » qui portent leur viande chez les pâtissiers pour la faire cuire au four, que « le petit bourgeois épargne pour dix sols de bois, mais son rôti est sec, noir & presque toujours brûlé »[68]. La difficulté d'une bonne cuisson au four explique peut-être la fréquence des indications de durée dans les livres de cuisine étudiés. Dans *Le cuisinier français* de La Varenne, plus de la moitié des quantifications du temps de cuisson concerne le four. Dans *Le cuisinier* de Pierre de Lune, environ 70% des indications temporelles s'appliquent à des « pastés » et des « tourtes » qui sont cuits au four. Dans le troisième volume de la *Suite des Dons de Comus*, sur les dix-huit recettes de « pâtés froids » préparés avec le même mode de cuisson, douze contiennent une quanti-

63 Pour les exemples cités voir Menon 1749 (cf. note 34), p. 50, 111, 195 et 318.
64 *Dictionnaire de l'Académie française*, Paris 1694, t. I, « blanchir », p. 104.
65 Diderot/D'Alembert 1751–1772 (cf. note 48), t. II, « blanchir », p. 274.
66 Krünitz, Johann Georg : *Oekonomische Encyklopädie, oder allgemeines System der Staats-, Stadt-, Haus- und Landwirthschaft*, Berlin 1775, t. 5, « blanchir », p. 552.
67 Richelet Pierre : *Dictionnaire françois, contenant généralement tous les mots*, Amsterdam 1706, « four », p. 373.
68 Mercier, Louis-Sébastien : *Tableau de Paris*, Paris 1782–1783, t. 5, ch. CCCLXII, p. 14.

fication de la durée. Parmi les différentes techniques de transformation alimentaire, l'usage du four présente donc la plus grande fréquence de mesure du temps.

La littérature concernant la préparation du pain confirme cette régularité. Les auteurs reviennent très souvent sur la difficulté des cuissons, en raison des différentes constructions des fours et de la diversité des pains. Si les techniques sensorielles règlent le contrôle de la durée du « séjour du pain dans les fours », les traités prescrivent aussi des temps de cuisson adaptés au type du pain et à son poids. À propos du « temps à cuire du pain », Paul-Jacques Malouin (1701–1778), dans sa *Description et détails des arts du meunier, du vermicellier et du boulenger, avec une histoire abrégée de la boulengerie* (1779), observe que « Le pain est plus ou moins de temps à cuire dans le four, selon la nature de la farine, selon la qualité de la pâte, selon la grosseur des pains, selon leur forme & selon la température de l'atmosphère »[69]. Parmi de nombreux facteurs, Malouin indique avec précision les temps nécessaires à cuire du pain rond : « Le pain de douze livres rond doit être trois heures dans le four ; celui de huit livres, deux heures ; de six livres, une heure ; de trois livres, cinquante minutes ; celui de deux livres, trois quarts-d'heure au moins ; le pain rond, d'une livre & demie, trente-cinq minutes ; & celui d'une livre, une demi-heure ; & lorsque ces pains sont bis, il faut qu'ils soient encore plus »[70]. La cuisson dans l'espace clos du four, qui interdit le contrôle du processus par les sens, rend nécessaire l'emploi d'une autre technique de contrôle, ce qui explique la fréquence des quantifications de durée pour ce mode de transformation des aliments. La quantification des durées est donc un moyen à disposition du cuisinier afin d'assurer l'efficacité d'une transformation alimentaire là où les outils traditionnels défaillent.

Remarques conclusives

L'intensification de la quantification des durées ainsi constatée suggère trois hypothèses quant à l'émergence d'une pratique de mesure du temps. La première renvoie au processus de formalisation des savoirs pratiques, dans lequel s'inscrit l'édition des livres de cuisine à partir du XVIIe siècle. Les pratiques de cuisine sont investies par la mise en forme et la standardisation des savoirs à travers la création d'un langage commun qui porte sur la spécification des ingrédients, la description des gestes et des savoir-faire, et la définition d'une culture matérielle. Aussi, la publication de données mesurées, tel le temps de cuisson, qui facilite la reproduction des séquences d'actions décrites dans les recettes, s'inscrit à son tour dans ce programme, en même temps qu'elle sert d'appui à la mémoire du cuisinier, laquelle « peut n'être pas toujours assez vive, pour se rappeler nettement des procédés, qui exigent cependant d'être vus dans le détail le plus circons-

69 Malouin, Paul-Jacques : *Description et détails des arts du meunier, du vermicelier et du boulanger, avec une histoire abrégée de la boulangerie* (Description des arts et métiers, faits et approuvées par MM. de l'Académie royale des sciences), Paris 1779, p. 313.

70 Ibid., p. 313–314.

tancié »[71]. Instrument pour formaliser, enregistrer et communiquer un savoir pratique, le livre de cuisine se transforme lui-même à partir du XVIIe siècle, en améliorant l'organisation des informations à travers, par exemple, une table des matières[72]. L'auteur de l'« Avertissement » à *Les soupers de la cour ou l'Art de travailler toutes sortes d'alimens* (1755) confirme ce programme : « Je sai [sic] de qu'elle [sic] importance est le travail des mains, ou, si l'on me permet le terme, cette sorte de Manipulation si nécessaire ailleurs que dans le laboratoire d'un Officier de Cuisine. Elle ne s'apprend point dans les Livres, & ne s'acquiert que par l'exercice ». Néanmoins, il ne renonce pas à observer que « rien n'est plus aisé que l'exécution d'un procédé décrit exactement dans un bon Ouvrage »[73]. Les termes « manipulation » et « procédé » sont caractéristiques d'un projet de formalisation du savoir. Dans l'*Encyclopédie*, la « manipulation » s'oppose à la théorie : « Tel homme sait à merveille les principes, & ne saurait manipuler ; tel autre au contraire sait manipuler à merveille, & ne sauroit parler : un excellent maître réunit ces deux qualités »[74]. Le passage de la « manipulation » au « procédé », terme qui, toujours selon l'*Encyclopédie*, désigne « l'action d'altérer les objets de l'art selon les lois qu'il prescrit, à l'aide des instruments employés selon ces mêmes lois », implique un effort didactique : « Il faut [...] avoir soin de leur [aux « commençans »] procurer la facilité de les exécuter, de les répéter, & de les appliquer de plusieurs manieres à divers objets »[75]. La quantification des données temporelles dans les traités de cuisine témoigne de cet esprit didactique, qui traverse l'édition technique des Lumières, visant à attribuer des principes aux gestes artisanaux. Elle reflète aussi l'histoire d'une cuisine qui, à partir du XVIIe siècle, revendique un nouvel ordre et inscrit les proportions dans ses pratiques[76].

La deuxième hypothèse concerne l'« environnement temporel » dans lequel s'inscrit la pratique de la cuisine. Depuis la deuxième moitié du XVIIe siècle, l'essor du marché des garde-temps illustré précédemment se reflète dans une augmentation du nombre d'horloges et de pendules dans l'espace domestique et en particulier dans la cuisine[77]. Cette densité d'instruments de mesure du temps pourrait expliquer la diffusion d'une maîtrise des cuissons par la quantification des durées, qui serait le support à l'expérience du cuisinier. La coexistence entre une « sensous technology » et des pratiques de mesure rappelle la transition de la chimie moderne du sensualisme à une approche quantitative, associée à la mise en place de laboratoires et notamment d'une nouvelle instrumentation scientifique au cours du XVIIIe siècle[78]. Tout en évitant d'attribuer une fonction

71 [Aubert de la Chesnaye des Bois] 1767 (cf. note 61), t. I, « Avis indispensable », p. v.
72 Von Hoffmann 2013 (cf. note 36), p. 39.
73 [Menon] 1755 (cf. note 59), « Avertissement », p. vii–viii.
74 Diderot, d'Alembert 1751–1772 (cf. note 48), t. IX, « manipulation, manipuler », p. 40.
75 Ibid., t. XIII, « procédé », p. 402.
76 L.S.R : *L'art de bien traiter*, Paris 1674, p. 21, cité par von Hoffmann 2013 (cf. note 36), p. 42.
77 Cf. notes 30–32.
78 Roberts, Lissa : The Death of the Sensuous Chemist : The New Chemistry and the Transformation of Sensuous Technology, in : *Studies in History and Philosophy of Science* 26/4, 1995, p. 503–529, ici p. 507.

déterministe aux garde-temps dans la diffusion d'une culture de la quantification, la multiplication des dispositifs de mesure évoque le rôle de l'objet dans la diffusion de nouvelles pratiques[79]. Son étude est donc un complément nécessaire à l'analyse de l'intensification des données temporelles dans les traités, et permet de mettre en place une enquête des pratiques croisant le registre discursif de la codification des savoirs avec la matérialité du geste technique[80].

La troisième hypothèse résulte de l'identification, dans la littérature de cuisine, d'opérations pour lesquelles les données temporelles sont particulièrement fréquentes. Ceci laisse entrevoir la formation de savoirs et de pratiques de cuisine spécifiquement associés à la mesure des durées. L'attribution d'un temps de cuisson à certains aliments, la qualification de l'opération de blanchiment par une durée, ou encore la fréquence des indications temporelles concernant la cuisson au four, sont des exemples de l'émergence de régularités dans l'application de la mesure du temps comme forme de contrôle instrumental de la transformation alimentaire. Les questions qui se posent à ce propos sont multiples. Dès le XVIe siècle, comme l'a remarqué Matteo Valleriani, la codification des savoirs pratiques est associée à la valeur économique, laquelle ne concerne pas uniquement le produit final, mais aussi le processus nécessaire pour le fabriquer : cette codification est liée à une augmentation de l'échelle de production[81]. Il faut donc s'interroger sur la relation entre l'intensification des données de mesure dans la littérature de cuisine au XVIIIe siècle et l'essor de l'industrie alimentaire au début du XIXe siècle, qui ne doit pas être perçue, comme l'a remarqué Emma Spary, comme une transformation radicale mais plutôt comme la suite d'une évolution[82] dans laquelle interviennent plusieurs types d'acteurs, tels que des chimistes et des entrepreneurs engagés dans le perfectionnement du « manufacturing process », mais aussi des gastronomes et des artisans[83]. À cet égard, le milieu domestique artisanal apparaît comme un objet d'étude particulièrement intéressant, puisque les pratiques de transformation des aliments y révèlent déjà des formes de standardisation. Les récentes recherches ont reconnu dans l' « oeconomie », considérée à l'époque moderne comme l'ensemble des prescriptions morales pour la gestion pondérée du ménage et des vertus domestiques sur lesquelles fonder la société, un des référents culturels à travers lesquels analyser l'émergence d'une science moderne[84]. La maîtrise de la transformation des aliments à travers la mesure des durées apparaît ainsi comme une rationalisation des processus associés à une économie de la matière.

79 Haasis, Lucas/Rieske, Constantin : Historische Praxeologie. Zur Einführung, in : eid. (dir.) : Historische Praxeologie, Paderborn 2015, p. 26–32.

80 Bernasconi, Gianenrico : Pour une archéologie des pratiques. Mesure du temps, corps et prestation (XVIIe–XXe siècle), in : *Socio-anthropologie* 40, 2019, p. 247–262.

81 Valleriani 2017 (cf. note 12), p. 4.

82 Spary 2014 (cf. note 4), p. 5.

83 Ibid., p. 16.

84 Werrett 2019 (cf. note 6), ch. 1 ; Spary 2014 (cf. note 4), ch. 1.

Marco Storni

Clocks and Timekeeping in Lavoisier's Experiments on Animal Respiration

The Chemical Revolution, Its Material Culture and Taken-for-Granted Knowledge

Lavoisier's Experiments on Animal Respiration

Around 1777/78, the French nobleman and chemist Antoine Lavoisier (1743–1794) started reflecting on the mechanism of animal respiration and transpiration. The results of long years of experimentation, carried forward with the help of his collaborator Armand Séguin, were only published after 1790. The two *premiers mémoires*, published in the annual collection of the *Académie des sciences* of 1789 (out in 1793) and 1790 (out in 1797), and the two *seconds mémoires*, published in the *Annales de chimie* in 1814 but presented at the *Académie* in 1791 and 1792, are decisive steps towards an interpretation in modern chemical terms of these biological processes.[1] As for the study of respiration, Lavoisier puts into question Joseph Priestley's theory according to which "the respiration of animals has the property of phlogisticating air"[2] – whereby Priestley means that, in the course of respiration, oxygen (*dephlogisticated air*) is turned into nitrogen (*phlogisticated air*). Lavoisier overturns this hypothesis, first by establishing a parallel between respiration and combustion. Observing that not all the inspired oxygen is turned into carbon dioxide, Lavoisier posits that all animal bodies must already contain carbon and hydrogen. Respiration, therefore, is the process by which oxygen combines

* This article has been prepared during a fellowship at Ca' Foscari University, Venice, and has received funding from the European Union's Horizon 2020 Research and Innovation Programme (GA n. 725883 ERC-EarlyModernCosmology). I am grateful to Gianenrico Bernasconi, Pietro Daniel Omodeo and Susanne Thürigen for insightful comments on a preliminary version of this paper.

1 Antoine-Laurent Lavoisier/Armand Séguin: Premier mémoire sur la respiration des animaux, in: Mémoires de l'Académie des Sciences, 1789 (out in 1793), pp. 566–584; Premier mémoire sur la transpiration des animaux, in: Mémoires de l'Académie des Sciences, 1790 (out in 1797), pp. 601–612; Second mémoire sur la transpiration, in: Annales de chimie 90, 1814, pp. 5–28; Second mémoire sur la respiration, in: Annales de chimie 91, 1814, pp. 318–334.

2 Antoine-Laurent Lavoisier: Expériences sur la respiration des animaux et sur les changements qui arrivent à l'air en passant par leur poumon, in: Dumas, Jean-Baptiste/Grimaux, Édouard/Fouqué, Ferdinand (eds.): Œuvres de Lavoisier, 6 vol., Paris 1862–1893, vol. 2, Paris 1862, p. 175.

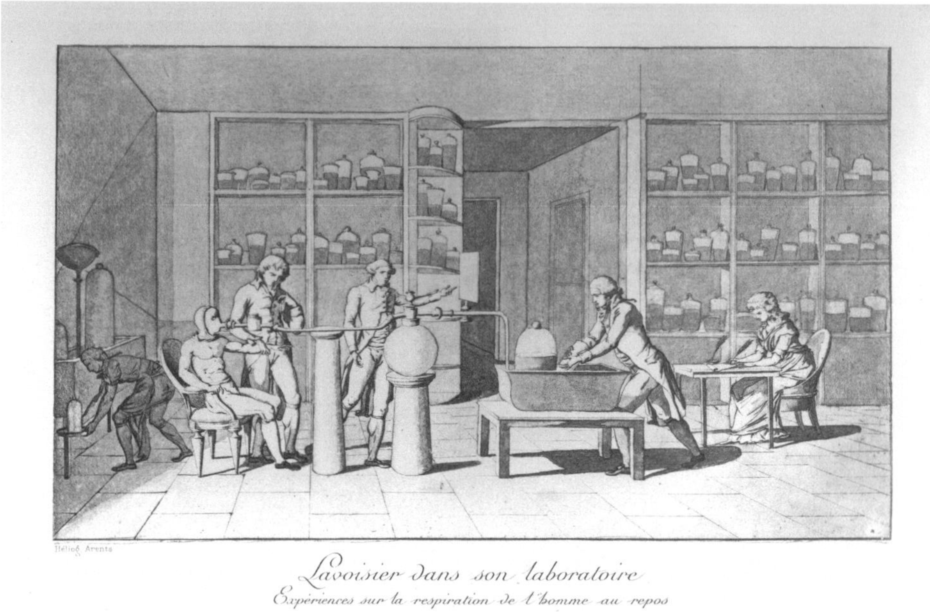

1 After Marie-Anne Pierrette Paulze-Lavoisier, Lavoisier in his laboratory: Experiments on respiration of a man at rest, in: Édouard Grimaux: *Lavoisier, 1743–1794. D'après sa correspondance, ses manuscrits, ses papiers de famille et d'autres documents inédits*, Paris 1888, pl. 5

partly with carbon, yielding (in modern terms) CO_2, and partly with hydrogen, yielding H_2O.[3]

> "Respiration is nothing else than a slow combustion of carbon and hydrogen, which resembles closely the combustion taking place in a lamp or in a burning candle. In this respect, breathing animals are combustible bodies which burn and wear out. In respiration, as in combustion, it is the air of the atmosphere that provides the oxygen and the caloric."[4]

A key part of Lavoisier's chemical methodology consists of quantifying phenomena by measuring the elements – in this case, the quantity of the gases in inspired and expired air – using specific tools (balance, gasometer). In the study of respiration, quantification is also achieved through the application of the law of the conservation of the quantity of elements, which Lavoisier proves to be as relevant to the mechanism of respiration as to any other chemical process.[5]

3 I have not gone into detail on the workings of transpiration. See Beretta, Marco: Imaging the Experiments on Respiration and Transpiration of Lavoisier and Séguin. Two Unknown Drawings by Madame Lavoisier, in: Nuncius 27, 2012, pp. 163–191.

4 Antoine-Laurent de Lavoisier/Armand Séguin: Premier mémoire sur la respiration des animaux, in: Œuvres de Lavoisier 1862 (see footnote 2), p. 691.

5 For further details on Lavoisier's biochemistry, see Holmes, Frederic: Lavoisier and the Chemistry of Life. An Exploration of Scientific Creativity, Madison, Wisc. 1985.

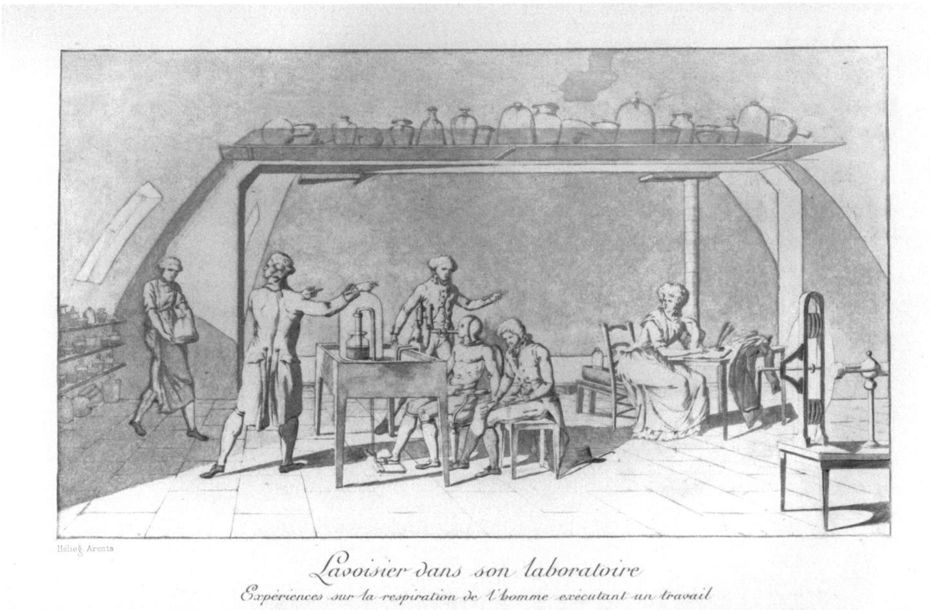

2 Cf. fig. 1, pl. 4: Experiments on respiration of a man carrying out a task

Alongside Lavoisier's efforts to grasp the chemical and biochemical details of respiration and transpiration, scholars have much focused on the complexity and novelty of the experimental system that he developed with Séguin. The engravings made after Marie Anne Paulze's (Lavoisier's wife) drawings have been variously analysed to emphasize the originality of the experimental setting, and of the instruments employed.[6] The idea of isolating the subject of an experiment from the surrounding environment (Séguin himself) and of letting him breath through a copper mask connected to a device from which to control the quality and quantity of inspired and expired air (figs. 1–2), as well as the peculiar tools constructed to weigh the breathing subject (fig. 3), are just some examples of Lavoisier's and Séguin's creativity in experimentation. Their originality in the material culture of chemistry was made possible by Lavoisier's vast network of instrument makers, who collaborated with him towards the practical realization of revolutionary scientific tools.[7]

6 Prinz, Johann Peter: Die experimentelle Methode der ersten Gasstoffwechseluntersuchungen nach A.L. Lavoisier und A. Séguin 1790, Baden-Baden 1993.

7 Beretta, Marco: Between the Workshop and the Laboratory. Lavoisier's Network of Instrument Makers, in: Osiris 29, 2014, pp. 197–214; Golinski, Jan: 'The Nicety of Experiment'. Precision of Measurement and Precision of Reasoning in Late Eighteenth-Century Chemistry, in: Wise, M. Norton (ed.): The Values of Precision, Princeton 1995, pp. 72–91; Holmes, Frederic: The Evolution of Lavoisier's

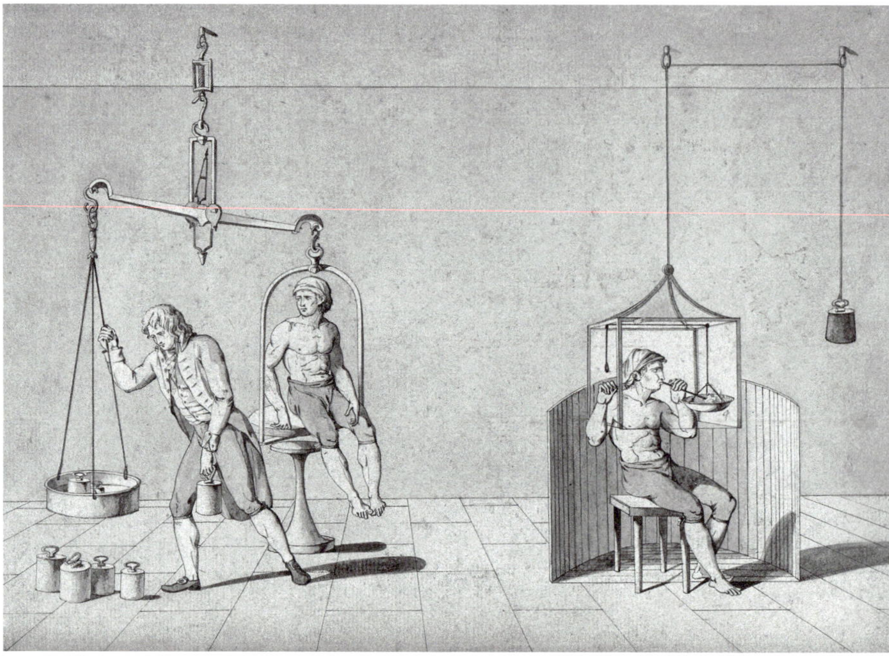

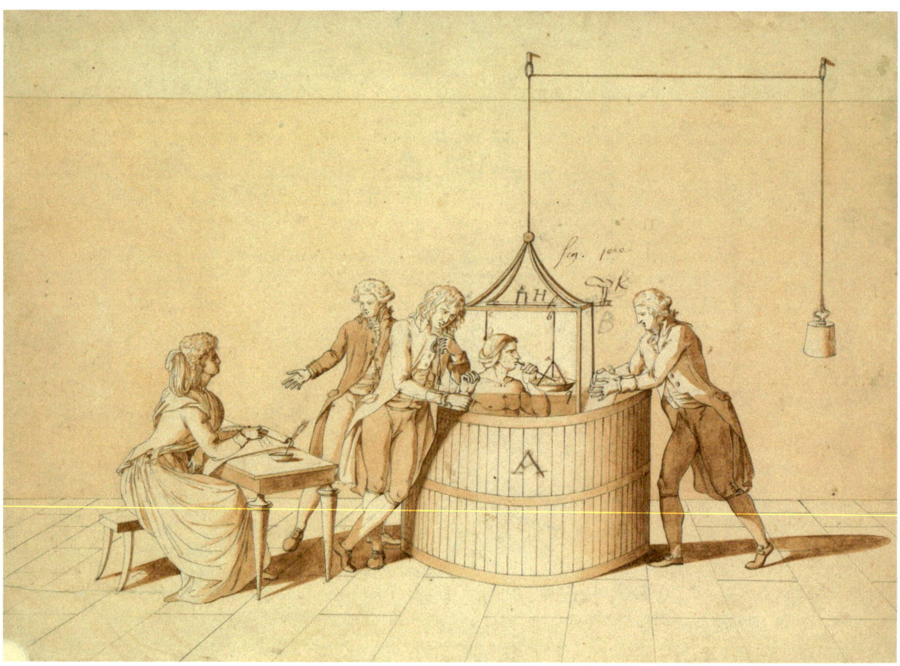

3–4 Marie-Anne Pierrette Paulze-Lavoisier, Lavoisier performing a respiration experiment: A man with his head in a glass container, c. 1790, London, Wellcome Library

The famous drawings and engravings representing the study of respiration, however, do show something more than they are usually thought to.[8] In fig. 1 and fig. 2, in which Séguin, the subject of the experiment, sits and breathes through a mask, as well as in fig. 4 (portraying a further experiment), Lavoisier stands and dictates his observations, which his wife, at the desk, transcribes. There are a few other experimental assistants, one of whom calls for attention. A man, probably the Scottish physician Hugh Gillan, measures Séguin's pulse by means of a pocket watch.[9] Neither the metric of the heartbeat nor the practice of taking the pulse are discussed explicitly in Lavoisier's texts, nor does one find, in any modern commentaries on Lavoisier's experimental apparatus, mention of a pocket watch, or of any other timekeeper.

Yet the measurement of time (beats per minute) and the use of a watch seem to have been relevant within the experimental apparatus that Lavoisier and his collaborators devised to study animal respiration. First, in all representations of their experiments on respiration, one finds the physician measuring the subject's pulse with a pocket watch. Second, in Lavoisier's and Séguin's texts elaborating on the experiments, the quantification of pulse rate enters into some equations (not explicitly mathematized, though) and general laws. As the *Premier mémoire sur la respiration* reads:

> "In all these experiments, the temperature of the blood is constantly the same, at least to a few fractions of degrees. But the number of pulsations of arteries and the number of inspirations change significantly. In this respect, we came to establish two laws of utmost importance. The first is that the augmentation of the number of pulsations is directly proportional to the sum of the weights elevated to a determinate height [...].[10] The second is that the quantity of the vital air which is consumed is, all things being equal, and if the subject breathes only when strictly necessary, [...] directly proportional to the product of inspirations and pulsations."[11]

Of course, the reading of the pulse, or of time in general, and the use of a watch are not distinctive features of Lavoisier's physiological inquiry, let alone a sign of its modernity and originality. This is most likely why this temporal aspect of their experiments has been overlooked in most historiographical accounts.

A first analysis of the place of clocks and timekeepers in Lavoisier's study of animal respiration serves to cast light on several hidden aspects of his chemical practice, if not of early modern experimental practices in general. I will indeed take Lavoisier's work as a particularly enlightening case study, and as a starting point for discussing epistemo-

Chemical Apparatus, in: id./Levere, Trevor (eds.): Instruments and Experimentation in the History of Chemistry, Cambridge, Mass. 2000, pp. 137–152.

8 In drawing more information from the pictures than they are usually believed to show, I follow the example of Steven Shapin's famous analysis of the 'invisible technicians'. See Shapin, Steven: The Invisible Technician, in: American Scientist 77/6, 1989, pp. 554–563.

9 The identification of Hugh Gillan has been made through the intense correspondence he had with Lavoisier and his wife. See the "Lavoisier Manuscripts and Graphics Collection, *c.* 1750–1834" (collection no. 4712), Division of Rare and Manuscript Collections, Cornell University Library.

10 The elevation of weights is a reference to the experience of the subject under strain (fig. 3).

11 Lavoisier/Séguin 1862 (see footnote 4), p. 696.

logical questions concerning the nature of early modern science, from both a material and an intellectual point of view. First, I will discuss the many facets of material culture in early modern experimental practice, a practice that existed somewhere in-between the professional and the everyday. I will then proceed to show the complexity of the structures of early modern scientific knowledge, as a meeting point between explicit arguments and tacit assumptions, invention and appropriation of concepts, upheaval of and respect for tradition.

Quotidian and Scientific Objects

The nature of scientific objects, and their role in laboratory practice, has been examined from various perspectives. An insightful discussion is offered by Hans-Jörg Rheinberger in *Toward a History of Epistemic Things: Synthesizing Proteins in the Test Tube* (1997), where he formulates a distinction between 'technical things', which constitute the steady and unquestioned apparatuses of scientific research, and 'epistemic things', which are rather subject to processes of continuous reflection and intellectual inquiry.[12] Similarly, in their works on the history of mechanics, Jürgen Renn, Domenico Bertoloni Meli, and others consider the status of so-called 'challenging objects', namely objects that stimulate theoretical reflections through the challenges posed by their use.[13] Lorraine Daston, who insists on the basic distinction between quotidian and scientific objects, adds compelling elements to the discussion. Common objects, as she argues in the preface to *Biographies of Scientific Objects* (2000), are self-evident and need no particular mode of approach in order to be apprehended and used; scientific objects, on the contrary, are by no means immediate, but require an articulated intellectual framework in order to be created, understood and employed.[14] In this paper, I deal with the nature of scientific objects from a perspective different from those mentioned above. I aim to rephrase the distinction between objects of common use and technical or scientific objects,[15] by showing that a 'grey area' exists between these two categories and casts doubts on the reliability of such a distinction. As a matter of fact, the history of early

12 Rheinberger, Hans-Jörg: Toward a History of Epistemic Things. Synthesizing Proteins in the Test Tube, Palo Alto, Calif. 1997.

13 Damerow, Peter/Renn, Jürgen: Scientific Revolution, History and Sociology of, in: Smelser, Neil J. (ed.): International Encyclopedia of the Social and Behavioral Sciences, 26 vol., Oxford 2001, vol. 20, Oxford 2001, pp. 13749–13752; Büttner, Jochen/Damerow, Peter/Renn, Jürgen et al.: The Challenging Images of Artillery. Practical Knowledge at the Roots of the Scientific Revolution, in: Lefèvre, Wolfgang/Renn, Jürgen/Schoepflin, Urs (eds.): The Power of Images in Early Modern Science, Basel et al. 2003, pp. 3–27; Meli, Domenico Bertoloni: Thinking with Objects. The Transformation of Mechanics in the Seventeenth Century, Baltimore 2006.

14 Daston, Lorraine: The Coming Into Being of Scientific Objects, in: ead. (ed.): Biographies of Scientific Objects, Chicago/London 2000, pp. 1–14.

15 In so doing, I implicitly criticize Daston's distinction between quotidian and scientific objects.

modern chemistry – and especially Lavoisier's experiments on respiration – provides many clear instances of the hybridization of quotidian and scientific objects.

In approaching the study of the crossover between quotidian objects and scientific objects, one should distinguish between two different scenarios displaying different levels of complexity. The first level is that of common objects that are used in scientific practice for specific purposes, often as substitutes for proper scientific instruments. Such objects do not thereby become instruments; they merely function as instruments in specific contexts. One finds interesting discussions of the role of common objects in scientific practice in the early modern literature on elementary chemistry for the use of students. A good instance of this is the widely circulated *Epitome of Chemistry*, published by the English chemist William Henry in 1801, a few years after Lavoisier's death (1794). While addressing the preliminary question of the 'chemical apparatus' for practitioners, Henry informs the reader that his text will provide an overview of the chemical tools that are used in the laboratory: "In the course of this work, various [...] articles of apparatus will be enumerated, in detailing the purposes to which they are adapted, and the principles on which they are constructed".[16] In order for students to carry out the experiments described in the book, "and even for the prosecution of new and important inquiries", however, few specific instruments are needed:

> "For such purposes, [...] very simple means are sufficient; and some of the most interesting chemical facts may be exhibited with the aid merely of Florence flasks, of common vials, and of wine glasses. In converting these to the purposes of apparatus, a considerable saving of expense will accrue to the experimentalist; and he will avoid the encumbrance of various instruments, the value of which consists in show, rather than in real utility."[17]

Henry claims that chemical experiments do not require the use of any highly technical apparatuses, but rather can be carried out with the help of ordinary objects, converted for the occasion to scientific objects. Henry also insists on the resource management aspect of the reuse or recycling of common objects for scientific purposes: the chemical practitioner should pay close attention to the utility of the tools he uses, so that his practice complies with the principles of 'oeconomy'. By the term 'oeconomy', as distinct from 'economy', early modern theorists mean "a body of advice and examples relating to the prudent management of people and things".[18]

The second scenario brings the discussion to a higher level of complexity, and is more tightly connected to the case study of Lavoisier's experiments on respiration.

16 William Henry: An Epitome of Chemistry [1802], New York 1808, p. 12. Simon Werrett provides an in-depth discussion of recycling and reusing in early modern chemistry in his paper: Household Oeconomy and Chemical Inquiry, in: Roberts, Lissa/Werrett, Simon (eds.): Compound Histories. Materials, Governance and Production, 1760–1840, Leiden/Boston 2017, pp. 35–56.

17 Henry 1808 (see footnote 16), pp. 12–13.

18 Werrett 2017 (see footnote 16), p. 38. On the notion of 'oeconomy', see also Schabas, Margaret/De Marchi, Neil (eds.): Oeconomies in the Age of Newton. Annual supplement to: History of Political Economy 35, 2003; Roberts, Lissa (ed.): Practicing Oeconomy in the Late Eighteenth Century, Special issue of: History and Technology 30, 2014.

In 1879, the chemistry professor Pierre Truchot compiled a catalogue of Lavoisier's laboratory tools (*Les instruments de Lavoisier. Relation d'une visite à la Carnière où se trouvent réunis les appareils ayant servi à Lavoisier*). At the end of the catalogue, Truchot includes the following note:

> "I will not describe a certain number of objects which have a more or less close relationship with scientific inquiries, such as, for instance, a golden watch with the decimal divisions of time, sundials, etc."[19]

Truchot has doubts about how to catalogue Lavoisier's pocket watch: it may have some relationship to the scientific activities carried out in the laboratory, but, as he believes, no intrinsic one. Truchot's uncertainty is caused by his discovery, among the scientific tools of the laboratory, of a luxury item, an object conceived for personal use in everyday life. In the early modern period, valuable pocket watches were indeed fairly common among the members of the Parisian upper class (to which Lavoisier belonged), and the price of gold ones could range from a hundred and forty to over three hundred livres.[20]

As the illustrations of the experiments on respiration show, however, the pocket watch (probably not Lavoisier's, but Gillan's) played some role in the experimental process developed by Lavoisier and Séguin, as it served to measure the pulse rate of the subject. My claim here is that the use of a clock in a scientific experiment, as in Lavoisier's and Séguin's experiments on respiration, represents a scenario different from that represented by the use in a scientific context of any of the ordinary objects mentioned in Henry's text (flasks, vials, wine glasses). This difference lies in the very nature of the object in question.

As of the 17th century, the measuring of time and the mechanism of the clock were objects of scientific inquiry.[21] In parallel, the techniques of clockmaking improved significantly in this period, and many technological complications were progressively

19 Pierre Truchot: Les instruments de Lavoisier. Relation d'une visite à la Carnière où se trouvent réunis les appareils ayant servi à Lavoisier, Paris 1879, p. 31. The indication of the "decimal divisions of time" indicates that the pocket watch found by Truchot in Lavoisier's laboratory was crafted after 1792, when the time system was reformed on a decimal basis. On this reform, see Vera, Hector: Decimal Time. Misadventures of a Revolutionary Idea, 1793–2008, in: KronoScope 9/1–2, 2009, pp. 29–48.

20 On the price range of gold watches in the 18th century, see Dequidt, Marie-Agnès: La qualité de l'horlogerie commune à Paris, à la fin du XVIIIe siècle. Justesse et autres critères, in: Histoire & mesure 27/2, 2012, pp. 137–164, pp. 143–144. On the high prices of gold watches elsewhere, see (for England) Styles, John: The Dress of the People. Everyday Fashion in Eighteenth-Century England, New Haven 2007, pp. 98–100.

21 There is a particularly rich bibliography on Christiaan Huygens's contributions. See Yoder, Joella G.: Unrolling Time. Christiaan Huygens and the Mathematization of Nature, Cambridge 1988; Mahoney, Michael S.: Huygens and the Pendulum. From Device to Mathematical Relation, in: Breger, Herbert/Grosholz, Emily (eds.): The Growth of Mathematical Knowledge, Dordrecht 2000, pp. 17–39; Howard, Nicole: Marketing Longitude. Clocks, Kings, Courtiers and Christiaan Huygens, in: Book History 1, 2008, pp. 59–88.

implemented on such devices.[22] One noteworthy example is the work of the English craftsman Samuel Watson, who, at the beginning of the 18th century, built a pocket watch endowed with a lever to stop the mechanism, and with a button to open the case of the watch with only one hand. This very watch was conceived and produced in collaboration with the physician John Floyer, to assist in the practice of measuring the pulse.[23] A similar kind of pocket watch, with probably the same mechanical features and used for the same purpose as Watson's, is shown being used by Gillan in the engravings of Lavoisier's experiments. As the design of Watson's watch demonstrates, clocks were, by virtue of their technological sophistication, a central element of early modern scientific practice, and were scientific objects themselves. In the 18th century, however, mechanical timekeepers became popular even beyond the scientific elites and the upper social classes, diffusing also among the members of the middle class. Clocks and watches were no longer only luxury items, but came to circulate widely as they grew more affordable and more portable in size. Scholarship has much insisted on the deep influence of this diffusion of timekeepers on the development of modern society, for both the internalization of time awareness and the regulation of social interactions on a shared timeline.[24] In this sense, one might rightly state that clocks and watches, in the 18th century, became objects of common use. The large diffusion of timepieces also contributed to their becoming fashionable accessories, employed not only to measure the duration of everyday life activities but also to display the social status of their owners.[25]

As I have already stressed, in Lavoisier's experiments of the late 18th century, the pocket watch was used by Gillan to measure the pulse rate, with important consequences for the accuracy of the experimental results. One way to interpret this would be to claim that the common object, the pocket watch, plays the role of an instrument in this particular scientific context. Yet the clock, as I showed, is not a common object *tout court*, but rather has an intermediate status between a common and a scientific object.[26] One might say that a mechanical clock is an object in which a set of heterogeneous opera-

22 Cardinal, Catherine: La montre des origines au XIXe siècle, Fribourg 1985; Dohrn-van Rossum, Gerhard: History of the Hour: Clocks and Modern Temporal Orders [1992], Chicago/London 1996.

23 A good analysis of this object and its epistemological meaning is provided in Bernasconi, Gianenrico: Pour une archéologie des pratiques. mesure du temps, corps et prestations (XVIIIe-XXe siècle), in: Socio-anthropologie 40, 2019, pp. 247–262. For further details on Floyer, see below (section 3).

24 Dequidt, Marie-Agnès: Horlogers des Lumières. Temps et société à Paris au XVIIIe siècle, Paris 2014; Glennie, Paul/Thrift, Nigel: Shaping the Day. A History of Timekeeping in England and Wales, 1300–1800, Oxford/New York 2009.

25 On the large diffusion of pocket watches in the late 18th century, see Gerrit Verhoeven's essay in this same volume, "Time Technologies. Londoners and Their Timepieces (1775–1825)". Verhoeven argues that the diffusion of timepieces did not contribute – at least not immediately – to foster a fine-grained sense of time among their users. On the possession of timepieces as a sign of social distinction, see also Styles 2007 (see footnote 20), pp. 97–107.

26 In Jürgen Renn's terminology, we might call the clock a 'challenging object' for modern scientists (Galileo, Huygens).

tions, both technical and quotidian, is inscribed.[27] In semiotic terms, the clock has a 'functional dimension' that places it neither among the purely scientific objects (because it can be – and mostly is – used for everyday purposes, often without any measuring function but only as a status symbol), nor among the merely quotidian ones (because it allows for specific technical and scientific operations).[28] Timekeepers thus defy the rigid distinction between common and scientific objects.

Taken-for-Granted Knowledge

From this discussion of material culture, I will now turn to an analysis of the theoretical function of timekeeping in Lavoisier's experiments on animal respiration. The question is what role the measurement of time (viz. pulse rate) played in the chemical understanding of the phenomenon of respiration. I will tackle this question from an epistemological perspective, investigating what type of knowledge this specific measurement of time can be seen as an instance of, and what role it played in the construction of Lavoisier's biochemical theories. I aim to show that, although not explicitly discussed, timekeeping in fact played an important role as 'taken-for-granted knowledge' in the apprehension of the mechanism of respiration.[29] I will then suggest criteria for identifying and defining 'taken-for-granted knowledge', arguing that the notion could also be extended to case studies other than Lavoisier's.

Lavoisier's interpretation of respiration is exemplary of his innovative approach to chemical and biochemical phenomena. Particularly, Lavoisier's theory, as I showed earlier, was revolutionary in its quantification of chemical and biochemical findings. Recent scholarship, however, has suggested that the novelty of Lavoisier's discoveries be reconsidered, since they built upon many discoveries from previous decades (e.g. the isolation of oxygen) and thus were not entirely original.[30] This point is, I think, trivial.[31] It is far more productive, I argue, to investigate the way in which even the most revolutionary

27 Among the operations that are halfway between scientific and everyday practices is also the problem of measuring time to establish distances and longitudes for navigation.

28 Deni, Michela: Oggetti in azione. Semiotica degli oggetti: dalla teoria all'analisi, Milan 2002, pp. 81–82.

29 I deliberately leave aside the debates surrounding tacit and explicit knowledge, which are only partly relevant to my concerns. 'Taken-for-granted knowledge', as I will define it, is tacitly assumed as valid, but its tacit nature is neither the only nor the most important of its characteristics. On tacit and explicit knowledge, see Collins, Harry: Tacit and Explicit Knowledge, Chicago/London 2010.

30 See, for instance, Gough, Jerry B.: Lavoisier and the Fulfilment of the Stahlian Revolution, in: Osiris 4, 1988, pp. 15–33; Basu, Prajit K.: Similarities and Dissimilarities between Joseph Priestley's and Antoine Lavoisier's Chemical Beliefs, in: Studies in History and Philosophy of Science Part A 23/3, 1992, pp. 445–469.

31 I take up Thomas S. Kuhn's point that a discovery is revolutionary only when framed within a new explanatory framework (namely, a new paradigm). Otherwise, the discovery is not revolutionary, but just a plausible or good answer to a certain problem. See Kuhn, Thomas S.: The Structure of Scientific Revolutions, Chicago 1962.

scientific theories are the product of heterogeneous sources and traditions of knowledge, which are tacitly or unconsciously used to build new forms of knowledge or new experimental systems. For example, the reading of the pulse in Lavoisier's experiments on respiration demonstrates the use of an established medical practice, from a field other than chemistry, in the context of a chemical experiment to build up a new theory.

The reading of the pulse is an old technique that was widely practiced throughout the Middle Ages and the modern period. It was only in the early 18th century, however, that the English physician John Floyer introduced the practice of counting "the pulse rate as we measure it today", being the "first physician to use a pulse watch that would run for sixty seconds to count the pulse".[32] A disciple of William Harvey and a proponent of the centrality of the discovery of blood circulation for modern medicine, Floyer is the author of the treatise *The Physicians Pulse-watch, or an Essay to Explain the Old Art of Feeling the Pulse, and to Improve it by the Help of a Pulse-Watch* (1707–1710). Floyer's medical theory rests on the claim that disorders in the circulation of blood cause a majority of the existing diseases, and that such disorders can be detected by measuring the pulse and can be healed according to a pulse-based diagnosis. As he states in his treatise,

> The physician's business is to regulate the circulation, and to keep it in a moderate degree, suppose once in three minutes; if it run oftener or slower, our mechanism is out of order; but it is not necessary for us to understand the motions of the particles in the blood, not the texture of the viscera and organs; it is enough that I know by a hot regimen and hot tastes I can raise deficient pulses, and by a cold regimen and medicines of a cool taste, I can depress and sink the number of exceeding pulses. By this method all fine hypotheses will be excluded from practice, and a more certain and sensible foundation will be laid for it.[33]

Although Floyer's reduction of medicine to the art of taking the pulse would not find favour in the subsequent development of medicine, the practice of measuring the pulse through the use of technical devices would become increasingly widespread, along with 'pulse-watches' allowing for an accurate reading. In Lavoisier's experiments on respiration, theoretical and practical knowledge concerning the measurement of the pulse is present as a constitutive element of the experimental apparatus. It is a knowledge necessary for the establishment of the theory, but whose existence Lavoisier does not deem it necessary to acknowledge. In Lavoisier's biochemical theory, the reading of the pulse thus plays the role of taken-for-granted knowledge.

32 Ghasemzadeh, Nima/Zafari, A. Maziar: A Brief Journey into the History of the Arterial Pulse, in: Cardiology Research and Practice, 2011, pp. 1–14, p. 5. See also Townsend, Gary L.: Sir John Floyer (1649–1734) and His Study of Pulse and Respiration, in: Journal of the History of Medicine and Allied Sciences 22/3, 1967, pp. 286–316; Kümmel, Werner Friedrich: Der Puls und das Problem der Zeitmessung in der Geschichte der Medizin, in: Medizinhistorisches Journal 9/1, 1974, pp. 1–22.

33 John Floyer: The Physicians Pulse-watch, or an Essay to Explain the Old Art of Feeling the Pulse, and to Improve it by the Help of a Pulse-Watch, London 1707, unnumbered page.

The epistemological question I now want to raise is as follows: what does it mean for knowledge to be 'taken-for-granted' in a scientific theory? Are there any applicable criteria that might help to identify and define such knowledge?

(a) Taken-for-granted knowledge is not explicitly discussed. This, of course, does not necessarily imply that this knowledge is hidden, or invisible, in the texts or documents at stake. It simply implies that the discussion of other forms of knowledge is preferred to any discussion of it, thereby preserving the taken-for-granted standing of this knowledge.

(b) Taken-for-granted knowledge is not contested, but rather is assumed to be valid. The validity assumption is implicit, and usually no positive argument is given to prove it. Taken-for-granted knowledge is indeed knowledge upon which a theory relies, and cannot therefore be called into question without undermining the very basis of the theory.

(c) Taken-for-granted knowledge is largely drawn from a field of study other than that in which it is taken for granted towards the formulation of a theory. This can either be another field of scientific inquiry, or a more quotidian practice. As relevant cases of taken-for-granted knowledge, one might call to mind the place of advanced mathematics in astronomy during early modern times, or the role that observational techniques play in astronomical practice. One might also consider that early modern medical practice, especially when it came to the production of remedies (i.e. pharmacy), relied upon received, and thereby taken-for-granted, chemical knowledge.

The three criteria I outline here leave us with an open problem. The category of knowledge that counts as taken-for-granted in a scientific theory can broaden dramatically if one includes all notions and gestures belonging to the sphere of the quotidian. The design of Lavoisier's experiments on respiration, for instance, involves the practice of measuring the pulse as taken-for-granted knowledge, but also, say, the knowledge of how to weigh an object with a balance, or to filter liquid through a strainer.[34] Were this informal knowledge incorporated into the category of the taken-for-granted, the category would become too large to be used productively in an epistemological analysis of the structure of scientific knowledge. I shall therefore introduce a fourth criterion, which restricts the category of taken-for-granted knowledge to certain forms of knowledge only.

(d) For implicitly assumed knowledge to count as taken-for-granted knowledge, it, first, must contribute positively to the building of the new theory and, second, must play a relevant scientific role therein. What does it mean to 'contribute positively' and

34 A relevant role, however, might be played by less trivial kinds of notions and gestures, which exist in-between the quotidian and the scientific spheres. This is the case, for instance, for the knowledge and the bodily practice entailed in the elaboration and performance of recipes as remedies, or for the chemical and medical experimentations that take place at home. On these practices, see (among the others) Spary, Emma: Feeding France. New Sciences of Food, 1760–1815, Cambridge 2014; Guerrini, Anita: The Ghastly Kitchen, in: History of Science 54, 2016, pp. 71–97; Leong, Elaine: Recipes and Everyday Knowledge. Medicine, Science, and the Household in Early Modern England, Chicago 2018.

to 'play a relevant scientific role'? Many forms of knowledge and many gestures upon which scientific theories rely do not serve to qualify those theories in any particular way; therefore such knowledge and gestures do not 'contribute positively' to the establishment of those theories, in that they do not supply any otherwise lacking scientific element to them.[35] As for the 'relevant scientific role', I mean that the taken-for-granted knowledge must be relevant to the scientific basis of the theory to which it contributes. In other words, taken-for-granted knowledge must be pertinent to the subject at stake.[36]

These epistemological views, stemming from an analysis of Lavoisier's case study, could arguably be extended to other historical cases, and used to interpret the role of taken-for-granted knowledge in scientific theories across the early modern period.[37]

Conclusion

In this paper, I looked at Lavoisier's and Séguin's well-known experiments on animal respiration, emphasizing the role of clocks and timekeeping in the development of their experimental system, and in deciphering the results. After summarizing the contents of Lavoisier's theory of respiration, I focused on the use of a mechanical clock in his experiments, questioning the classical distinction between common objects and scientific objects. My goal was to demonstrate that this distinction is not as clear-cut as has been suggested in current scholarly formulations. The counterexample I provided to the object-instrument distinction was that of the mechanical clock, as used in scientific experiments such as Lavoisier's. I then examined the epistemological status of the measurement of the pulse, and therefore of timekeeping, in Lavoisier's theory of respiration, arguing that it should be interpreted as an instance of 'taken-for-granted knowledge'. Taken-for-granted knowledge, I hold, is knowledge that is necessary for the building of a theory, but whose presence is not necessarily acknowledged by the historical actors involved. Based on this definition, I formulated some epistemological criteria for identifying and studying taken-for-granted knowledge.

The intended contribution of my work is twofold. In the field of Lavoisier studies, I mean to bring attention to some aspects of material and intellectual culture as mediated by scientific practices, aspects that have to date been considered marginal. Such an analy-

35 In the case of Lavoisier's experiments on respiration, the ability to weigh an object with a balance is not a qualifying scientific aspect of the practice, whereas the reading of the pulse is, as the latter enters into the laws and equations elaborated on the basis of the experiments.

36 According to my definition, therefore, forms of knowledge such as the ability to walk or to write would not count as taken-for-granted knowledge in Lavoisier's chemical experiments. These are of course skills necessary for carrying out any experimental work, but can be left aside in an epistemological consideration of relevant taken-for-granted knowledge.

37 I am not giving other arguments for the exemplarity of these criteria than their generality. Earlier on in the paragraph, however, I had referred to the role of mathematics in astronomical theory, and chemistry in medical practice, as possible instances of taken-for-granted knowledge.

sis can, I think, better account for the complexity of Lavoisier's 'chemical revolution', which includes many heterogeneous elements that at first glance are hard to detect. Scholars, indeed, have variously complained about the lack of a "more comprehensive analysis of Lavoisier and the Chemical Revolution", and about the underdevelopment of interest in contextual factors. This historiographical situation has led to a call for a "fourth phase of Lavoisier scholarship"[38] that moves beyond the previous focus on Lavoisier's methodology, his achievements and discoveries in the laboratory and the professional figure of the chemist.[39] With respect to the epistemology of early modern science more broadly, my approach revises a widely accepted distinction, and elaborates criteria for the analysis of overlooked forms of knowledge. These criteria, I have argued here, can benefit the study of early modern scientific productions by offering a new framework through which to examine much-studied theories.

38 Donovan, Arthur: Lavoisier and the Origins of Modern Chemistry, in: Osiris 4, 1988, pp. 214–231, p. 219.

39 For a detailed reconstruction of the 'four phases' referenced here, see Donovan 1988 (see footnote 38), pp. 217–219.

Alexis McCrossen

Broken Watches

Sources and Methods for the Study of Time Consciousness

About fifteen years ago, while researching the history of timekeeping in the United States, I came across a neatly kept 19th-century account book with hundreds of pages of entries (fig. 1). Initially, I was perplexed by the notations on the right-hand side. The account keeper started with a transaction number, the date and a name, possibly that of a customer. It was easy to figure out that "RDP" meant 'received payment' and that the final number referred to dollars and cents. It was not clear, however, what "DSH" or "DGH" or "VSO" meant. To what did the numbers in the next column refer? And why was there another name? What relationship did Joseph Gilbert have to E. H. Collins? The row extended further: what did "CLE" mean? Or "MS & Hand" (fig. 2)? While at first glance D. E. Hoxie's watch book seemed hopelessly opaque and useless, closer inspection revealed that it houses a decade's worth of information about nearly two thousand broken watches and their owners.[1]

Watch repair accounts like D. E. Hoxie's leave traces of a timekeeper's trajectory from manufactory to coat pocket. Like a photograph that stops time, a broken object is frozen in time. Like a photograph, too, if it remains broken, or if a record of its repair is extant, the broken object offers an opportunity to see into the past. Such glimpses only become legible, however, if there is sufficient information about the time and place in which the object stopped working, such as an account of its repair. Such sources can provide answers to questions related to the demand, use and meaning of timekeepers. Broken pocket watches are particularly rich sources that, in the absence of other reliable sources, occasion an understanding of watch distribution among the entire population, while in their watchworks and casings they house stories about their use and meaning. Furthermore, the repairs they necessitated reveal something of the nature of watch ownership. Watch repair accounts augment and enrich findings made by economic historians, cultural historians and social historians who investigate time consciousness, particularly concerning the impact of mechanical timekeepers on individual temporal

1 David Edwards Hoxie: Watch Book, 1875–1884, Boston, Harvard University, Baker Library.

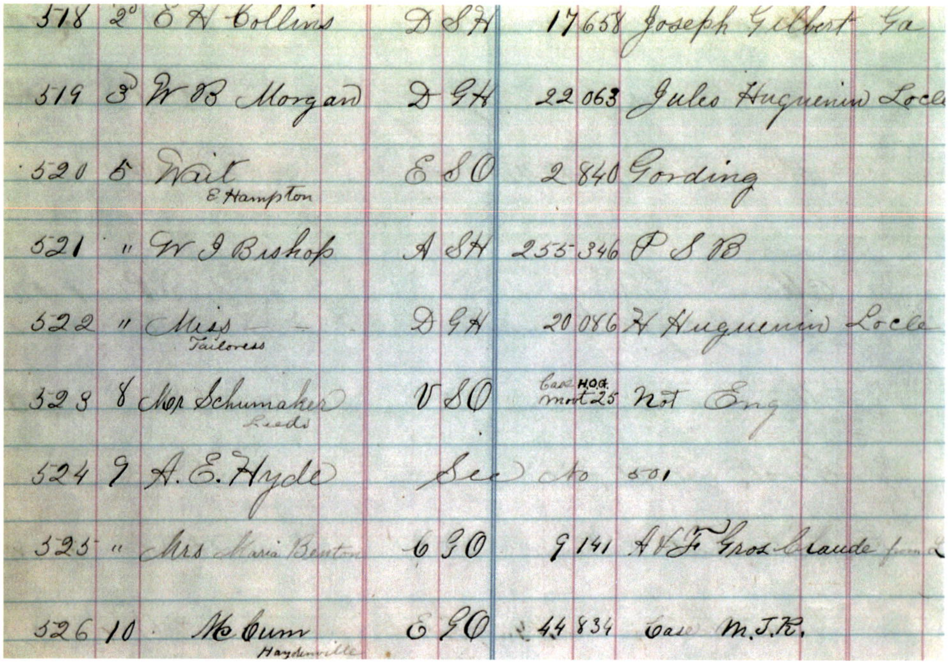

1 David Edward Hoxie, Watch Book, 1875–1884, detail of a page, Boston, Harvard University, Baker Library

experiences. This essay first demonstrates the insufficiency of economic, cultural and social histories of timepiece ownership before exploring some of the ways that broken watches can serve as rich sources for historians of timekeeping and time consciousness.

Historiography

Economic historians have largely focused on the history of the supply of timepieces. David Landes's *Revolution in Time*, for instance, provides a general sense of the number and variety of timepieces that were available since the 15th century.[2] *Revolution in Time* addresses technological innovations in timepiece design and manufacture. It also estimates national production, exports and imports. Landes's research and that of other

2 Landes, David S.: Revolution in Time. Clocks and the Making of the Modern World [1983], Cambridge, Mass. 2000. See also Glasmeier, Amy: Manufacturing Time. Global Competition in the Watch Industry, 1795–2000, New York 2000; and Voth, Hans-Joachim: Time and Work in England, 1750–1830, Oxford 2000.

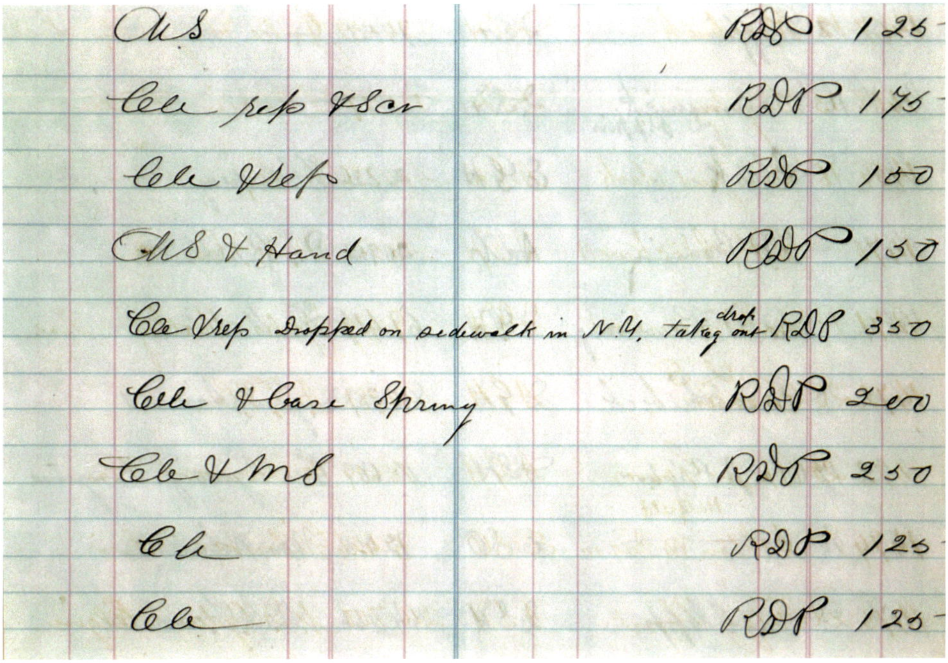

2 Cf. fig. 1, detail of another page

economic and business historians overlook several facts. First, clocks and watches remained in use and in circulation for many years. Second, watches in particular were easily smuggled. And finally, other contingencies make it difficult to ascertain how many watches and clocks were in use in any one place at any given time. Economic and business historians have demonstrated that the volume of timepiece production increased with each century; that certain national industries, particularly that of Switzerland, were more productive than others; and that timepieces were exported around the world.

Whereas economic historians consider the supply of timepieces, cultural historians focus on questions of demand. To do so, they look closely at the design of clocks and watches, at their advertising and publicity and at their representation in the literary, plastic and lively arts. In *Keeping Watch*, the cultural historian Michael O'Malley found through a close look at sources such as advertisements that mechanical timekeepers promised Americans three types of control – control over time, control over others (like their employees, children and spouses) and control over themselves. However, beneath these promises of mastery, there lurked an uneasiness about clock time. With everyone following the same time, fears accumulated about the loss of individuality and autonomy.[3] The literary scholar Stuart Sherman's important study *Telling Time* analyzes the design of watch and clock dials, page-a-day diaries, daily newspapers and travel accounts in an attempt to understand the demand for timepieces. Sherman shows that, during the 18th century, uniformity and regularity suffused a variety of technologies designed to keep track of the time. He suggests that watch dials and preformatted diary pages generated a new temporality, a temporality of what he calls "smallness and sameness".[4] Sherman and O'Malley's persuasive interpretations of print, visual and material culture paved the way for a greater understanding of the rise in demand for timepieces. Nevertheless, their methods and sources leave unanswered some important questions, particularly about timepiece ownership and use.

Social historians, like cultural historians, also address the demand side of timekeeping, however, with greater interest in the aggregate rather than the individual. As such, most social historians of timekeeping are devoted to determining, on the basis of extant probate inventories, who owned and used mechanical timekeepers. Well into the middle of the 19th century, many localities in Europe and the United States took inventories of a deceased person's material and financial assets so as to calculate an estate tax. These records are known as 'probate inventories'. Nearly everything of value was recorded. Of course, heirs often, but not always, hid watches and other small valuables. And assessors typically provided few details beyond an estimate of value about any of the timepieces found in an estate.[5] Nevertheless, despite these and other drawbacks, probate inventories have given historians invaluable insight into timepiece ownership.

Three Anglo-American studies that rely on probate inventories stand out as exemplary. Paul Glennie and Nigel Thrift use probate inventories from 18th-century Bristol in *Shaping the Day*.[6] In *Farm, Shop, Landing*, a book that traces the emergence of a market economy, Martin Bruegel relies on inventories from upstate New York during the early part of the 19th century.[7] Mark Smith analyzes more than two thousand probate inventories taken between 1739 and 1867 in rural and urban South Carolina in *Mastered by the Clock*, a book investigating the time-use practices of slaveholders in the U.S. South. Of the many striking findings in studies such as these, two demand attention. One is that some not insignificant portion of the poorest classes have owned timepieces since the early part of the 18th century: in 1740, twenty percent of the poorest residents of Charleston, South Carolina, for instance, owned a timepiece. The other

3 O'Malley, Michael: Keeping Watch. A History of American Time, Washington, D.C. 1990.

4 Sherman, Stuart: Telling Time. Clocks, Diaries and English Diurnal Form, 1660–1785, Chicago 1996, p. 8.

5 Van der Woude, Adrianus Maria/Schuurman, Anton (eds.): Probate Inventories. A New Source for the Historical Study of Wealth, Material Culture and Agricultural Development, Houten/Leiden 1980.

6 Glennie, Paul/Thrift, Nigel: Shaping the Day. A History of Timekeeping in England and Wales, 1300–1800, Oxford 2009.

7 Bruegel, Martin: Farm, Shop, Landing. The Rise of a Market Society in the Hudson Valley, 1780–1860, Durham 2002.

important finding is that through the middle of the 19th century ownership of a clock was far more common than that of a watch.[8]

Probate inventories alone do not reveal everything we might want to know about timepiece ownership. There remain unanswered questions. How many of the inventoried clocks and watches actually worked, and how well? Where were the timepieces made and how did they get into the hands of owners? How were timepieces embellished and decorated? How did their owners use them? What did the timepieces mean? How did people incorporate watches and clocks into their lives? How did doing so change these individuals and their society? There are many sources in which pieces of the puzzle can be found. Personal correspondence, diaries, speeches, sermons, poetry, fiction, ballads, humour, just to name a few, are all rich sources, many of which informed the single most important work on the question to date, E. P. Thompson's essay "Time, Work-Discipline and Industrial Capitalism".[9] Thompson, arguably the father of Anglo-American social history and of the history of time consciousness, relied on Chaucer, Laurence Sterne, the farmer-poet Stephen Duck, a few diarists, popular folklore, tax and penal codes, and what he identifies as "the propaganda of time-thrift", among other qualitative sources, to draw a picture of the pressures that led to increased attention to clock time in industrializing Britain.[10] Nevertheless, Thompson could only venture guesses about who owned and used which kinds of timekeepers, which posed a considerable drawback for the relevance of his study.

Watch Repair Ledgers and Accounts

While no single source can answer all the intriguing questions about timepiece ownership, meaning and use, timepiece repair accounts offer an unmatched kaleidoscopic view. As such, D. E. Hoxie's watch book is exemplary.

Who was David Edwards Hoxie? Born in 1840, he grew up Northampton, a venerable town in western Massachusetts. While fighting for the Union in the American Civil War he sustained injuries that left him temporarily paralyzed. After a short convalescence at home near Northampton, Hoxie informally apprenticed himself to a local jeweller, D. Foster Davison.[11] Watchmakers, an occupational title that included artisans who both assembled and repaired watches, were prominent in mid-century America. Watchmakers and jewellers repaired watches. Not all who entered the trade apprenticed themselves as

8 Smith, Mark: Mastered by the Clock. Time, Slavery, and Freedom in the American South, Chapel Hill 1997.

9 Thompson, Edward P.: Time, Work-Discipline and Industrial Capitalism, in: Past & Present 38, 1967, pp. 56–97.

10 Thompson 1967 (see footnote 9), p. 90.

11 McCrossen, Alexis: The 'Very Delicate Construction' of Pockets Watches and Time Consciousness in the Nineteenth-Century United States, in: Winterthur Portfolio 44, 2010, pp. 2–34, here pp. 5–8.

did Hoxie. Many were self-taught, relying on one of several guidebooks to watch repair that circulated in multiple editions during the 1860s and 1870s.[12] Due to widespread lack of training, the incompetent repairman became a stock character in American popular culture. In Mark Twain's 1870 satire "My Watch: An Instructive Little Tale", the narrator takes his watch to five different watch repairmen, each doing more harm than good, making the watch run slow, run fast or not run at all.[13] A decade later, a widely circulated satirical poem addressed to a jeweller read:

> "Jeweler, A crowbar, or pickaxe, a more fitting tool
> Would be in your hands, you ridiculous fool;
> Can anyone be so stupidly green,
> As to give you his watch, or his clock, to clean?
> The chances are great that 'twill need more repair,
> Than before it had been put in your care."[14]

Despite such misgivings, tens of thousands of Americans did leave their clocks and watches in the care of repairmen, who numbered about twenty-five hundred in the United States, 120 of whom were in Massachusetts.[15]

Unlike the jeweller in the satirical poem and the watch repairmen in Twain's short story, Hoxie was trusted and competent. Within a few years of starting his apprenticeship, he partnered with his previous master, Davison. Several years later, in 1873, Hoxie opened his own shop, where he repaired watches and sold plants. More than one man repaired watches in Northampton, but Hoxie handled most of the business in town as well as in the outlying area.[16] Hoxie earned a living, but nevertheless at the end of 1883 he sold his tools and stock to a former customer before quitting the watch business. He spent the rest of his life raising and selling plants; making daily observations for the United States Weather Bureau; collecting data for the federal and state censuses; and

12 Henry F. Piaget: The Watch: Its Construction, Its Merits and Defects; How to Choose It, and How to Use It, New York, 1860; F. Kemlo: Kemlo's Watch-Repairer's Hand-Book; Being A Complete Guide to the Young Beginner in Taking Apart, Putting Together, and Thoroughly Cleaning the English Lever and Other Foreign Watches, and All American Watches, New York 1869; James Parish Stelle: The American Watchmaker and Jeweler, Boston 1868. See also Bernasconi, Gianenrico: Technische Kulturen des Uhrenreparierens. Wissen, Produktion und Materialität (1750–1850), in: Krebs, Stefan/Schabacher, Gabriele/Weber, Heike (eds.): Kulturen des Reparierens. Dinge, Wissen, Praktiken, Bielefeld 2018, pp. 141–162, and Graf, Johannes: Der kunstreiche Uhrmacher. Kostbarkeiten aus der Bibliothek des Deutschen Uhrenmuseums Furtwangen, Furtwangen 2010.

13 Mark Twain: My Watch. An Instructive Little Tale, in: id.: Sketches New and Old, Newington 1875, pp. 11–15.

14 *Jeweler's* Comic Valentine (*c.* 1865–1880). Prints and Photographs Division. Library of Congress, Washington, D.C.

15 McCrossen 2010 (see footnote 11), pp. 3–4. See also Bolino, August C.: The Watchmakers of Massachusetts, New York 1987.

16 McCrossen 2010 (see footnote 11), p. 6. There might have been four watch repairmen at work in Northampton in 1880, three of whom patronized Hoxie's shop.

penning local reminiscences. That Hoxie was a consistent and reliable record keeper is without a doubt.[17]

Hoxie was not the only repairman who kept careful accounts. I have identified sixty extant American accounts kept by jewellers, clockmakers and watchmakers. They span more than two centuries and date as far back as 1753.[18] The ledgers of Philadelphia's Riggs & Brother, extending from the 1890s into the 1930s, leave a rich picture of timepiece ownership among Philadelphia's established classes. The operation held many maintenance accounts for tall-case clocks found around the city, while also repairing and cleaning pocket watches. For instance, in 1931 it serviced the five clocks and four watches of one physician seventeen times. [19] Surely similar European accounts relating to the sale, service and repair of clocks and watches are far more numerous and more extensive than the extant American ones.[20] Sources such as these are begging for investigation. They could help historians chart regional and national differences in timepiece ownership and use, as well as many other demographic trends. They also provide useful information about the meaning and consequences of timepiece ownership. At the centre of any such account are broken timekeepers that owners wished to repair.

Acquisition, Ownership and Use of Pocket Watches

Hoxie's watch book provides a thorough (and legible) glimpse into timepiece ownership in a representative American town at a time when timepiece ownership was just becoming widespread. During the 1870s, the trade in clocks and watches surged, with domestic manufactures competing against foreign imports for control over a growing market.[21] Northampton stood at the crossroads of agriculture and industry, of tradition and progress, of the old-fashioned and the modern. By the 1870s, when Hoxie was at work repairing watches, it was home to several large railroads and a few factories manufacturing pencils, silks and other textiles. Three prominent public clocks towered over the city: a factory clock, a church clock and a school clock.[22]

17 David Edwards Hoxie: Early-Birds. Or Ramble in Rusty Records, Where, When, How They Lived and Died. Local Landmarks in a Life of 70 Years, in: Undated handwritten manuscript. Forbes Library, Northampton, Massachusetts.

18 McCrossen 2010 (see footnote 11), pp. 28–30 Appendix "Selected Extant U.S. Watch and Clock Repair and Sales Accounts, 1753–1965".

19 Ledgers of Riggs & Brother (1889–1929). Hagley Library, Delaware. The ledgers dated 1889–1929 include accounts from the 1930s.

20 For example, the Accounts and Papers of the Deacon Family of Clockmakers, Barton-in-the-Bean, Leicester, England, include accounts related to watch repair and sales between 1838–1897.

21 McCrossen, Alexis: Marking Modern Times. Clocks, Watches and Other Timepieces in American Life, Chicago 2013.

22 Gere, Henry: Reminiscences of Old Northampton, in: The Hampshire Gazette, 1902.

The notations in Hoxie's watch book offer a rich array of evidence about ownership, acquisition and use of pocket watches (figs. 1 and 2). The first name in the entry is that of a customer, who brought in a watch described by the initials in the next column. "DSH" means 'Duplex Silver Hunter Case'. "DGH" indicates 'Duplex Gold Hunter Case'. By "E" Hoxie refers to 'escapement'. By "O" he refers to 'open case'. The "A" denotes 'American', while the "V" denotes 'Verge'. The numbers are the serial numbers engraved on the movement, the actual machinery that operates the watch. The final name in the long row extending over two pages of the watch book is the watch signature, indicating the type of watch movement. "PSB", for instance, is the Waltham Watch Company's 'P.S. Bartlett' movement, which it began making during the American Civil War (1861–1865). Even the mysterious "Locle" became clear – it was the place in Switzerland, Le Locle, where the watch was made. "CLE" tells us that Hoxie 'cleaned' the watch. "MS" indicates that he worked on the 'mainspring'. Occasionally, Hoxie recorded more descriptive information, such as "Dropped on sidewalk in N.Y. taking out". Hoxie's watch book, with 2005 such entries spanning 1876 and 1883, is a gold mine.

The significance of Hoxie's notations became clear in the aggregate once I built a database encompassing all 2005 entries. A variety of historical sources provide context for the data. For instance, cross-referencing the names of Hoxie's customers with city directories, census schedules and credit reports provides insight into the demography of watch ownership. Handbooks and guides helped me determine the provenance of watches sorted by nationality, type, watchmaker, serial number, casing and materials. Watch repair manuals and other guides gave clues about the sorts of repair work Hoxie performed. In all, Hoxie's entries, replete with broken watches, opened a window into the ownership, use and meaning of pocket watches that no other sources could provide.

Who owned watches in Northampton? The entries in Hoxie's watch book represent the business of about twenty percent of the town, that is, about one in five adults did business with Hoxie.[23] Fourteen percent of Hoxie's customers were women.[24] Eighty years earlier, less than two percent of watch owners in Long Island were women; nearly all of their watches were inheritances from their husbands.[25] Unlike Hoxie's male customers, who spanned the socio-economic classes, most of the female watch owners came from the comfortable classes.[26]

What kinds of watches did Northampton residents own? No source other than a watch repair ledger can provide such granular details about watch ownership. Most of

23 McCrossen 2010 (see footnote 11), p. 8.

24 Ibid., pp. 15–16.

25 Charles F. Hummel, Winterthur Museum Curator Emeritus, has done similar research using the "Dominy Register" from Long Island, New York, 1777–1827. See Hummel, Charles F.: An Economic, Social, and Art Historical Approach to Watch-Register Data, 1777–1827. An Early Report. Presented to the Delaware Seminar (1995). Typescript held by the Winterthur Library. Hummel found that the Dominy family repaired watches for 33 women out of 1,983 customers. No women were listed in the register before 1780.

26 McCrossen 2010 (see footnote 11), pp. 15–16.

the watches that Hoxie repaired or sold were silver, most were kept in closed cases and most were not new. Twenty of the watches in the register were made by American artisans before 1850; the rest were made in the United States or Europe in the 1850s, 1860s and 1870s.[27] Hoxie repaired many more European than American watches. Half the European watches Hoxie repaired or sold were made in Switzerland, including forty-seven 'Imitation American' watches for which Hoxie used the notation "ImAm".[28] Among the watches that Hoxie handled, there were 216 different signatures, including La Chaux-de-Fond's Arnold Nicord and Auguste Saltzman and Le Locle's Henri Beguelin and Ulysse Perret; Liverpool's Tobias, Roskell and Johnson; and London's Cooper, Losada and Levitt houses.

The repair work that Hoxie did provides clues about his customers' time consciousness. During the 1870s and 1880s it was not unusual to hear about the mental agony and anxiety caused by watches: if and when they ran, they were often either fast or slow, and therefore could not be relied upon. It was said that "every man, in his own breast, doubts his watch".[29] This anxiety and doubt comes across in Hoxie's watch register. Hoxie sold or traded seventy-seven watches, about four percent of his total transactions. Another thirty percent of Hoxie's work involved cleaning functioning watches. Another twenty-two percent of his work involved cleaning and repairing watches.[30] The most frequently enumerated repair work involved the mainspring.[31] Hoxie also fixed watch cases and chains, and replaced the glass, hands or dial. Other repair work involved jewels, screws, posts, pivots, wheels, escapements, balance staffs, trains and keys. On occasion, unusual jobs demanded Hoxie's attention: somehow E. H. Wade ended up with a watch that was "full of water".[32] Each of these repairs gives us clues about the watch user's relationship to the timepiece.

Malfunctioning mainsprings, for instance, suggest that many owners overwound their watches. One out of every five transactions Hoxie recorded was associated with a watch's mainspring.[33] By uncoiling at a steady rate, the mainspring provides a watch with its 'going mechanism', a technical term referring to what made the watch hands move. A ribbon of steel, the mainspring was unlikely to break on its own but could lose tension or break with sudden changes in temperature or with overwinding. Since watches were usually kept close to the body – in a pocket or pinned to a breast, underneath a coat – they were generally protected as owners moved from warm interiors to the cold outdoors. The substantial quantity of mainspring repairs documented in Hoxie's

27 Ibid., Table 3, p. 12.
28 Ibid., p. 13. In the 1860s, the quality of American watches increased and their price dropped, so the American market for European watches began to contract. The Swiss responded in part by producing 'Imitation American' watches.
29 The Exact Time, in: The New York Times, 17 June 1880.
30 McCrossen 2010 (see footnote 11), Table 4, p. 15.
31 Ibid., Table 10, p. 27.
32 Hoxie 1875–84 (see footnote 1), entry 2 025 (1883).
33 McCrossen 2010 (see footnote 11), p. 27.

ledger therefore suggests that owners typically overwound their watches. Perhaps they did so because they were not familiar with the mechanism and how it worked. Perhaps they fretted that it might stop ticking. Perhaps they worried that they might forget to wind it again.[34] A good, strong mainspring, it was promised, "makes amends for the poorest memory. There is no probability of [a watch] winding down".[35] But of course there was a chance a watch would wind down, since even the best mainspring could only last forty-two hours. So frequent was the need to replace mainsprings that the Waltham Watch Company, and others too, manufactured and sold replacements by the dozen.[36]

The repairs that watches necessitated tell a different story than those discernible from sales records, advertisements and representations. To be sure, some damage was the result of accident and misfortune, some the consequence of poor workmanship and some due simply to the wear and tear that comes with age. But some of the damages were the result of the ways in which owners handled and used their watches, of what they expected from them and of what they expected of themselves. In American slang, a 'broken watch' refers to a liar, to a person whom you can't believe, who might be right, but only twice a day. Thankfully, broken watches themselves, while unreliable indicators of the time, are reliable and fascinating indices of the ownership, meaning and use of timepieces.

34 See Bernasconi 2018 (see footnote 12).
35 Advertisement for Elgin's Veritas Model, in: The Jewelers' Circular, August 7, 1901, p. 27.
36 Tin of Waltham Mainsprings, *c.* 1888–1890. Landauer Collection of Business and Advertising Ephemera. Henry Luce II Center. New-York Historical Society.

Johannes Graf

The First Black Forest Clock

How a Fake Impacted Our Notion of Clock History

Old clocks and watches have been collected for more than 150 years, with the earliest printed catalogues being published around 1850.[1] Already then, these objects were valued as rare and expensive antiques.[2] Since the middle of the 19th century, historical timekeepers have therefore been part of the art business. Given this long tradition, it is not astonishing that antique clocks and watches have frequently been faked or at least altered for the collectors' market.[3] Some of these modifications were of low quality, while others were made using a high level of artistic skill.[4] This practice continues up to today.[5]

In this article, I examine a group of early 18th-century clocks known as the 'first Black Forest clocks' to demonstrate the extent to which fake or heavily renovated clocks have affected our notion of clock history. The clocks were owned by Oskar Spiegelhalder (1864–1925), the former sales director of the famous Lenzkirch clock factory and certainly the most prominent collector of Black Forest clocks.[6] From the 1880s to the first

1 This is a short version of my study: Jäger des verlorenen Schatzes. Oskar Spiegelhalder und die ältesten Schwarzwalduhren, in: Deutsche Gesellschaft für Chronometrie. Jahresschrift 52, 2013, pp. 75–96.

2 Pierre Dubois: Collection Archéologique du Prince Pierre Soltykoff, Paris 1858, p. 1: "Il fut un temps, et ce temps n'est pas encore bien éloigné, où les montres et les horologes portatives du XVIe siècle n'avait aucune valeur en France […]".

3 The most famous fake in German clock history, made in the late 19th century, is the so-called 'Peter Henlein-Uhr'. See Eser, Thomas (ed.): Die älteste Taschenuhr der Welt? Der Henlein-Uhrenstreit, exh.-cat. Nuremberg, Germanisches Nationalmuseum, Nuremberg 2014.

4 The Vienna workshop of Salomon Weininger (died 1879) is well known for its splendid replicas. See Rainer, Paulus: "Es ist immer dieselbe Melange". Der Antiquitätenhändler Salomon Weininger und das Wiener Kunstfälscherwesen im Zeitalter des Historismus, in: Jahrbuch des Kunsthistorischen Museums Wien 10, 2008, pp. 28–95; see Hayward, John F.: Salomon Weininger. Master Faker, in: The Connoisseur 187, 1974, pp. 170–179.

5 Oechslin, Ludwig: Johann Wolffgang Hartich – Masterpiece, transl. by Cecilia Hurley, Oberhausen 2006, p. 9, examined in 1987 a loose clockwork from 1712, the masterpiece of Wolffgang Hartich. In 2004 it was offered at auction and then fitted with a well-made but faked case in a Renaissance style.

6 Auer, Anita/Krämer, Reinhold (eds.): Mit den Augen des Sammlers. Die Schwarzwaldsammlung Oskar Spiegelhalders, exh.-cat. Villingen, Franziskanermuseum, Villingen-Schwenningen 2000; Haibl, Michaela et. al. (eds.): Die Leidenschaften des Sammlers. Oskar Spiegelhalder als Wissenschaftsamateur, Villingen-Schwenningen 2015.

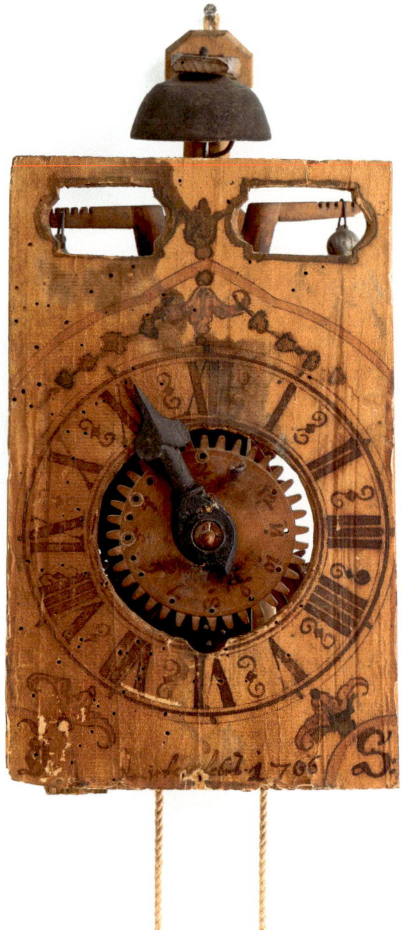

1 Wooden foliot clock from the Spiegelhalder collection, marked "1706", Villingen-Schwenningen, Franziskanermuseum

decade of the 20th century, he built up three different collections of artefacts documenting rural life in southwestern Germany. He in turn sold these collections – containing about ten thousand items in total – to three leading museums in that region: the Augustinermuseum in Freiburg im Breisgau, the Badisches Landesmuseum in Karlsruhe and the Franziskanermuseum in Villingen-Schwenningen. With his collections he thus formed the image of Black Forest culture more than anyone else (fig. 1). First, I will show how the widely accepted image of the earliest Black Forest clock developed. I will then take a close look at a group of three early Black Forest clocks. Finally, I will demonstrate that these clocks in fact have nothing to do with the Black Forest.

1859: Two Early Wooden Clocks at Furtwangen

What do we know about the earliest Black Forest clocks? No sources regarding the local production of wooden clocks survive from the 17th and early 18th centuries. Almost all information about this early moment derives from two bodies of work on the history of Black Forest clocks: a 1796 study by the abbot Franz Steyrer (1749–1831) and a series of studies published by the priest Markus Fidelis Jäck (1768–1845) between 1810 and 1826.[7] It is quite remarkable that these date to nearly two hundred years ago, since in those days historians had only a minor interest in the history of technology.

Yet, these studies offered very little reliable information about the Black Forest clocks. The making of wooden clocks with foliots started either around 1650 (Jäck) or after 1685 (Steyrer). Following an interruption caused by the War of Spanish Succession, clockmaking was reestablished between 1720 and 1730 using the same clock technology, with clockworks consisting of a going train containing three gearwheels and running from twelve to twenty-four hours. Other trains for the alarm or the chime, as well as a motion train for striking the hours and the quarters, could be added.

Half a century after Steyrer and Jäck, the systematic quest for material relics of the Black Forest cottage industry took shape. In 1852, the director of the Grossherzoglich Badische Uhrenmacherschule at Furtwangen, Robert Gerwig (1820–1885), began to collect old Black Forest clocks. In 1860, the oldest known Black Forest clock was given to the Historische Uhrensammlung (today the Deutsches Uhrenmuseum Furtwangen), as reported in a local newspaper (fig. 2).[8] Other early clockworks from the Black Forest likewise have a cubical shape and wooden gearwheels. But here, instead of an anchor escapement or a crown wheel escapement, a foliot has been used – a feature that Steyrer and Jäck identified as typical of the very first Black Forest clocks. This clock with an hour strike had been acquired forty years prior, around 1820, by a tar-maker at a farm at Bad Peterstal, a small town in the northern part of the Black Forest. The old tenant of the farm mentioned that the clock had always been there, even before his own lifetime. This foliot clock is still part of the Furtwangen collection (inv. no. 01-0212).

7 Franz Steyrer: Geschichte der Schwarzwälder Uhrenmacherkunst, nebst einem Anhange von dem Uhrenhandel derselben, Freiburg 1796; Markus Fidelis Jäck: Historische Darstellungen der Industrie und des Verkehrs auf dem Schwarzwalde, in: Magazin für Handlung, Handlungsgesetzgebung und Finanzverwaltung 1, 1810, pp. 65–75, 296–309; 2, 1811, pp. 226–236 and 545–549; 6, 1815, pp. 269–285. Bookedition titled: [Markus Fidelis Jäck]: Tryberg, oder Versuch einer Darstellung der Industrie und des Verkehrs auf dem Schwarzwald. Ausgehoben aus dem Magazin für Handlung und Handelsgesetzgebung, Konstanz 1826.

8 Anonymous: Die bis jetzt bekannte älteste Schwarzwälderuhr, in: Schwarzwälder Gemeinnützige Blätter. Beilage zum Schwarzwälder Wochenblatt, 10.04.1860, pp. 59–60; Zehnter Jahres-Bericht der Großherzoglich Badischen Uhrenmacherschule zu Furtwangen, 1859–1860, Karlsruhe 1860, p. 18: "Die Sammlung von alten Uhren der Schule wurde um einige Stücke reicher. Die interessanteren sind eine astronomische Uhr nach Berechnung des früheren Professors Rinderle in Freiburg, und eine Waaguhr mit Schlagwerk. Letztere ist die älteste Schwarzwälder Uhr, welche bis jetzt aufgefunden werden konnte".

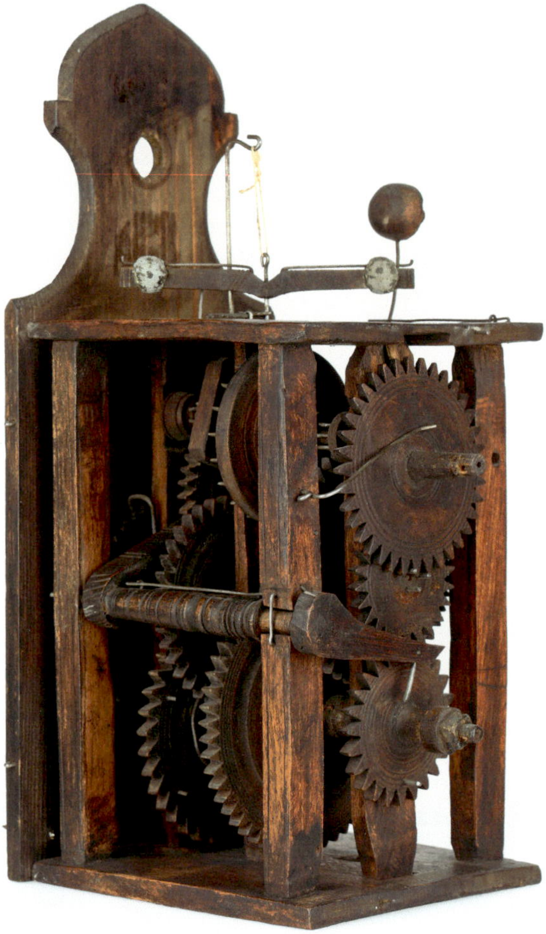

2 Clockwork with foliot, Black Forest, ca. 1740, Furtwangen, Deutsches Uhrenmuseum

After this sensational artefact came to light, the Furtwangen clockmaker school proceeded to make wooden replicas of an iron clock with a foliot typical of the 16th century. Adolf Kistner relayed in his 1925 catalogue of the Furtwangen clock collection that the replicas had been made after an iron alarm clock owned by the Badisches Landesmuseum in Karlsruhe.[9] Unfortunately, no one knows today for what reason they were made: per-

9 Kistner, Adolf: Die Historische Uhrensammlung Furtwangen, Furtwangen 1925, p. 76, no. 38: "Nach einer eisernen Uhr (heute im Besitze des Badischen Landesmuseums in Karlsruhe) nachgebildet durch die Uhrmacherschule Furtwangen 1862".

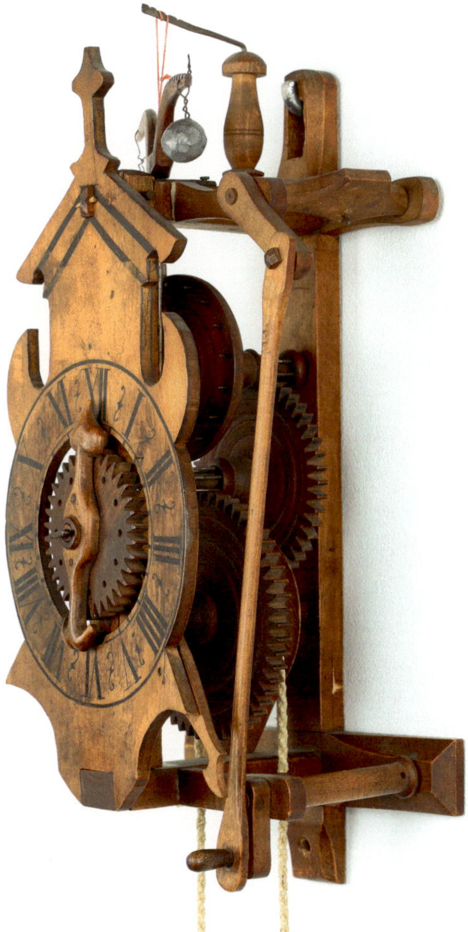

3 Wooden replica of an early wooden clock, Furtwangen, 1859, Furtwangen, Deutsches Uhrenmuseum

haps a kind of experimental archaeology intended to show that it was possible to use wood instead of iron even for this early clock technology. The first such wooden foliot clock was probably finished in 1862.[10] Like the original foliot clock found at Bad Peterstal, this replica bearing an alarm mechanism is still part of the Furtwangen collection (fig. 3).

10 Zwölfter Jahres-Bericht der Großherzoglich Badischen Uhrenmacherschule zu Furtwangen. 1861–1862, Karlsruhe 1862, p. 17: "Diese [Uhren-]Sammlung wurde durch eine Uhr mit Centrifugalpendel vermehrt. Eine weitere Uhr, bei welcher an Stelle des Pendels ein Balancier (eine Unruhe) verwendet wird, ist der Vollendung nahe".

With respect to the shaping of the common notion of Black Forest clock history, what would become crucial is that the gearwheels of this replica were fixed in a so-called 'flat-frame' (*Flachrahmen*). This configuration was entirely different from the early wooden clock found at Bad Peterstal, the latter having a cubical frame typical of all later Black Forest wooden clocks.[11]

A Fatal Melding of Clock Histories

In 1865, Bernhard Zachariä, a maker of turret clocks, gave a lecture at the Leipziger polytechnische Gesellschaft – far away from the Black Forest – on the different types of clock escapements. Two years later, Erasmus Georgi published notes on that lecture. According to his notes, Zachariä discussed the foliot escapement by using a model of a wooden clock. This was likely one of the replicas produced by the Furtwangen clockmaker school. When talking about the origin of the Black Forest clocks, Georgi's report mixed information on the foliot clock from Bad Peterstal with that on the wooden replicas of the 16th-century iron clock:

> "Among old equipment in a Black Forest clock factory had been discovered a wooden, worm-eaten clockwork, proven to be the first clock to have been made in the Black Forest. The clockwork was presented to the grand duke of Baden, who took such an interest in it that he had a whole batch made precisely after the old copy and distributed to the local clockmaking schools and clock factories".[12]

Here Georgi combines historical facts related to two separate events that took place at Furtwangen between 1860 and 1862: the discovery and gifting of the Bad Peterstal clock, and the production and distribution of replicas. It may be that Georgi misunderstood Zachariä or that Zachariä based his own account on hearsay surrounding the discovery of the first Black Forest clock and the making of replicas at the clockmakers' school; either could account for why the farm at Bad Peterstal – where the oldest wooden clock was found – is replaced here with a clock factory. Also notable is the inversion of the story of the Grossherzoglich Badische Uhrenmacherschule. The old clockwork from Bad Peterstal was in fact given to the collection at Furtwangen, which was founded by the clockmaker school, and at that same school a series of wooden replicas of an old iron clock was then made. But Zachariä recounts that the grand duke Friedrich I of Baden was himself given a historical wooden clock, from which a single replica was made and then given to the Furtwangen clockmaker school.

In this story one important detail is also left unmentioned: the replica was not made from a wooden clock but from a 16th-century iron clock. This omission would have seri-

11 Kistner 1925 (see footnote 9), p. 93, no. 212.
12 Erasmus Georgi: Handbuch der Uhrmacherkunst, Hamburg o. J. [1867?], pp. 160–168, p. 163. Translation by the author.

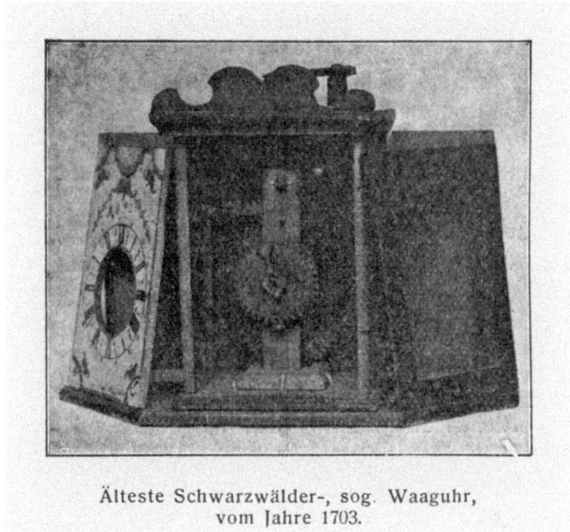

4 Wooden clock from the Spiegelhalder collection, *Leipziger Uhrmacher-Zeitung*, 11 February 1909

ous consequences for later understandings of the technological evolution of the Black Forest clocks. Since Zachariä's lecture at Leipzig, the replica with its flatframe, made by the clockmaker school, has persistently been shown in accounts of the movement design of the first Black Forest clocks. As a result, the original movement found in Bad Peterstal – with a foliot and a cubical frame – has been forgotten.

Spiegelhalder's Wooden Foliot Clocks

When Oskar Spiegelhalder began to document the material history of the Black Forest, there was no surviving 'original' wooden clock from the 17th or early 18th century, only the replicas. Ultimately, Spiegelhalder bought an old wooden clock with a foliot and flatframe. In contrast to the replicas, the movement of this specimen was not visible, with a dial in front, but instead was enclosed in a wooden case. But the design of the movement itself was similar to that of the replicas, as emphasized in a photograph of the dismantled clock, first published in 1909 (fig. 4).[13] The accompanying text proudly announced: "Earliest Black Forest so-called foliot clock, made 1703". Spiegelhalder later acquired two further clocks with comparable movements. For the first time, a group of historical wooden clocks was thus seen as representative of the initial period of Black

13 Albert, Peter P.: Die Schwarzwaldsammlung von Oskar Spiegelhalder in Lenzkirch. Zwei Jahrhunderte Schwarzwälder Hausindustrie und Volkslebens, in: Zeitschrift der Gesellschaft für Beförderung der Geschichts-, Altertums- und Volkskunde von Freiburg, dem Breisgau und den angrenzenden Landschaften 25, 1909, pp. 91–124.

Forest clockmaking. Adding to this corpus, a fourth clock with a similar movement was given in 1912 to the Deutsches Museum in Munich.[14]

There are many shared features among the four clocks. According to Berthold Schaaf, whose seminal book on wooden clocks from 1986 took a close look at this group, the clocks were made by the same clockmaker or at least the same workshop.[15] Indeed, the dials of three of the clocks are marked with the initials JS. In addition, the construction of each of the pieces is quite similar, with a common frame design, gearwheel form and gear transmission ratio.

Although Schaaf determined that these four clocks were not made during the very first period of Black Forest clockmaking in the final decades of the 17th century, he nevertheless recognized them as the oldest surviving specimens from the region. In his estimation, they comprise a missing link between the very early period, characterized by the flatframe, and the later period (*c.* 1730–1740 and after), characterized by the cubical frame.[16] Most experts on Black Forest clocks shared this opinion.[17] However, a closer inspection of these foliot clocks demonstrates that they were not made in the Black Forest, nor were they made during the early 18th century.

Schaaf was wrong when he wrote that most of the clocks owned by Spiegelhalder had been bought in the Black Forest clockmaking region.[18] In fact, none of the four wooden foliot clocks have a provenance in that region. Spiegelhalder's original file cards, stored at the Franziskanermuseum in Villingen, relay that the two clocks were purchased in Munich.[19] With respect to the provenance of the third clock he acquired, today the property of the Badisches Landesmuseum in Karlsruhe, Spiegelhalder left no information. The original file card says only that the clock "derives from the Württemberg

14 I thank Dr. Christian Sicka, Deutsches Museum München, for this information.

15 Schaaf, Berthold: Holzräderuhren, Munich 1986, pp. 148–154.

16 Schaaf 1986 (see footnote 15), p. 149: "Die angestellten Vermutungen zur Bauweise der ersten Schwarzwälder Waaguhren werden durch das vorhandene Material früher Schwarzwälder Holzräderuhren bestätigt. Insbesondere geben die Waaguhren der früheren Sammlung Oskar Spiegelhalder in Lenzkirch […] hierzu wichtige Aufschlüsse. Zwar ist auch unter diesen außergewöhnlichen Holzräderuhren keine originale Waaguhr aus dem 17. Jahrhundert, aber wir finden sehr frühe Exemplare vom Beginn des 18. Jahrhunderts, die signifikante Gemeinsamkeiten mit der aufgrund der Kopien angenommenen Bauweise der ersten Waaguhren aufweisen".

17 Most historical studies on Black Forest clocks claimed that no Black Forest clock of the 17th century survived. The foliot clocks from the Spiegelhalder collections were seen as authentic examples of Black Forest clockmaking of the early 18th century. In addition to the mentioned book by Berthold Schaaf 1986 (see footnote 15, pp. 148–154), see Bender, Gerd: Die Uhrenmacher des hohen Schwarzwaldes und ihre Werke, 2 vol., Villingen 1975–78, vol. 1, Villingen 1975, pp. 180–192; Jüttemann, Herbert: Die Schwarzwalduhr [1972], Karlsruhe 2000, pp. 28–36.

18 Schaaf 1986 (see footnote 15), p. 149, was wrong when he supposed that Spiegelhalder bought most of his old clocks in the Black Forest: "Aus den sorgfältig geführten Katalogen Oskar Spiegelhalders geht hervor, daß eine große Zahl der Uhren unmittelbar von früheren Uhrmacherwerkstätten oder Höfen des Schwarzwaldes erworben werden konnte".

19 Franziskanermuseum, Villingen-Schwenningen, Nachlass Oskar Spiegelhalder, 2.42.1, file card for no. 7111, signed O. S., 7. März 1912; file card for no. 8366, signed O. S., 5. Nov. 1913. On both file cards: "Gekauft in München".

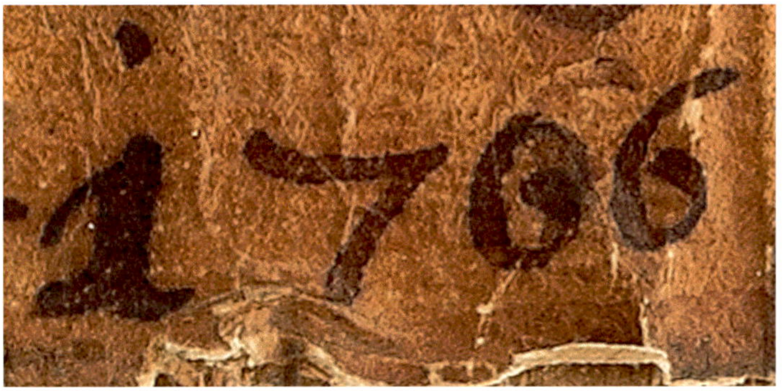

5 Cf. fig. 1, detail of the falsified date "1706" instead of "1766"

part of the Black Forest",[20] which was of none or at least of less importance for local clockmaking. The fourth and final clock was given to the Deutsches Museum by a Munich wagoner in 1912. Three of the four clocks are thus confirmed to have appeared at Munich.[21]

As with their supposed provenance, the dating of the clocks to the early 18th century is also false. Schaaf himself first pointed out that the dates inscribed on two of the four clocks had been modified later. In one case, the date (1703) is faked; in another, the recorded year (1806) is probably that of the renovation of the clock rather than of its original production. In Schaaf's analysis, another of the clocks bears the original date of its making (1746) – far away from the early 18th century and the very first beginnings of Black Forest clockmaking. The remaining clock, which Schaaf supposed to bear its original date, he said to be "the oldest original dated wooden wheel clock that can be referred to the Black Forest due to its construction and provenance from the former Spiegelhalder collection".[22] But can the inscription "1706" really be taken at face value? Upon closer examination, the inscription has clearly been modified from "1766" to "1706" (fig. 5).

It is extremely difficult to know who manipulated the year on the clock. Most likely, the falsification dates to the moment when Spiegelhalder bought the clock in Munich, where he regularly visited antique shops. It would be reasonable to suspect that the deliberate modification of the date on the clock relates to the market for rare or unique antiques: that is to say, dealers always seek to offer what collectors are looking for.[23]

20 Badisches Landesmuseum Karlsruhe, file card for no. 4505 by Spiegelhalder's own hand: "Stammt aus dem württ. Schwarzwald".

21 I thank Dr. Christian Sicka, Deutsches Museum München, for this information.

22 Schaaf 1986 (see footnote 15), pp. 150–151. Translation by the author.

23 Bertold Schaaf discussed the ambiguity between restoring and faking in the final chapter of his reference book on Black Forest clocks (Schwarzwalduhren, Karlsruhe 1995, pp. 248–270): "Restaurierung, Fälschungen, Preisbild". In later editions, Schaaf omitted this chapter.

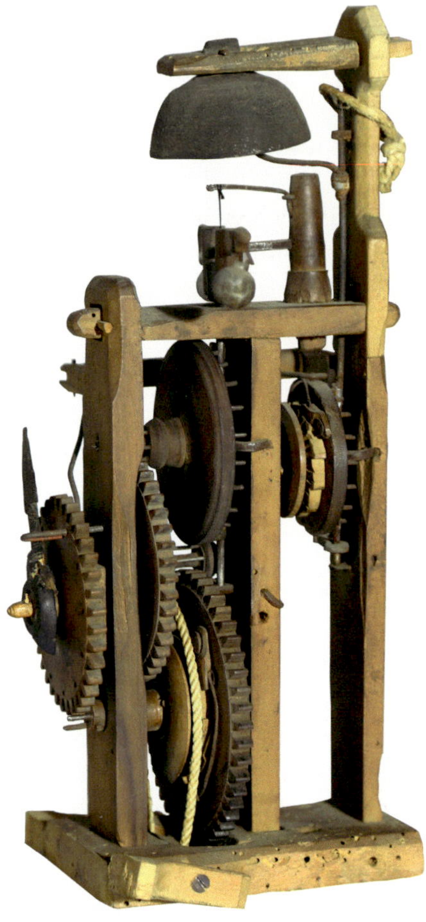

6 Cf. fig. 1, movement (with later additions)

Whatever the reason, this manipulation led to a dating of the clock sixty years too early and, in turn, to its attribution as the oldest existing Black Forest clock.

A material examination of the clock falsely inscribed "1706" reveals that additional elements of the object have been modified. As with the other three clocks, this one was fixed in a case because the dial was not originally attached to the movement. Much later – perhaps at the beginning of the 20th century – the dial and the movement were attached. At that point, the dial was glued onto two little blocks of wood that were fixed to the movement with screws (fig. 6). This mode of attachment was not common during the 18th century, when timber joints were morticed or wedged, but not bolted or glued, together. So it comes as no surprise that no evidence of earlier fixings appears on the reverse side of the dial.

An important component of the bellframe is likewise a later addition. It is remarkable that most of the pillars and many other parts of the movement show signs of woodworm damage. The only exception is the connection between the movement and the bellframe, made of a conspicuously bright type of wood. This portion is not original to the clock, but was added later. The reason for the added attachment between the clockwork and bellframe is that the bell must have originally been placed – as also in the other three clocks in question – on top of the (now missing) case, so that the movement originally lacked a bellframe.

These falsifications are not accidental but wilful. The clock with its inscribed date modified from 1766 to 1706 should thus be understood as a missing archetype to the replicas that, since the end of the 19th century, were popular as souvenirs for tourists who visited the Black Forest. It has already been pointed out that the wood replicas of iron foliot clocks have nothing to do with the history of Black Forest clockmaking, and it is quite telling that no similar specimen has surfaced since the one manipulated wooden foliot clock at the beginning of the 20th century.

Localizing the Wooden Foliot Clocks

The four clocks were probably made around the middle of the 18th century or perhaps even later, if we take the dates 1746 and 1766, inscribed on the respective dials of two of the clocks, to be original. At that time, Black Forest clockmakers were already using a much more advanced design for the movement. Jäck's 1826 book on the history of crafts in the Black Forest contended that no foliot clocks had been made there since around 1740.[24] Where, then, were these 1746 and 1766 clocks made, if not in the Black Forest?

In his reference book on wooden wheel clocks, Schaaf used features of the movement and case to identify the places of origin of certain clocks. Clockworks with flatframes were made exclusively in the Swiss cantons of St. Gallen and Schwyz. Also characteristic of that region was the use of a countwheel with a gearing inside for the chime mechanism. Two clocks formerly owned by Spiegelhalder[25] have an hour strike and a similar countwheel.[26] These specific wooden wheel clocks were made for generations by single families – the Weyermann family in St. Gallen and Schulthess or Schultheiss in Schwyz.[27]

24 Jäck 1826 (see footnote 7), p. 31.
25 Franziskanermuseum Villingen, inv. sp. 8366; Deutsches Museum München, inv. no. 35887.
26 Schaaf 1986 (see footnote 15), p. 28. Schaaf believed that this form had been used in the Black Forest as well. I have point out that, in making this claim, he mentioned only the two clocks from the Spiegelhalder collection that were made in Schwyz.
27 See Schaaf 1986 (see footnote 15), p. 122. He mentions that wooden clocks from St. Gallen had a certain type of countwheel. On p. 124 he states that the clocks made at Schwyz are largely identical.

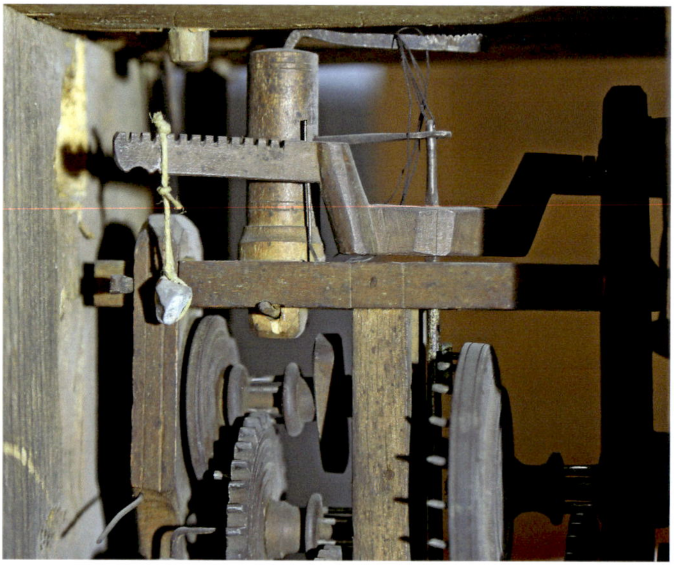

7 Movement of a wooden clock from the Spiegelhalder collection, marked "1803", Villingen-Schwenningen, Franziskanermuseum

Comparing the clocks in the Spiegelhalder collections to those from St. Gallen and Schwyz, many parallels are obvious, especially to the Schulthess clocks from Schwyz. The initials JS on the dials (see figs. 3 and 4) could correspond to different members of the Schulthess family, such as Johann Jakob Augustin Schulthess (1706–1764), Johann Josef Dominik Schulthess (1740–1817) or Josef Maria Anton Dominik Schulthess (1784–1868).[28] There is, however, no clockmaker with these initials who is known to have worked in the Black Forest before 1750.[29]

The movements of the clocks inscribed JS are also quite close to those from Schwyz.[30] A clock known to have been made at Schwyz, and today in a private collection, shows in the decoration of the movement pillars many similarities to a Spiegelhalder clock now at the Franziskanermuseum in Villingen-Schwenningen (figs. 7 and 8). In addition, the vertical lines on both movements are identical. The likeness between the two objects is

28 Inderbitzin, Peter: Die Uhrmacherfamilie Schulthess in Schwyz, appendix to: Bruhin, Markus: Eisenuhr mit Nebenuhr 1782 im Rathaus zu Schwyz. Hergestellt von Joseph Dominique Schulthess, in: Chronometrophilia 56, 2004, pp. 117–121, pp. 119–121.

29 See Schaaf, Berthold: Namensverzeichnis zur Schwarzwälder Uhrmacherei, in: id.: Schwarzwalduhren, Leinfelden-Echterdingen 2008, pp. 343–418. Since the first edition of 1995, Schaaf has expanded on this directory of Black Forest clocks.

30 This characteristic and the others discussed here are described in: Schaaf 1986 (see footnote 15), pp. 122–124.

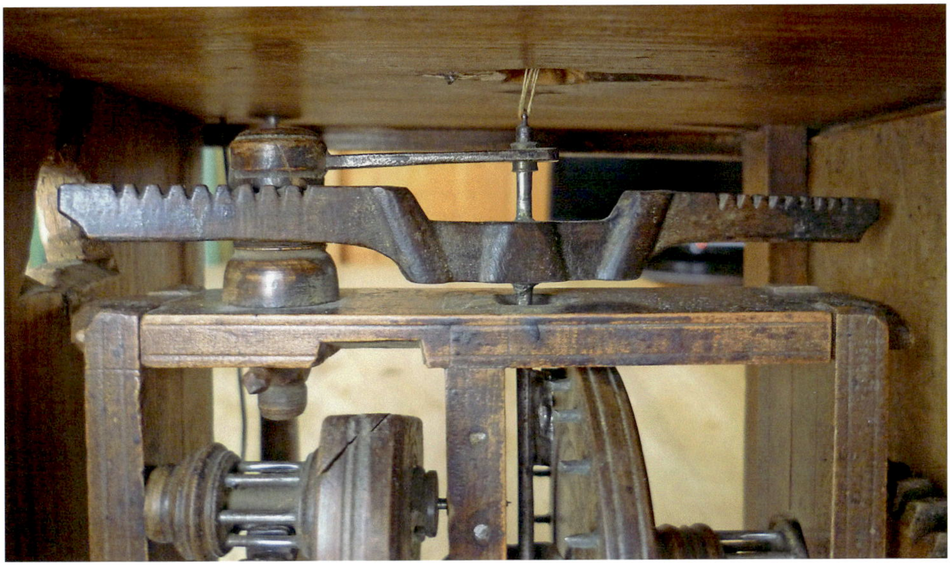

8 Movement of a wooden clock, Schwyz, private property

most obvious with respect to the fixing and shape of the foliots. Their particular form would not be found in any region besides Schwyz or St. Gallen.

At the same time, there are many valid arguments against a proposed origin of Spiegelhalder's foliot clocks in Schwyz. The clockmakers at Schwyz typically made the upper part of the bellframe of ash wood and curved it so as to fit it perfectly with the outer shape of the bell. No Spiegelhalder clock has this feature. Further, none of the Spiegelhalder clocks is fixed with a wooden screw to the base plate of the case, as was typical of clocks made at Schwyz.

Although there is not a perfect congruence between the clocks from the Spiegelhalder collections and those from Schwyz, it is important to note: the four wooden wheel foliot clocks remain totally distinct in shape and technology from later Black Forest clocks, while the flatframe design, the decoration of the movement, its fixing in the case, the form of the gearing or the countwheel and the shape of the gallow for the foliot are all identical to clocks made at Schwyz.

Conclusions

For 150 years, clock history has told the fairy tale that early Black Forest clocks used movements with foliots and flatframes. Spiegelhalder made his contribution to this myth by amassing a collection of wooden wheel clocks from Munich antique dealers. Yet, this very influential story is false, and lacks any factual basis. The wooden wheel foliot clocks are a remarkable example of how a misleading artefact can give rise to a false historiography.

Unfortunately, there is no reliable description of what Black Forest clocks of the 17th and early 18th centuries really looked like. Indeed, this question may be impossible to answer. Only a handful of wooden foliot clocks survive that can be traced back to the Black Forest. The foliot clock at the Furtwangen museum, found in the Black Forest in 1860, may offer a first hint. This clock may well be the oldest remaining wooden timepiece from that region. Or perhaps this story, first told in 1860, is also not true.

Picture Credits

Bernasconi/Thürigen

1: Kunstmuseum Basel, Kupferstichkabinett; 2–3: Landesmuseum Württemberg, Hendrik Zwietasch

Cordez

1–2, 5: Cleveland Museum of Art; 3: The Walters Art Museum, Baltimore; 4: Bibliothèque nationale de France, Paris; 6–7: Kunstgewerbemuseum – Staatliche Museen zu Berlin

Oestmann

1: Österreichische Nationalbibliothek, Wien; 2: The British Library Board, London; 3: Hans Haug: Contributions à l'histoire de la sculpture strasbourgeoise (1350–1550), in: *Archives alsaciennes d'histoire de l'art* 12, 1933, p. 48; 4: Herzog Anton Ulrich-Museum, Braunschweig: TStimmer AB 3.9; 5: DRAC Grand Est, Pôle des patrimoines, Julie Sutter; 6: Zentralbibliothek Zürich, AW 1015, https://doi.org/10.3931/e-rara-8705/ Public Domain Mark

Pérez-Álvarez

1–8: Author; 9: National Maritime Museum Greenwich, Caird Library

Dohrn-van Rossum

1, 3–5: Victoria and Albert Museum, London; 2: Albright-Knox Art Gallery, Buffalo; 6: Rijksmuseum, Amsterdam

Dequidt

1–2: Author; 3–4: Bibliothèque nationale de France, Paris, CC-PD-Mark

Verhoeven

1–4: Author

Verdier
1: Universität Heidelberg, Creative Commons, CC-BY-SA; 2: Universitäts- und Stadtbibliothek Köln

Herr-Laporte
1, 3–4: Musée international d'horlogerie, La Chaux-de-Fonds; 2: Ashmolean Museum, University of Oxford; 5: Musée de La Poste, Paris – La Poste, 2020

Besson
1: Pixabay/Photo Sarah Lötscher; 2: Author

Pruneri
1: Bologna, Museo civico medievale. © Photo SCALA, Florence. Photo by Mario Bonotto © 2020; 2: after Jean-Baptiste de La Salle: *The Conduct of the Christian Schools*, ed. by William Mann, Landover, Maryland 2007, p. 34

Storni
1–2: Edgar Fahs Smith Memorial Collection. Kislak Center for Special Collections, Rare Books and Manuscripts. University of Pennsylvania; 3–4: Wellcome Collection, Attribution 4.0 International, CC BY 4.0

McCrossen
1–2: Author

Graf
1–2, 5–7: Deutsches Uhrenmuseum, Furtwangen; 3: Leipziger Uhrmacher-Zeitung, 11.02.1909; 4: Franziskanermuseum, Villingen-Schwenningen; 8: Uhrenmuseum, Winterthur